地球科学概论

主　编　郭福生

副主编　冷成彪　李志文　龚志军

科 学 出 版 社

北 京

内 容 简 介

《地球科学概论》是高等学校地学基础课教材，是大学生素质教育的重要内容。全书分 3 篇 15 章，第一篇讲述地球的宇宙背景、地球的圈层结构和物理性质、地壳的物质组成、岩石圈构造运动与地质构造及地球演化史，第二篇介绍土地资源、水资源、矿产资源、海洋资源、能源和生物资源的基本知识、资源现状及对策，第三篇着重介绍生态平衡及其在人类环境保护中的应用、绿水青山就是金山银山理论及地学旅游的发展、自然因素和人类活动的环境效应及相应保护措施、地球系统科学与人类未来。本书从"只有一个地球"的主题思想出发，强调人类应该与地球和谐相处，应当协调好发展经济与保护环境之间的关系，把地球建成人类真正美好的家园。

本书可以作为地学各专业本科生、研究生、科技工作者和管理人员普及地球科学知识的教材和参考书。

图书在版编目（CIP）数据

地球科学概论 / 郭福生主编. —北京：科学出版社，2022.2

ISBN 978-7-03-071407-7

I. ①地…　II. ①郭…　III. ①地球科学-高等学校-教材　IV. ①P

中国版本图书馆 CIP 数据核字（2022）第 015792 号

责任编辑：李嘉佳 / 责任校对：杨　赛
责任印制：赵　博 / 封面设计：迷底书装

科学出版社 出版
北京东黄城根北街 16 号
邮政编码：100717
http://www.sciencep.com

保定市中画美凯印刷有限公司印刷

科学出版社发行　各地新华书店经销

*

2022 年 2 月第　一　版　开本：787×1092　1/16
2024 年 12 月第五次印刷　印张：14 3/4
字数：375 000

定价：59.00 元

（如有印装质量问题，我社负责调换）

本书编写委员会

主　编　郭福生

副主编　冷成彪　李志文　龚志军

编　委　（按姓氏拼音排序）

曹秋香　陈留勤　韩善楚　黎广荣　罗　勇　彭花明
尚　婷　沈婷婷　时　国　陶继华　王安东　吴　昊
张慧娟

前　言

地球，我的母亲！
我过去，现在，未来，
食的是你，衣的是你，住的是你，
我要怎么样才能够报答你的深恩？
——郭沫若《地球，我的母亲》

地球是人类之母，人类之家。经过她46亿年漫长而艰苦的孕育，人类终于诞生了。如今她以庞大的身躯拥抱着75亿儿女，慷慨地赐予他们良好的生存环境。在浩瀚无垠的宇宙中，人类只有一个地球。她离太阳不远不近，让人类获得恰到好处的光和热；她有一层厚厚的大气，供给人类充足的氧气，同时挡住太阳射线的强烈直射并调节气温；她有广阔的水域和肥沃的土壤，构成生命的源泉和营养基础；她蕴藏着丰富的矿产资源，为人类的繁衍、发展提供了可靠的保障。

然而，人类二百多万年来的随意索取和近代人口的过度增加，已使得地球母亲不堪重负。特别是19世纪中叶以来，伴随着科学技术与工业文明的发展，资源与环境问题日趋严重。能源耗竭、资源减少、环境恶化这三大全球危机使人类的生存与发展遭遇到空前未有的挑战。

地球是公正的，她疼爱儿女但从不偏袒。当人类遵循客观规律，珍惜大自然的一切财富时，她就慈祥而慷慨；倘若人类违背自然规律，她就残酷无情。人类应该学会与地球和谐相处，应当协调好发展经济与保护环境之间的关系，把地球建成人类真正美好的家园，以此来报答地球母亲的养育之恩。

保护生态环境，应对气候变化，维护能源资源安全，是全球面临的共同挑战。中国将继续承担应尽的国际义务，与世界各国深入开展生态文明领域的交流合作，推动成果分享，携手共建生态良好的地球美好家园。这一战略须动员全社会各行各业共同参与。青年学生有责任认识地球，了解当今资源与环境现状，这样才能在保护环境和发展经济的宏伟事业中有所作为，有所贡献。此外，改善学生知识结构，开阔视野，提高科学素养，也是人才竞争的需要。在游山玩水、探奇览胜之际，若懂一些地学知识，则能领会奇山异景的奥秘，也能使旅游更增添几分乐趣。因此，现代大学生掌握一些地球科学知识是非常必要的。

《地球科学概论》最初于1999年9月由江西高校出版社出版，作为高等学校地学基础课通用教材（计划40～60学时），是大学生素质教育的重要内容。全书分3篇16章，分别介绍地球的结构组成及演化历史、国土资源和环境保护的基本知识，强调人应与地球协调发展的观念。全书由郭福生负责设计并统稿，第一篇由林银山统稿，第二篇由郭福生统稿，第三篇由巫建华统稿，王勇负责图表处理和文字核对工作。参加编写工作的人员有：郭福生（前言、第一篇和第二篇引言、第1、第3、第11章）、管太阳（第2章）、王勇（第4章）、林银山（第5、第6章）、张金城（第7章）、刘金辉和孙占学（第8章）、陈少华（第9.1～第9.5节）、彭花明（第 9.6 节）、祝民强（第 10 章）、刘成东（第 12 章）、巫建华（第 13、第 16 章、第三篇引言）、张树明（第 14.1～第 14.3 节）、张展适（第 14.4 节）、刘光萍（第 15 章）。余达淦教授、康自立教授、张利民教授审查了编写提纲并提出许多指导性意见，杨吉根、周运廉、薛振华、黄克玲、饶明辉、赵永祥、余运祥、余兴义、邓家瑞、李浩昌、蒋振频、夏菲、吴仁贵、董永杰、茹宝兰、刘林清、胡宝群、易萍华、邹莉、姜美珠、张宝友等同志参与了讨论。

1999 年正处于地质工作从矿产型向资源环境型、社会服务型大转变的时期。《地球科学概论》以地球系统科学为指导，以地质作用为主线，将“地球概况”“自然资源”“人类环境”融合成地球科学通识教材的总体框架，突显地球科学的资源与环境属性，强调人与自然和谐发展。全书结构和内容与同类教材相比特色鲜明，不落套于《普通地质学》缩减版，而是作为各专业大学生的通识教材，着眼于非地质类专业学生的可读性，突出素质教育、地质思维和学习兴趣的培养，普及地球科学知识，强化合理利用资源、科学保护环境的意识。

二十多年过去了，地球科学领域发生了深刻变化。“山水林田湖草生命共同体”理念已经深入人心，固体地球科学、大气科学和海洋科学有机融合日益加深，深地、深海、深空探测计划已全面实施，大陆钻探、高温高压实验和信息技术的应用推动了地球深部透明化进程。在教育教学改革方面，随着数字媒体和互联网技术的应用，线上教学模式取得了长足进展。在此背景下，“地球科学概论”建成为江西省在线精品共享课程，成为一门受欢迎的大学生公选课。同时，恰逢东华理工大学资源勘查工程专业被评为国家级一流专业建设点，特色教材建设是其重点任务之一。因此，从供给和需求两个方面来看，都有必要对《地球科学概论》进行修订再版。

2022 年 10 月 16 日，习近平总书记在党的二十大报告中指出：“中国式现代化是人与自然和谐共生的现代化。人与自然是生命共同体，无止境地向自然索取甚至破坏自然必然会遭到大自然的报复。我们坚持可持续发展，坚持节约优先、保护优先、自然恢复为主的方针，像保护眼睛一样保护自然和生态环境，坚定不移走生产发展、生活富裕、生态良好的文明发展道路，实现中华民族永续发展。”这一重要论述为我们深刻理解人与自然和谐共生的中国式现代化提供了根本遵循，体现了坚定不移走“绿水青山就是金山银山”绿色生态发展之路的重要意义，也是本书编写的指导思想。

本次修订在继承原教材风格、体系和内容的基础上，根据学科发展做了适当的修改和调整。第 6 章地球演化史的内容做了较大修改。第三篇在结构上进行了较大幅度修改、补充，其中原第 13 章“生态学基础”改为第 12 章“环境生态学原理”，原第 12 章“旅游地学资源”合并到第 14 章“‘两山’理论与地学旅游”，原第 14～第 16 章合并为第 13 章“环境问题与环境保护”，将原“自然因素引起的环境问题”改为“地质作用的环境效应”，既强调环境问题，也介绍地质作用对优美环境的贡献。增加了第 15 章“地球系统科学与‘人类世’”，作为本书最后的总论，阐述了解地球科学认识大自然的系统思维和最终目的，同时反映地球科学最新进展。

作者对原书的文字进行了全面修订，对统计类数字进行了核对与更正，重新绘制了所有图件。每章后附有习题，包括名词解释和思考题，便于学生复习。本书配套完整的 PPT 课件，供教师讲课和学生自学时参考。

本书修订工作由郭福生、冷成彪、李志文、龚志军负责。参加此次修订工作的人员有：

郭福生（前言、各篇引言与提纲）、冷成彪（第1、第6、第15章）、黎广荣（第2、第3章）、陶继华（第4章）、陈留勤（第5章）、韩善楚（第7章）、龚志军（第8章）、尚婷（第9章、第11.1～第11.3节）、王安东（第10章）、沈婷婷（第11.4～第11.6节）、张慧娟（第12章）、时国（第13.1节）、李志文（第13.2、第13.3、第14.3节）、罗勇（第14.1、第14.2节）。参加课件资源制作的老师有：彭花明（第1～第6章）、龚志军和吴昊（第7～第11章）、曹秋香（第12～第15章）。“本书编写委员会”由上述本次修订人员构成，编委会对1999年参与了编写工作的陈少华、管太阳、林银山、刘成东、刘光萍、刘金辉、孙占学、王勇、巫建华、夏菲、张金城、张树明、张展适、祝民强等教授所做的贡献表示衷心的感谢！

周书民、臧德彦、陆玲、谭凯旋、王卫明、胡启武、贺明银、许德如、刘平辉、叶长盛、刘亚洁、王学刚、陈功新、贾美玉、黄志强、钱海燕、杨庆坤、李光来、王凯兴、柴乐、李文、袁波、张炜强、刘飞等老师审阅了修订稿。严兆彬、周万蓬、吴志春、张文华、李斌、马晓花、刘勇、段雪岩、汪磊参加了前期讨论和图件清绘等工作。本书修订出版过程中得到科学出版社和东华理工大学教务处、地球科学学院的大力支持。作者一并表示衷心感谢！

限于作者水平，书中难免有不妥之处，恳请广大读者批评指正。

作　者

2024年2月

目　　录

第二篇 自 然 资 源

第三篇　人 类 环 境

第1章 绪　　论

1.1 地球科学的性质、任务和作用

人类在地球母亲的怀抱中逐渐成长，并了解了地球的基本特征及诞生和演化过程，从而创立了一门研究地球的科学——地球科学。地球科学经历了长期的发展，逐渐成为一门全新的关于地球这个复杂巨系统产生、发展及变化规律的学科，它与当代社会经济、政治、科技、文化等有着十分密切的联系。

地球科学简称地学，是数学、物理学、化学、生物学、天文学、地球科学六大基础学科之一。它以地球为研究对象，囊括了固体地球本身和分布在地球表层的水圈、生物圈和大气圈。

地球科学的主要分支学科包括地质学、地理学、气象学、水文学、海洋学、行星科学、土壤学、环境科学和地球系统科学等。其中，地质学着重研究地下，地理学着重研究地表，气象学着重研究大气圈，水文学和海洋学着重研究水圈，行星科学着重研究天体并从行星的角度研究地球的形成及演化过程，土壤学着重研究地球表层发育的土壤层，环境科学是一门新兴的综合性学科，着重研究人类生存环境的保护和改善。各学科从不同侧面对地球加以研究，但它们的研究成果都有着密切联系，构成了完整的科学体系，即地球系统科学。

地球科学担负着人类社会发展的五大使命：研究地球的结构、成分及演化；解释星体的成因；探索生命的起源；研究自然资源的勘查、开发与管理，探讨合理利用资源和可持续发展的途径；研究人类生存环境的构成、现状和环境恶化的原因，探讨保护和改善环境的措施。

地球科学在国民经济中占有十分重要的地位，是服务于工农业发展和人类生存的基础性学科，其作用主要体现在以下几方面。

（1）现代化工业、农业、国防建设需要大量水资源、矿产资源和能源。制造农用化学肥料（如磷肥、钾肥）的原料都是矿产（如磷块岩、钾盐矿），工业生产上需要的各种金属、化石燃料都是从地壳中开采出来的矿产。

20世纪中叶以来，世界经济飞速发展，人类对各类矿产资源的需求也迅速增加。据统计，与1901年比较，2015年全球矿产开采总量增长了32倍，其中化石能源开采量增长14.6倍，金属矿产开采量增长41.0倍，非金属矿产开采量增长49.3倍（Krausmann et al.，2018）。人类对资源需求的增长与资源有限之间的矛盾将长期存在。因此，矿产资源、水资源及其他资源的合理开发和使用成为地球科学研究的新课题。例如，对于如何解决目前我国的水资源短缺问题，科学家指出，根据我国水资源分布不均匀和其季节性变化、年际变化大的特点，应按照水资源的不同条件与不同用途，因地制宜地合理开发利用水资源。大城市应在查明水资源的基础上，选择在较大范围内建立分散式供水系统，防止水源地过度集中。

（2）大型工程建筑项目与地球科学密切相关。例如，公路、铁路路线的选择，城市、厂矿、桥梁、隧道、水库等工程选址，都需要在工程地质详细勘察基础上才能确定，避免出现沉陷、倾斜和裂缝等现象。

（3）地球科学在防御和预测自然灾害、减少自然灾害的经济损失等方面大有作为。自然灾害的日益严重及其对社会经济活动的巨大影响，已成为当代社会各界普遍关注的重大问题。气象灾害、地震以及"温室效应"引发的各种灾害严重威胁着人类。科学家预测，目前地球正步入一个新的活动期，天体活动也将进入一个新的变异周期。因此，地球的各个层圈（包括生物圈）都将发生变异并引发一系列灾害。地震的活跃已使人们感受到这一点。20世纪我国死于地震灾害的人数占各种自然灾害死亡人数的一半。随着全球人口的不断增加并在地域上相对集中，地震造成的损失也将不断增加。因此，地震科学的发展是与经济发展、社会进步相关联的，地震的预测、预防和减轻地震灾害也成为今后优先发展的方向。气象灾害同样时时影响着人类社会经济的发展。例如，20世纪90年代以来，我国因气象灾害而造成的经济损失每年在1000亿元以上，1991年淮河流域及长江中下游地区发生的特大洪涝灾害及华南、河套地区的严重干旱约造成1200亿元的经济损失。1998年长江流域和嫩江流域特大洪涝灾害造成直接经济损失2000亿元以上。一般年份，气象灾害所造成的经济损失可占到国内生产总值的 3%～6%。因此，对气象灾害的研究和预报已成为当今地球科学家关注的重大问题。

（4）地球科学在解决当今社会经济发展中出现的环境问题时将大显身手。经济的快速增长不仅造成资源、能源短缺，而且造成日益严重的环境污染、生态破坏。环境问题已成为制约经济发展的重要因素。环境问题的突出表现主要是大气污染、水污染、垃圾污染、噪声污染、森林锐减及荒漠化等。地球科学的发展方向之一就是研究如何有效地治理环境、减少污染，为经济建设提供良好的环境基础。

地球科学服务于经济建设、服务于社会，还有其他许多方面，如在农业、医学、新能源开发、生物学等具体领域内，地球科学也将大有作为。

1.2　地球科学的研究方法

地球科学的研究对象是一个复杂的巨系统，人-地生态系统的逐渐扩展使得地球成为具有自然属性和社会属性的统一体。地球已有46亿年的历史，现已测得地壳上最古老的岩石年龄超过40亿年。地球的变化大到全球宏观现象，小到原子和离子微观世界，物理、化学、生物作用错综复杂。地球系统的复杂多样决定了地球科学研究方法的丰富多样。

1.2.1　地学观察方法

地学观察方法是地学工作者有目的、有意识、有计划地对地球客体进行感知的方法。李四光先生说："观察是得到一切知识的一个主要步骤。"大自然是地学实验室，行万里路重于读万卷书。

地学的发展历史表明，古代和近代大量优秀的地学文献、资料、论著都是在大量野外观察中获得的。明代地理学家徐霞客，自22岁开始，历经三十余年，足迹遍及现今的21个省份，完成了著名的《徐霞客游记》，为后人留下了翔实、生动和丰富的第一手资料。著名科学史家李约瑟评价徐霞客："他的游记读起来不像是十七世纪的学者写的东西，却像一位二十世纪的野外勘测家所写的考察记录。"获取真实的第一手资料是地学观察的目的之一，而在观察中进行科学发现又是其另一重要目的。当科学家借助科学仪器纷纷报道海洋地貌、海底沉积、古地磁等领域的新发现，特别是海底扩张、地幔对流等带有决定性意义的证据时，板块构造真正开始从假说向科学理论转化。1996 年第 30 届国际地质大会在北京举行，大会特意组织安排了 75 条地质旅行路线供中外学者实地考察，考察地几乎遍布全国，这一举措实际上继承了国际地质大会百余年的优良传统，也从另外意义上证明了地学观察具有古老而旺盛的生命力。

1.2.2　地学分析和综合研究方法

地学分析方法是地球科学家进行地学信息加工的重要方法。其基本内涵是地球科学家在思维过程中把地学对象分解成不同部分（如按照其组成、要素、功能和关系等）分别加以研究，因而地学分支学科在近代纷纷涌现。地学研究的对象一般都是很复杂的，我们有必要首先对它们进行观察分析，从而得以认识构成这些现象的本质，然后再摸清它们之间的相互关系，以及它们发生、发展、转变乃至消失的过程，这样才能全面掌握各种地质现象的内在规律。这是一个由局部到整体、由个别到一般的过程。

所谓的地学综合研究方法，就是在地球科学研究的过程中，将已获得的关于地学对象各个部分、方面和特性的认识结果统一起来，形成对客观对象（地球客体）整体性认识的一种逻辑加工方法。它也是一种重要的地学信息加工和处理方法。一切地球物质客体、地质作用和地质过程都自成系统，又相互联系，这就要求我们在研究地学问题时需要始终注意从整体出发，把研究对象看作由不同环节组成的统一体。大陆漂移说刚兴起时，地质学家与物理学家如同分属两个对抗的阵营，到了 20 世纪 60 年代，他们共同携手迎来了地球科学的现代革命。70 年代，大陆地质学与海洋地质学又结成一体，从而引发了人们对地球和地球科学的新认识。板块构造理论的最终形成，综合了古地磁学、海洋学、地球物理学、古生物学、古气候学、地震学等不同地学学科的研究成果，是综合了陆壳、洋壳、大陆边缘、深部地质资料而得出的统一理论。经济地理学等综合性学科就是地学与社会科学的结合。钱学森先生还提出建立"地球表层学"的综合性学科。

1.2.3　比较方法

比较方法是研究地球物质客体之间差异性和同一性的逻辑方法，是人类对地球系统的认识从直观和描述阶段过渡到理论阶段的桥梁。地球上的自然现象丰富多彩，地球演化的历史漫长曲折且大部分是人类所没能经历过的。若想深入了解和认识地球运动和演化的规律，仅靠直接观察和描述是不够的。地球上没有两件事物是绝对相同的，但它们之间往往在一定范围内具有相似性和一定的内在联系。在空间上同时并存的物质和现象之间，以及在时间上先后相随的物质和现象之间都存在着差异性和同一性。地球科学的比较方法主要包括域间比较（即空间比较）和历史比较（即时间比较）。

德国气象学家魏格纳（A. L. Wegener，1880—1930）将看来互不相干的欧非大陆和美洲大陆进行域间比较之后，发现了两者的联系，提出了大陆漂移说。当科学家们发现火星上具有河曲地形和流水作用地貌特征时，他们虽然知道现在火星上没有流水，但由地球的河流地貌特征可以推测，火星上过去曾存在液态水。这都属于域间比较。

历史比较方法是遵循现实主义原则来认识地球演化历史的一种方法。英国地质学家莱伊尔（C. Lyell，1797—1875）出版《地质学原理》（*Principles of Geology*）一书，标志着近代地质学的诞生。他在该书中用丰富的资料，系统地论证了古今地质作用的一致性和“将今论古”原则。“将今论古”现实主义方法后来被概括为一句格言：The present is the key to the past（现在是认识过去的钥匙）。即用现在正在发生的自然作用的过程及其结果推测过去、类比过去、认识过去。例如，现代珊瑚只生活在温暖、平静、水质清洁的浅海环境中，如果发现含有珊瑚化石的石灰岩，可以推断这种岩石是在古代浅海环境中形成的。“将今论古”仍是现代地球科学家分析问题的基本指导思想，但它也存在缺陷，因为地球演化毕竟是时间的函数。气象、地质、地理环境随着地球的发展进程而不断变化。在大陆漂移说中，魏格纳把“将古论今”的方法作为“将今论古”方法的补充，从而建立了科学的、辩证的历史分析法。相连接的大陆上必然存在具有亲缘关系的生物，大陆相隔绝则应有不同的生物种属，特别是随着时间的推移，生物变异加速，种属越来越多，差别越来越大。生物物种史和大陆漂移史存在着密切的关系。

比较方法在地学发展过程中对地学家的影响很大，许多地学家都靠它建立起自己的理论。在当代，地学比较方法仍然是最重要的地学发现和理论创新的方法。由联合国教育、科学及文化组织和国际地质科学联合会共同举办的“国际地质对比计划”（International Geological Correlation Programme，IGCP）发起于20世纪60年代，旨在进行全球范围内的国际合作，共同着手研究地层、地质事件和矿产分布、成因关系等重大问题。

1.2.4　实验方法

地学实验方法是地学家在主动控制地学对象运动、变化条件的情况下，对其进行认识和研究的方法。北魏地学家郦道元在对鱼化石（亦称为“鱼石”）进行鉴别后，曾在其《水经注》中写道：“东入衡阳湘乡县，历石鱼山，下多玄石，山高八十余丈，广十里。石色黑而理若云母，开发一重，辄有鱼形，鳞鳍首尾，宛若刻画，长数寸，鱼形备足，烧之作鱼膏腥，因以名之。”燃烧作为一种地学测试手段，一直被后人沿用。现代地学实验在手段、工艺和设备自动化、精确化及社会化程度等方面都有了空前的发展。模拟实验可以精确地分析、认识和评价地球内部物质状态，验证和正确地解释地球物理探测结果。人们在实验室里可以收集到千万千米以外的地学信息，可以看到月球和太阳表面的情况，这使得现代地学实验真正成为多学科交叉渗透的系统工程。

1.2.5　相关研究方法

地学相关研究方法是唯物辩证法关于客观事物内在联系和发展观点的具体化。联系的观点是唯物辩证法首要的、基本的观点，是概括和总结了自然界、人类社会和思维领域中最普遍存在的、客观的运动本性得出的结论。地学相关研究从地球系统种种联系出发，把地球物质客体不同要素、要素与整体、整体与整体相关联，突出了辩证法的实质。在不同的地学应用领域内，相关分析方法又可以有多种具体形式。例如，在矿产勘查活动中，把矿产勘查与国民经济的需求相联系，让勘查工作融于国民经济的大系统，并当作大系统中的要素与其他要素联系起来。地学相关研究方法讲究地学对象的原因与结果，讲究从单因多果和单果多因的角度去分析对象与其他相关因素的联系。把地球上物理运动、化学运动、生命运动、社会运动以至思维运动和地球运动的矛盾关系当作一个整体，不同层次的物质运动融入因果关系的广义思考和发掘之中。

1.2.6 假说方法

恩格斯指出："只要自然科学在思维着，它的发展形式就是假说。"地学的主客体矛盾关系的特殊性决定了假说方法在地学中的广泛使用和重要作用。因为地球空间的广阔性与研究者认识范围的有限性形成矛盾，地球演化时间的漫长性与主体对其观测的短暂性又构成矛盾。可以说，地学中的假说方法是地学家们进行创造性研究、提出新看法和新理论的首选方法。一般认为，地学理论的创建要经历以下几个基本阶段：首先，选题并确立主攻方向；其次，搜集大量有关信息和资料，加工信息资料，提出和建立科学假说；最后，通过一系列手段（科学实验、实践中检验等）验证假说，使之逐步转化为理论。提出和建立假说的，使科学家们明确自己的研究方向，科学观察、实验、分析、总结都将围绕着这一方向展开。一个重大假说的提出甚至可以引导整个科学进步的走向，从这个意义上来说，假说往往是地学革命的先导。板块构造理论的形成和发展历史就是最好的例证。

1.2.7 计算机模拟方法

自20世纪后半叶，人类社会已进入电子计算机主导的信息化时代。计算机仿真模拟技术逐渐被应用到人类生产、生活的方方面面，地球科学领域也不例外。例如，在现今气象学、地理学、地质学、地球物理学、海洋学和环境学等领域，计算机模拟技术已发挥了巨大的作用，成为不可或缺的研究手段与方法。计算机技术的应用，解决了地球科学研究对象的空间广阔性、观测数据的海量性、地质过程的复杂性等因素而带来的难题，提供了深入探索地球的可能性。可以预见，计算机模拟技术在地球科学各领域中的应用将会更加的深入广泛。

1.3 地球科学的历史回顾和前景展望

地球科学的历史与人类自身的历史一样久远，人类从大自然中分化出来之后，就一直和地球打交道，在从适应、改造、掠夺到保护大自然的实践过程中，人类不断地总结和发展地球科学知识。这个漫长曲折的发展过程大致可分为三个阶段：基础地学时期（也称地学"潜科学"时期），古代特别是17～18世纪为地学基础知识不断积累并逐渐形成地学理论体系阶段；资源地学时期，19～20世纪地球科学为工业的高度发展提供了充足的自然资源，创造了今天空前繁荣的物质文明；社会地学时期，20世纪70年代以来地球科学进入了为人类社会可持续发展奠定基础的崭新阶段。

1.3.1 基础地学时期

在古代，人类对于地球的实践活动基本上局限于地表，主要进行矿物、岩石、山川地貌特征和简单地质作用分析等。对地球的认识一般仅凭直觉或经验，而对地球的一些基本问题，如地球的起源、形状、在宇宙中的位置、运动规律、海陆轮廓、地下情况、人地关系等的认识主要依靠思辨。当时，自然科学与哲学还没有完全分开，对地球的认识尚是以一种“自然哲学”的形态出现的，当时的“地球科学”还包含在自然哲学的体系内。

作为地学之母，古代的地理学成为带头学科，地质学、地图学等也较早地在地学领域中出现了。在西方，以埃拉托色尼和托勒密为代表的地理学，沿着从通论到区域研究的道路，从地球的天文性质出发，并结合当时非常初步的经纬度资料，绘制了小比例尺地图，进而研究各地区的地理情况。在中国，不仅出现了一些古代地理学家，如郦道元、荀绰、乐资、王隐、裴秀、葛洪等，而且还出现了被李约瑟称为“明显突出了地学不同现象间相互联系”的论著。

春秋战国时代的《山海经》是一部地质矿产文献。管仲的《管子》、老子的《道德经》、郦道元的《水经注》、沈括的《梦溪笔谈》、徐霞客的《徐霞客游记》等都为我国古代著名的地学著作。例如，《山海经》就以山为纲综合且统一地记述了远及黄河、长江流域之外的广大地区的自然地理、地质等状况。《禹贡》记载了公元前 21 世纪大禹治水时了解到的全国山川地形，并记有盐、金、银、铜、铁等十二种矿物和金属。

古代整体地学的思维方式产生了一类重要的地学成果，即地理总志。地理总志是以大量的地理文献（如各类地方志、地记、地理志等）为基础，经作者加工、整理、综合而成的地学著作。最具有代表性的有阚骃的《十三州志》、陆澄的《地理书》、李吉甫的《元和郡县图志》、乐史的《太平寰宇记》等，总志式的地理著作成为古代地学研究成果的百科全书。大量地质、矿物、岩石、地理、水文、地貌，以及文学、碑碣、方言、民谣等宝贵资料被记录下来。与此思路相对应，古老的矿物分类思想也出现了，这是地学中系统层次思想的早期萌芽，如《山海经》中不仅记录了 72 种金属和非金属矿物，而且还根据其硬度、颜色、光泽、透明度、粗糙或光滑程度，以及敲击的声音等特性，把矿物分为金、玉、石、土四大类，这是世界上最早的矿物分类。后来，北魏的郦道元在《水经注》中记录了金属矿物（如金、银、铜、铁、锡、汞等）、非金属矿物（如雄黄、硫黄、盐、石墨、云母、石英、玉、石材等），以及部分能源矿产（如煤炭、石油、天然气等）。

1.3.2 资源地学时期

地球科学在 19 世纪到 20 世纪初开始了一个新的发展阶段。这个阶段的一个重要特征是学科开始分化，大量新学科开始产生。地理学中的气候学、地貌学，地质学中的地球动力学、地史学、古生物学、古地理学和古气候学等纷纷涌现或独立出来。一些新的边缘学科也出现了，如地球物理学、地球化学等。海洋科学也在开始萌发。在学科分化的同时，传统的带头学科内部进一步出现了更加精细的学科分工。

中国闪烁着许多科学的地质思想之光，但近代地质学却诞生在欧洲。地质学的“将今论古”原则和三次大论战推动了地学思维的进步和整个地学的发展。

首先是围绕岩石成因出现了“水成论”与“火成论”之争。德国矿物学家维尔纳（A. G.

Werner，1749—1817）使地质学初步系统化。他热衷于当时的化学沉淀作用成果，竟认为所有的岩石都是由原始海水结晶沉淀而成的或是由洪水沉积物变成的，还认为水是地壳形成和变化的唯一动力因素。水成论盛极一时，但不久便被火成论击败。苏格兰学者赫顿（J. Hutton，1726—1797）及其门徒的足迹遍及欧洲，根据丰富资料，结合推理，其认为岩石有水成者，但也存在花岗岩等大量火成岩石。赫顿于 1795 年出版了《地球理论》一书，被称为“现代地质学”的创立者。他认识到每次不整合代表一次构造运动，主张宇宙无始无终，现在是了解过去的钥匙。

围绕地质演变过程又发生了“灾变论”和“均变论”之争。法国地质学家、古生物学家居维叶（D. G. Cuvier，1769—1832）是“灾变论”的典型代表。他认为，在整个地质发展的过程中，地球经常发生各种突如其来的灾害性变化，并且有的灾害是具有很大规模的。例如，海洋干涸成陆地，陆地又隆起成山脉，反过来陆地也可以下沉为海洋，还有火山爆发、洪水泛滥、气候急剧变化等。当洪水泛滥之时，许多生物遭到灭顶之灾。每当经过一次巨大的灾害性变化，就会使几乎所有的生物灭绝。这时，造物主又重新创造出新的物种，使地球又重新恢复了生机。英国地质学家莱伊尔（C. Lyell，1797—1875）则是“均变论”的突出代表。

最后围绕地壳运动方式所进行的“固定论”与“活动论”之争，使人类对于地球物质运动规律和演化历史的研究又达到了更高层次。洋陆永恒的固定论在 19 世纪由美国地质学家德纳（J. D. Dana，1813—1895）提出，直到 20 世纪 50 年代仍占统治地位。固定论主张大陆和海洋只有范围大小的变化和垂直升降运动，其相对位置是不变的。别洛乌索夫认为印度洋、大西洋过去存在过大陆，中生代以后沉降为洋。1912 年魏格纳提出“大陆漂移说”，对固定论彻底否定，从而激起了两大学派持续了近半个世纪的争论。20 世纪 60 年代，美国的一批青年学者在活动论思想的指导下，综合海洋物探、古地磁、地震、同位素地质等方面获得了大量实际资料，创立了全球板块构造理论。板块构造学说是人类对地球演变的划时代认识，是地球科学的一次伟大革命，大大推动了地球科学各个领域的研究。

这一时期地球科学在社会中的作用主要研究地球，指导对矿产、能源和地下水等自然资源的勘查，保证人类生存和社会发展的需求。通过地球科学家的不断努力，工业的高度发展具备了充足的矿产和能源，创造了今天的物质文明，使人类的生活方式和社会行为发生了重大而深刻的变化。

1.3.3 社会地学时期

随着人类社会进入后工业化时期，大宗矿产资源的需求衰退，环境问题成为地学研究的主流。如何解决人类生存与发展问题成为地球科学研究必须面对和正视的主题，地球科学研究因而上升到一个更高的层次，其社会责任比以前更加严肃而广泛，不仅要继续提供充足而且符合质量标准的地下水资源、寻找日渐耗竭的各类矿产资源及能源的替代品，还要应对和减轻各类自然灾害、安全处置各种废料、合理规划利用土地、避免地质环境恶化等。为实现人类社会的可持续发展，地质工作者一方面要勘查开发包括能源在内的地质矿产资源，同时还要保证在地质资源的开发利用过程中对人类的生存环境产生最小的危害。当这两方面发生冲突而难以协调时，就需要在二者之间找出一个平衡点，即寻找一个既有利于发展当前经济，满足于为社会创造最大的经济效益，又不损害子孙后代长远发展可能的最佳点。总之，如何为人类社会提供一个可持续发展的“绿色”地球环境，是当今地球科学所面临的重大课题。

20世纪中期甚至更早些时候，一些有识之士就已注意到地球科学在人类社会发展进程中发挥的巨大推动作用。1970年4月22日，美国一些环境保护工作者首次在美国境内发起了“地球日”活动。这一天，全美2000多万人，3000多所大中学校和各大团体参加集会游行，要求政府采取措施保护环境和资源。“世界地球日”的部分主题包括“只有一个地球”(1974年)，“沙漠化”(1984年)，“一个地球，一个家庭”(1994年)，“善待地球，科学发展”(2004年)。第27届联合国大会将首次国际性的人类环境会议开幕的日子（1972年6月5日，瑞典斯德哥尔摩）定为第一个“世界环境日”，该会议探讨了当代环境问题和保护全球环境的战略，通过了著名的《人类环境宣言》，发出了“为了这一代和将来世世代代保护和改善环境”的呼吁。保护地球资源和环境已成为全社会的共识，地球科学研究无疑将起到先导作用。

20世纪80年代以来，越来越多的地学家重视地球科学与人类社会关系的研究，一些文章散见于有关报纸杂志。“人口、资源、环境”被列为人类面临的三大问题。1980年7月于法国巴黎召开的第26届国际地质大会就明确提出了地球科学的使命是：不仅要解释地球的结构和演化，还要研究星体的形成、探讨生命的起源，更要为人类社会的生存环境提供保护。

20世纪90年代以来，国内外一些学者从不同角度更加深入地论述了地球科学与人类社会的关系，其中的代表性人物有美国国家科学院院士威利（P. J. Wyllie）教授，国际地质科学联合会主席（1992～1996年）法伊夫（W. S. Fyfe），中国学者朱训、吴凤鸣、何贤杰、王维、李金昌、马宗晋、张宗祜等，他们分别从不同角度对资源、环境与国民经济及社会发展的关系进行了研究。1995～1996年，在国家计划委员会的资助下，赵逊、银剑钊及杨岳清等较为详细地论证了“地球科学与人类社会”这一命题，其成为这方面最为全面系统的研究成果。

进入21世纪以来，地球科学的各分支学科已越来越深入地渗入社会生活的各个领域。“山水林田湖草生命共同体”的理念逐渐深入人心，人的命脉在田，田的命脉在水，水的命脉在山，山的命脉在土，土的命脉在树，这个生命共同体是人类生存发展的物质基础。人类活动的地球是全人类共同的家园，大气、水、物质流动和能量交换等都是在全球范围内进行的，生态环境问题无边界、无国界。全球生态治理是一个复杂、艰巨和长期的系统工作，保护地球系统是全人类的共同责任，需要世界各国共同参与、同舟共济、携手一起保护自然，促进人与自然和谐共生。

1.3.4　地球科学前景展望

1.3.4.1　完善地球系统科学

地球系统的含义是，地球的各组成部分大气圈、水圈、岩石圈、生物圈乃至天体是一个不断变化但又相互作用的综合性大系统。随着现代科学、技术和全球意识的发展，对全球变化规律的研究已成为热点，“地球系统科学”便应运而生。今后地球科学发展的必然趋势是加强天、地、生综合研究和全球变化研究。当今世界面临的资源、环境、灾害、人口、粮食等重大问题无一不与天、地、生有关，这些与人类生存和发展息息相关的重大问题的解决又依赖于天、地、生综合研究和全球变化研究的成果。这些成果不仅为现代社会提供经济发展和决策的优选方案，有效防治和预测重大自然灾害，扩大矿产资源远景，促进智慧圈的完善，而且对系统探索生命起源、地球起源、天体起源都是非常必要的。这种把地球当成一个统一体进行多层次、多序列、多学科的综合研究，更能客观地反映自然界运动和发展的规律，因而许多以前一直未能得到解决的重大问题有可能在这种综合研究中得到解决。此外，其他自然科学、技术科学、社会科学也可以从这种综合研究中吸取“营养”，从而开辟科学技术发展的新领域。

天地在空间上的联系和时间上的延续、天地在成因上的同源性和同时性决定了天地之间有着共同的演变历史和发展规律，因此，“将天论地”和“将地论天”便构成了天地统一观的具体方法论。在天地演化过程中，地球和其他同源天体脱离其母体而形成各自特有的演化历史，地球在这一过程中形成了水圈并产生了生命，从而引起了自身的变化及与“天”的差异。因此，要深刻认识地球过去、现在和未来，就必须深刻揭示天体的过去、现在和未来。

生命现象在地球上出现以后，特别是人类活动对地球各圈层的影响日益显著的今天，我们不得不以完全不同于过去的眼光认真对待诸如温室效应、环境污染、资源枯竭、生态破坏及核威胁等一系列重大问题。与此同时，还要充分重视自然界客观存在的灾变现象，它往往对自然界和人类活动产生不可估量的深远影响。从耗散结构理论出发，在一定条件下，一个小小的随机干扰，往往可以使一个开放系统发生较大的振荡。而只有把天、地、生和地球变化放在较大尺度进行系统、综合的考察，才能真正了解和深刻认识它们之间复杂多样的相互联系。

1.3.4.2 强调人为地质作用

新的人-地关系的研究将越来越把地学与有关的社会科学研究相结合。相应地，大量社会科学的研究方法也将成为地学方法体系中的组成部分。地球科学家不再仅仅是野外工作的专家，还是室内与室外相结合，感性认识与理性认识相结合的全空间、全过程研究的专家。地球科学将更加关注人类社会，为人类社会健康发展服务，即成为可持续发展的绿色地学，由此将引发指导人类社会与地球大系统和平共处、共同进步的新的科学观。

地学研究将越来越重视人的地质作用及其后果。人类的采矿与工程活动的规模和程度已不亚于河流（在千万年间）的堆积作用。人类的农业活动、砍伐森林、开垦草地、修筑水利设施、建设城市等，都在迅速地改变地球的面貌。人类生产过程中排放的大量废气、废水、废渣，极大地影响到地球表层，影响到大气和水圈的组成。运用技术手段，人类可以生产所需要的纯金属，如铁、铅、锌、镍等，这些纯金属在地球上从未有过这样大量存在的历史，它们又在生产和消费中分散，最后在河流、湖泊和海洋中集中形成新的矿物。换句话说，人类的活动已成为新矿物形成之源。这种作用的后果，不仅分布在地质学的研究领域中，而且在地理学、气象学、水文科学、海洋科学、空间科学等学科领域中也可以见到。环境问题、资源问题、灾害问题、能源问题等全球性的问题很自然地引起了全球地学家们的关注和研究。显然，与传统的地学研究对象不同，现代地学研究对象中包含了人为地质作用，即人的活动对地球表面形态、物质组成和自然环境的改变。地球科学必将越来越重视研究和规范人类活动，协调人与自然的关系。

1.3.4.3 携手共建美丽家园

地学研究的终极目标是人类社会的生存和健康发展。在经历了从片面满足人的眼前利益、自然界和人类利益巨大损害到主动自觉、科学地满足人的长远利益的转变之后，将形成人与自然的良性和可持续发展。

最近 50 年，人类社会所面临的生存问题也日益突出而严峻，资源危机、自然灾害、环境恶化等越来越紧迫而频繁地威胁我们的日常生活。人类生存环境的保护从来没有像今天这样强烈而迫切地需要地球科学家们乃至全社会给予高度重视并研制行之有效的方案。科学家指出，21 世纪地球科学理论的发展将使人类哲学观更趋成熟与完备，将为人类建立一个长期稳定发展的资源支持系统服务，为人类建立一个长期支持的协调环境系统服务。

拯救地球需要全人类的努力和通力合作，让我们共同善待这颗蓝色的星球，共同祝愿我们的地球大家园春色满园，繁花似锦！

名 词 解 释

1. 地球科学；2. 比较方法；3. 实验方法；4. 基础地学时期；5. 资源地学时期；6. 地球系统科学；7. 人为地质作用

思 考 题

1. 我们在实际生产生活中用到了哪些地球科学知识？
2. 地球科学区别于其他自然科学的特征有哪些？
3. 如何研究地球科学？
4. 如何理解“水成论”与“火成论”之争？

第一篇

地 球 概 述

地球是茫茫宇宙中一颗十分渺小的行星，它绕日旋转，这样的行星在太阳系中就有8个，普通极了。然而，地球是一颗蓝色的大水球，它具有岩石圈、水圈、大气圈和生物圈，这在我们认识的宇宙中竟是独一无二的！无疑，人类只有一个地球。

地球是座大迷宫，内部结构复杂多样、深奥莫测；地球是个万花筒，那矿物岩石形态色泽万千种，仿佛不停地诉说着发生在化学元素和温度、压力条件之间的故事；地球是颗运动体，公转自转与生俱来，岩石圈漂移永无停息，悠悠岁月无数次沧桑巨变；地球是部历史书，古生物化石是其最真实的传记，漫漫进化路告诉我们“适者生存、优胜劣汰、物竞天择”的规律。人类是万物之灵，人类又是地球之子，愿地球永远生机勃勃，愿人类生生不息。

天地玄黄，宇宙洪荒。我们的祖先对地球乃至宇宙的探索有长达数千年的历史。《山海经》、管仲的《管子》、郦道元的《水经注》、沈括的《梦溪笔谈》、徐霞客的《徐霞客游记》、阚骃的《十三州志》、陆澄的《地理书》都为我国古代著名的地学著作。从16世纪波兰哥白尼的“日心说”，到17世纪英国牛顿的“万有引力”，18世纪德国哲学家康德、法国数学家拉普拉斯星云说的“太阳系起源”，德国维尔纳和英国赫顿的“水成论”与“火成论”之争，再到19世纪英国地质学家莱伊尔的“均变论”，直至1912年德国气象学家魏格纳的“大陆漂移说”，现在已经发展成“板块构造理论”，这说明科学探索的道路艰难曲折、永无止境。

地质学是一个对天地进行认知、释义的博大精深的学科体系，它在研究地球的物质组成、内部构造、外部特征、各圈层之间的相互作用和演变历史等方面已经形成了一个完整的学科体系。地质现象具有独特的复杂性，研究尺度为10^{-8}～10^{8} m，即从显微到洲际规模，时间跨度达46亿年之久。地质事件是无法重演的，古地质环境只能靠一系列证据进行间接推断，这就导致我们对地质现象的认识不可避免地存在片面性，正如马杏垣院士所说，人类认识地球仍然犹如“盲人摸象”。新的技术方法可以让我们无限接近真实，但是永远不能说已经达到了真实。A. D. 拉夫在20世纪50年代初发明了船用磁力仪，可以用来记录海底岩石的磁性，但科学家用了40余年才基本完成海底磁异常探测工作；原子级的高分辨率电子显微镜的研制花了半个多世纪；对地球内部圈层结构进行地震波解译与反演，需要拥有数十万颗核心的超级计算机日夜不停工作；苏联在科拉半岛超深钻花了24年才钻进了12 km；青藏高原地质调查、南极科考等工作需要无比的勇气与毅力。地球科学研究每前进一步都是人类智慧的综合体现，都需要历经漫长且艰苦的探索过程。

本篇简要介绍地球的宇宙背景、地球的结构与物理性质、矿物与岩石、板块构造运动与地质构造、古生物化石与地球沧桑变迁史，它将带你走进一个探索大自然奥秘的奇妙天地。

第 2 章　地球与宇宙

地球被框定在太阳系的确定轨道上，恰如生物圈植根于地球。宇宙中的各种天体运动似乎漫无目的，但在揭示了不同层次的天体运动规律之后，都显示出其微妙绝伦的内在联系。正如我国地质学家孙立广教授指出的那样，牛顿曾用万有引力定律的缰绳拴定并转动凭空悬挂的天体，但他在晚年却为自己的发现——自然界如此完美的秩序所震惊，从而宣称上帝直接用他的双手而不是自然的力量做出了这样的安排。地球上的食物链维系着生态平衡，但一颗陨星的撞击、大气成分的少许变化，甚至太阳在银河系旋臂上位置的轻微变动都可能使地球上的食物链发生脱节，从而破坏生态平衡，导致一部分生命的衰亡和另一部分生命的兴盛。长期以来，当我们用内因和外因的主从关系否定地球以外事件对生命演化的影响时，正是片面地把地外事件看成外因，忽略了从太阳系乃至更大的尺度来看，陨石撞击本来就是太阳系的内部事件，太阳黑子爆发的周期长短和强弱也是影响地球自然生态的内部事件。因此，从地球系统科学的观点来看，我们必须了解地球的宇宙背景。本章简要介绍宇宙和太阳系的组成、起源与演化。

2.1　宇 宙 概 述

2.1.1　宇宙的概念

我国学者很早以前就对宇宙有科学的解释。战国时尸佼在《尸子》中写道：“四方上下曰宇，往古来今曰宙。”宇宙就是无限空间和无限时间的统一。

从现代的观点来看，宇宙就是普遍、永恒的物质世界。“普遍”表示物质在空间分布上是无限广延的，是无边无际的；“永恒”表示物质运动在时间上是连续的，是无限发展的。

宇宙根本的特点就是普遍性和永恒性。宇宙本质上是无限的，但是表现在我们面前的宇宙，即人们认识的宇宙，又总是有限的。人类认识宇宙的过程，就是一个永无穷尽地从有限扩大到无限的过程。

组成宇宙的具体成员——天体和天体系统，在空间分布上和时间发展上又都是有限的，一个个具体的有限无穷尽地总和起来就是无限。因此，宇宙在时空上都是有限组成的无限，是有限和无限的辩证统一。

宇宙究竟是什么样子的，这是科学家们长期以来探索的重要课题，他们对宇宙的认识不断取得新的进展。从对宇宙的认识过程来看，对“宇宙”的理解可分为三种情况。

第一，以亚里士多德和托勒密为代表，他们认为地球是宇宙的中心，宇宙是有限有边的同心球结构。哥白尼的“日心说”问世后，布鲁诺在“日心说”的基础上又进一步提出了宇宙的无限性，从此亚里士多德-托勒密宇宙说彻底破产。

第二，以伽利略和牛顿为代表，当时的科学家在牛顿力学的基础上，建立了宇宙无限无边的理论。其认为宇宙的体积是无限的，没有空间边界，无限的天体分布在无限的空间之中。宇宙无限论的观点，无论是在自然科学上，还是在哲学上，在20世纪初已经为多数人所承认。

第三，爱因斯坦及霍金在广义相对论的基础上，提出了新的宇宙模型。他们认为，宇宙是有限无边并且是多维的，即宇宙空间的体积是有限的，是一个弯曲的封闭体。这个弯曲的封闭体没有边界，类似一个球面，面积有限，但是沿着球面运动总也遇不到“边”。

无论是牛顿的无限宇宙论，还是爱因斯坦的有限无边的宇宙模型，其仅仅是认识宇宙的一页，这种认识远远没有完结，随着现代科学技术的进步，人类对宇宙的认识将会更加深入。

2.1.2 主要天体

仰望天空气象万千，白天红日高照，夜晚明月当空，或是繁星闪烁……我们把宇宙中各种星体通称为天体。天体的种类繁多，如恒星（包括太阳）、行星（包括地球）、卫星（包括月球）、小行星、彗星、流星、陨石等都是天体。恒星是由炽热气体构成的、能自己发光的天体。太阳是距离地球最近的一颗恒星，其他恒星，如天狼星、牛郎星、织女星等，距离地球都很远，所以看起来仅是一个闪闪发光的光点。

古代受科技水平的限制，观测精度不高，所以一直认为恒星的相对位置不变，故称为恒星，以区别于运动比较明显的行星。1609年伽利略发明天文望远镜以来，天文观测工具快速发展，人们才了解到恒星也是在不断运动着。由于恒星距我们太远，它们位置的改变，在短时间内不易觉察，以至看上去恒星之间的相对位置大致不变。经过长期的观测，就可发现恒星之间的相对位置也是在不断变化的，如北斗七星现在的排列呈现“勺”状，数万年前或数万年后，它们的形状都不是这样的。

恒星是散布于宇宙中的最主要的天体，它们占有宇宙中一部分质量，对恒星的研究是天文学中最主要的内容，已形成恒星物理学、恒星天文学等专门学科。

除恒星外，天空中还有许多行星。行星是围绕着恒星作轨道运动的天体，行星一般不发射可见光，通常我们看到的太阳系中的行星，因反射太阳光而显得明亮。

目前已知太阳系内有八大行星和2000颗以上的小行星。太阳系之外是否还有行星呢？答案是肯定的。现在已知，和太阳系邻近的某些恒星存在着质量较小的伴星，虽然这些伴星的质量比太阳系的行星质量要大些，但它们的质量还是太小，本身不能发光。行星系统在宇宙中并不是稀有的。

此外，宇宙中还存在大量的暗物质，它们不带电荷，不与电子发生干扰，能够穿越电磁波和引力场，是宇宙的重要组成部分。暗物质无法通过直接观测得到，但它能干扰星体发出的光波或引力，其存在能被明显地感受到。

2.1.3 天球和星座

各个天体与我们的距离相差很大，但由于它们都很遥远，用肉眼观察很难鉴别它们的远近，看上去好像都镶嵌在天空球面上。人们为了便于研究天体，假想以观测者为中心，以无限长为半径所作的球，就称为天球。沿观测者观测天体的视线，将该天体投射到这个假想的球面上，将天体方向与位置的相互关系的研究简化为球面上点与点间相互关系的研究。

在天球上，又可人为地确定一些特殊的点和圈，从而建立坐标系统（“天球坐标”）。通过一定的坐标系就可以确定天体的空间位置及其运动状况。

夜晚，我们看到的天体绝大部分是恒星，有些甚至是已消失的恒星，恒星的数目很多，我们人眼只能看到全天球约 6000 颗恒星。

为了便于认识星空，识别这些恒星，古代巴比伦人将天球划分为许多区域，称之为星座。每一个星座可由其中亮星的特殊分布辨认出来，如大熊座中的七颗亮星排列像勺子形状，即北斗七星。星座的名称多采用动物名，或希腊神话中传说的人物名。现在国际上把全天球的恒星，按其组成的几何图形，划分为 88 个星座。例如，小熊座、大熊座、仙后座、金牛座、猎户座、大犬座、天琴座、天鹰座等都是大家熟知的星座。

星座中的恒星，依我们肉眼所看，按其亮度的大小排列，分别以希腊字母 α、β……命名，最亮的星为 α，次之为 β，依次类推。小熊座 α 星即北极星；大犬座 α 星即天狼星，它是我们看到的最亮的恒星；天琴座 α 星即织女星，和它遥遥相望的牛郎星是天鹰座 α 星，又名河鼓二。

我国古代把天空的恒星分为三垣、二十八宿，用四象表示天空东、南、西、北四个方向的星象。它们分别是：太微垣、紫微垣、天市垣，合称三垣；四象和二十八宿为东方青龙七宿（即角、亢、氐、房、心、尾、箕），南方朱雀七宿（即井、鬼、柳、星、张、翼、轸），西方白虎七宿（即奎、娄、胃、昴、毕、觜、参），北方玄武七宿（即斗、牛、女、虚、危、室、壁）。二十八宿早在我国殷商开始形成，至周代最后确定下来，这是我国祖先在天文学上的伟大成就之一。

2.1.4　银河系及总星系

地球是太阳系里比较小的一颗行星，太阳又是银河系里 1000 多亿颗恒星中的普通一员，银河系又是众多星系中的一个。人类认识的领域随着科学技术水平的发展在深度和广度上不断前进。

在北半球中纬地区，夏季夜晚仰望晴空，繁星点点，从东北方向越过头顶向西南方向延伸有一星光密集的光带，这就是人们通常所说的银河。在银河的东岸有一亮星，它是天鹰座 α 星，即牛郎星，与它遥遥相望，银河西岸有一很明亮的星，其便是天琴座 α 星，即织女星。牛郎星距地球 16 光年，织女星距地球 26 光年，我国民间神话故事“牛郎”和“织女”相会是不可能的，这是由于地球的公转，银河在天空的位置也相应改变。冬季银河的方向是从西北到东南，经过的主要星座有仙后座、英仙座、御夫座、麒麟座等。用望远镜观察银河，其由许多密密麻麻的恒星和星云组成。它们离我们非常遥远，个体难辨，看起来只是一条明亮的光带。星云呈云雾状，是气体尘埃云组成的天体，温度较低，处于极端稀薄状态。除恒星和星云外，广漠的星际空间也不是绝对真空的，其仍充满比弥漫星云更稀薄的物质，称为星际物质。星际物质一般由星际气体、星际尘埃和星际云组成。

从侧面看银河系呈球状，其中间天体密集区好像一个铁饼。我们看到的银河，就是它在天球上的投影。从正面看，银河系呈旋涡状。

整个球状银河系的直径约 10 万光年。其中天体密集构成铁饼状的部分，叫作银盘，它是银河系的主体，其直径为 8 万多光年。银盘中心隆起，近似球形，叫作核球，其直径为 1 万多光年。核球的中心，恒星更加密集，形成一个更加致密的区域，叫作银核。在银盘之外，由稀疏分布的恒星和星际物质组成的球状区域称为银晕。太阳处于银盘上距中心约 3 万光年的位置。银河系中心在人马座方向上。

银河系内物质分布不均匀，不仅表现在上述银盘、核球、银核、银晕的差异上。在银盘上恒星分布也是很不均匀的。在银盘上由核心向外伸出 4 条旋臂，旋臂又是恒星密集区，太阳处于一个旋臂的内边缘。旋臂之间是恒星稀疏区。旋涡结构是银盘最主要的特征。

旋涡结构是由天体围绕银河系中心旋转而形成的，这也说明整个银河系存在着绕其中心的自转运动。同时，银河系整体还朝麒麟座方向以 214 km/s 的速度运动着。因此，银河系在宇宙空间的运动，就好像一个车轮运动，在自身旋转的同时又向前运动。

太阳、其他恒星都围绕银河系中心，在各自的轨道上运行着。太阳在银盘的近于圆形的轨道上，以 250 km/s 的速度运行，其绕银河中心一周的时间为 250 Ma，称为一个宇宙年。

目前已经观测到，在银河系之外，与银河系同级的恒星系统约达 10 亿个。因为它们都处在银河系之外，所以它们统称为河外星系，又因它们相距遥远，看起来像弥漫的星云，故又称为河外星云。距银河系最近的河外星系是大麦哲伦云和小麦哲伦云。它们是南部天空肉眼可见的两个不规则星系，它们是 1520 年航海家麦哲伦在南美洲南部发现的，故取名麦哲伦云。大麦哲伦云距地球 15 万光年，小麦哲伦云距地球 17 万光年。距离地球最近最亮的星系是著名的仙女座星系，它是个旋涡状星系，离地球约 200 万光年。

河外星系的组成差别很大，有的只由几万颗恒星组成，也有的是由几百亿甚至上千亿颗恒星组成的巨大河外星系。按照河外星系的外形可把它们分为旋涡星系、椭圆星系、不规则星系三大类。

目前，人类能够观测到的最大距离超过 300 亿光年，在这以 150 亿光年为半径的范围内，所有星系的总称，叫作总星系。它是我们目前认识的宇宙最高级的天体系统，但它并不是全部宇宙，而仅仅是宇宙的一部分。

2.2 太 阳 系

太阳是太阳系的中心，哥白尼在 1543 年发表的《天体运行论》这部不朽著作中用“日心说”取代了“地心说”，把日、月和当时发现的五大行星纳入了太阳系。现在发现的太阳系的成员要比哥白尼时代多。八大行星沿着各自的轨道绕日运行，距太阳由近至远排列次序为水星、金星、地球、火星、木星、土星、天王星、海王星。在火星与木星之间的小行星带上绕日运行着许多颗小行星，有编号的即有 5 万多颗，巡天照片上可看到的有 50 多万颗。此外，还发现有 60 多颗彗星绕日运动，80 多颗卫星环绕行星运行，它们构成了一个天体运动系统，即太阳系。太阳系中还存在着太阳辐射、宇宙线和星际物质等物质现象。太阳系直径约为 118 亿 km，约合 79 个天文单位（A.U.）（1 A.U. =1.496 亿 km，即日地距离）。

2.2.1 太阳

太阳是银河系中的一颗中等恒星，也是太阳系中唯一的恒星。它的质量占太阳系总质量的 99.85%，在太阳的核反应区内（中心核），氢在大于 1000 万 K 的高温下发生热核聚变，生成氦，同时放出巨大的能量。

我们通常所说的太阳表面或日面是太阳光球层的表面。光球层上的稀薄大气层便是色球层。太阳大气透明、稀薄，厚 3000～5000 km，由均匀物质组成，主要成分是氢和氦等，日全食时呈玫瑰红色。氦便是首先在光球层中发现的。太阳最外面的稀薄大气是日冕，其分子数密度为 10^{15}～10^{16} 个/m^3（Hansteen et al.，1997）。严格地说，日冕没有明确的边界，一般认为有好几个太阳半径的厚度。日冕由等离子体组成，运动温度大于 200 万 K。日冕不是静力学平衡的，等离子体克服重力向外膨胀，这种粒子流称为太阳风，并随密度减小而越吹越快。太阳磁场冻结在太阳风中，构成行星际磁场，并给行星的磁场以很大的影响。

太阳电磁辐射的强度是不等的，光球层表面随之不时出现暗斑块。这些暗斑块直径在 2000～100000 km，叫作太阳黑子。它是光球上的旋涡，黑子本影温度为 4200 K，具极强磁场，磁场强度由小黑子的 1000 Gs 到大黑子的 4000 Gs（太阳表面一般只有 1～2 Gs），黑子面积越大，磁场强度越大。强磁场引起表面冷却，故温度较低，黑子亮度只有光球的 1/5，黑子发育周期约为 11 年（现在研究表明其周期在变短）。黑子极盛时电磁辐射大大加强，引起地球磁场的剧烈扰动和磁暴，对地球生态系统产生重大影响。黑子活动强烈时，其上空的色球层中出现亮点，几秒钟内可扩大形成纤维云状物，直径达 10 多万 km，温度达 1.5 万～100 万 K，这种现象便是色球爆发，常称为耀斑。色球爆发产生大量辐射能，包括 X 射线、紫外线、可见光、红外线和射电辐射，可引起地球气候变化。

太阳活动对人类生存环境的影响是极其深刻和重大的，太阳能是地球外能的主体，它调节着大气的冷暖、水体的寒热，从而使地球成为一颗生动而又充满活力的星球。另外，地球上的大气环境、水的三态循环、各种自然灾害及地球历史中的冰期也都与太阳活动紧密相关。因此，要深入研究地球的环境变迁和气候的中长期变化，就不能不研究太阳的活动。

2.2.2　八大行星

2.2.2.1　行星的基本特征

八大行星按其物理化学特征明显可分为两类：类地行星（水星、金星、地球和火星）和类木行星（木星、土星、天王星、海王星）。在另一种分类中，木星和土星称为巨行星，而天王星、海王星称为远日行星。

类地行星的特点是离太阳近、质量小、体积小、密度大、表面温度高、卫星数量少，有固体表面，主要元素为铁、镁、硅。类地行星中最大的是地球，最小的是水星。水星和金星没有卫星，地球有一个卫星——月球，火星有两个卫星——火卫 1 和火卫 2（图 2.1）。

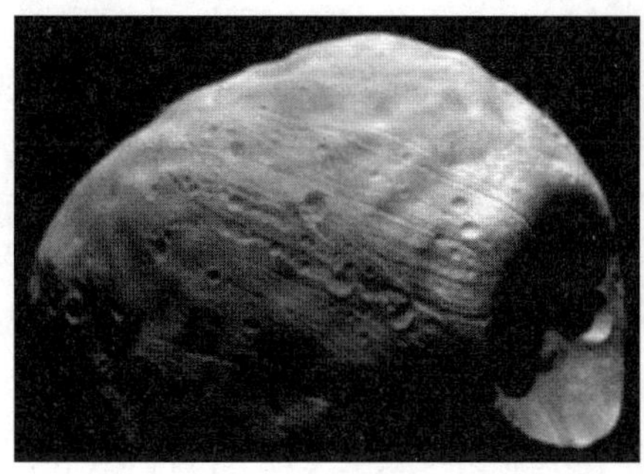
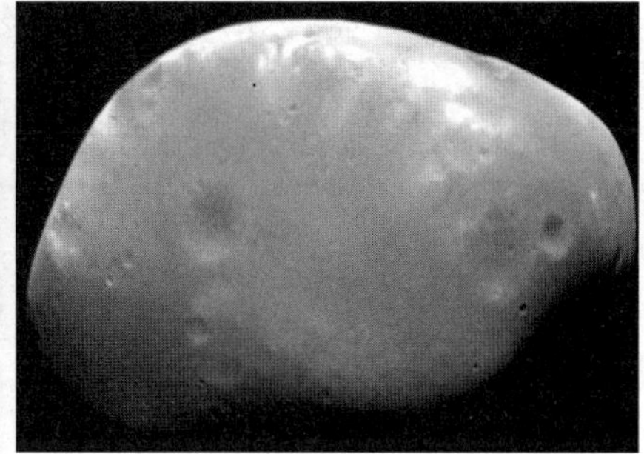

图 2.1　火星的卫星（火卫 1 和火卫 2）

类木行星则相反，离太阳远、质量大、体积大、密度小、表面温度低、卫星数量多，无固体表面，主要元素为 H、He。木星是最大的类木行星，有 79 颗卫星；土星居第二，有 82 颗卫星；天王星有 27 颗卫星；海王星有 14 颗卫星。

两类行星的化学组成不同，但同一类行星的化学组成基本相同。类地行星的组成主要是难熔的金属、硅酸盐矿物及钾、钙、铝、钛、镁的氧化物和铁镍合金。类地行星温度高，易挥发的元素及其氧化物含量较少。越接近太阳，难熔金属含量越高，挥发性元素含量越低。

巨行星中各种元素的相对丰度和太阳大气基本相似，它们密度小、温度低、含大量易挥发元素（水冰、氨冰、甲烷冰、氢、氦等）。大气成分中基本上是较轻的元素。

远日行星的密度介于巨行星和类地行星之间，但更接近巨行星的特征。主要成分是冰物质和金属矿物，但氦的百分含量要比巨行星低些。

行星的大气组成各不相同。行星的质量越小、温度越高则引力越小，气体的热运动速度越大，大气则越容易逃逸。例如，水星就几乎没有大气，最近发现其只有极微量的大气，表面气压小于 0.5nPa（Milillo，2005），接近“真空”。金星大气层较厚，主要成分为 CO_2、N_2 和 Ar，次要成分为 H_2SO_4、HCl、HF、CO、H_2O 等。火星的大气较为稀薄，大气的主要成分为 CO_2，次要成分为 N_2、O_2 和 Ar 等。地球具有大气圈，而月球上则没有任何大气。

木星和土星的大气层很厚密，形成了大面积云带，大气主要由 NH_3、CH_4、H_2 组成，其次还有 He、H_2O、C_2H_6、C_2H_2、PH_3 等。因为温度低、压力大，氢都已液化，在木星和土星表面构成了液态氢的海洋。木卫 1 的大气中有 H_2 和 He，整个木卫 1 被钠云包围，木卫 6 也有大气，由 CH_4 和 H_2 组成。天王星和海王星也是由 CH_4 和 H_2 组成大气，其次还有 NH_3 的冰晶尘埃。

航天探测器和比较行星学的研究为我们提供了更多的行星知识的细节，尤其是类地行星的特点为我们深入研究地球和环境科学提供了参照系。

火星与地球最相似。20 世纪中叶，关于火星生命的假说和传闻不时引起新闻轰动，引起了人们的关注。“水手 9 号”和“海盗号”，以及“好奇号”探测器对火星的近距离探测已揭开了火星神秘的面纱，现在可以肯定地说，至少在火星的表面不存在生命。

火星的半径为 3395 km，为地球的 53.2%；质量为 6.42×10^{26} g，约为地球的 10.75%；平均密度为 3.93 g/cm^3，也比地球小。火星轨道是椭圆，长径为 1.523 天文单位，公转周期为 686.98 天（1.9 地球年），自转周期为 24 h 37 min 22.6 s。

火星的轨道是椭圆形。在接受太阳照射的地方，近日点和远日点之间的温差达 160℃。这对火星的气候产生巨大的影响。火星地表平均温度约为−63℃，但却具有从冬天的−133℃，到夏日白天的将近 27℃的跨度。尽管火星比地球小得多，但它的表面积却相当于地球表面的陆地面积。

火星上的亮区呈微红色，称为火星的大陆和沙漠；暗区称为“海”和“湾”；两极的白斑为极冠。极冠随冬季的来临而扩大，业已证明极冠不是水冰而是 CO_2 凝成的干冰。火星上的大陆几乎全部是沙漠，火星表面较平坦的区域覆盖着卵石和沙尘，由于富含氧化铁而使火星表面呈现红色。火星上最为壮观的地貌是河床状地形，有的长达上千千米，还有几百千米的大峡谷，后者可能是火星的壳层断裂，表明火星曾经有构造运动，前者可能与巨大的洪水侵蚀有关。如果确实是这样，那么火星上就存在过类似地球上的水循环。

火星表面还发现了许多环形山，数量比月球和水星少。火星上最大的环形山叫奥林匹斯山，直径为 550 km，中央主峰高达 27 km。环形山是陨星撞击和火山爆发形成的。

火星有两颗卫星，距火星较近的为火卫 1，较远的为火卫 2，均是由硅酸盐岩石组成的。

随着“好奇号”探测器在火星上的着陆，火星地质的研究工作已经开展起来，火星地质史的新发现将为我们提供更多的保护人类生存环境的理论咨询。

地球的另一个近邻是金星。它的密度、大小和质量都和地球相近。金星上也有类似地球的大气循环，不同的是，金星大气的主要成分是 CO_2，占总质量的 95%，这造成了金星上显著的温室效应，形成很高的表面温度。宇宙飞船测得的温度为 480℃，比不考虑温室效应的理论计算值高得多。

金星表面地形较复杂，多高低不平的山地和断裂峡谷（最大峡谷长可达 1200 km），有隆起的环形火山口，并仍有活动的火山存在，这表明金星上有很活跃的内动力活动。金星上也有广阔的平原和沙漠，由于灼热干燥，骤风来临时，飞沙走石。金星表面的自然环境极其恶劣，在那里几乎没有任何生命存在的可能。

水星的半径只有 2439 km，约为地球半径的 1/3；质量为 3.33×10^{26} g，为地球的 1/19 左右；水星的平均密度为 5.46 g/cm^3，略小于地球的平均密度。水星无水也无大气活动，因此外动力的侵蚀作用微弱，导致水星表面多表现出内动力活动的结果和陨石撞击的痕迹，有保存完好的数以千计的环形山、高低悬殊的悬崖和峡谷。

在地球科学研究中，我们必须进一步了解比较行星学的研究进展。例如，金星提供了研究温室效应的可供观测的模型，为我们展示了沙漠化的最终结果；火星上可能是干枯大河床的特征表明水是可以消失的。行星的特征也可以启发我们研究地球的历史和变动，另一个重要启示是：“只有一个地球”，这不仅是环境保护的一句名言和口号，也是一个事实。

2.2.2.2 公转和自转特点

行星公转轨道基本上有三大特点。同向：行星围绕太阳公转的方向和太阳的自转方向一致（自西向东旋转）；近圆：行星绕太阳运行的轨道是椭圆。偏离正圆程度的偏心率[$p=(a^2-b^2)^{1/2}/a$，其中 a 为椭圆的半长轴，b 为椭圆的半短轴]大部分都小于 0.1，只有水星、金星略大，这表明行星运行轨道的近圆性；共面：地球公转的轨道面称为黄道面，后来发现行星公转的轨道平面几乎在同一个面上，与黄道面之间的夹角很小。也只有水星的交角偏大。总的来看，行星公转轨道平面偏离很小。

行星的扁球形状是自转造成的。八大行星中有 6 个是正向自转的，也就是说，自转的方向和公转的方向一样，均为逆时针转动。金星和天王星是个例外，金星是反向自转的，在金星上看太阳是西升东落；天王星是仅有的自转轴紧靠其公转轨道平面的行星，也就是说，它不是站着转，而是躺着自转。在卫星中，已知的有七个卫星的自转周期（包括月亮）分别等于各自绕行星转动的周期，这种自转称为同步自转，如月亮总是一面朝向地球，另一面背向地球，其原因大概是行星与卫星之间存在潮汐作用。

2.2.3 太阳系中的小天体

2.2.3.1 小行星

第一颗小行星——“谷神星”发现于 19 世纪，即 1801 年的元旦之夜。99.8%的小行星位于火星和木星的轨道之间，它们的形状多半是很不规则的，直径最大的可达 760 km。小行星各有其确定的轨道并都在自转着，偶尔还有相互碰撞的机会，使破碎的块体偏离原来的轨道。

光谱分析得知小行星具有含水矿物。小行星主要有两类：一种是硅质的，另一种是碳质的。

2.2.3.2 彗星

中国民间把彗星称为“扫帚星”，彗星绕太阳公转的轨道偏心率很大，所以有时离太阳很近，有时离太阳很远。当彗星远离太阳时，望远镜中看到的只是一个云雾状的小斑，中间稍亮，边缘模糊。随着靠近太阳，亮度增大，可见中央有一个密集而明亮的核，称为彗核，其周围的云雾状包层称为彗发。它们一起构成彗头。在接近太阳的过程中，彗发越来越大，越来越亮。进入火星轨道以内时便产生彗尾，它是由太阳风（太阳的粒子辐射）和太阳光压推动彗发里的气体分子、等离子体和固体质量形成的，所以彗尾总是背离太阳的。

光谱分析得出彗星主要是由固体尘埃、中性气体和等离子体组成的，彗核主要是由冰冻的气体分子（H_2O、CO、CO_2、NH_3、CH_4）和固体尘埃组成的。

2.2.3.3 流星和陨星

流星是闯进地球大气中的小天体与大气摩擦生热发光的现象。若它们未燃尽落在地面上，则称为陨星（陨石）。陨石是太阳系中星际物质或小行星与类地行星碰撞后的碎块。陨石大致可分为三类：石陨石、石铁陨石、铁陨石。

铁陨石一般含 Fe 80%以上，Ni 5%以上，密度为 7.5～8.0 g/cm^3。世界上第三大铁陨石在我国新疆青河县，体积为 3.5 m^3，重达 30 t 。铁陨石占陨石总量的 6%左右。

石陨石常常简称为陨石。1976 年 3 月在吉林降落的陨石雨是历史上较为罕见的一次，其成分属石陨石。石陨石主要由氧化硅、氧化镁和氧化铁组成，也含有少量的 Fe 和 Ni。石陨石约占全部陨石的 92%，其中大部分石陨石发育球粒构造。少数球粒陨石含碳高达 2.4%，称为碳质球粒陨石。值得注意的是，球粒陨石的年龄和地球差不多，约为 4500 Ma。它的化学成分比例与太阳的不挥发元素的成分比例十分一致，似乎代表着太阳系的原始组成。也就是说，球粒陨石可能是太阳系形成初期被熔化而脱离太阳迅速冷凝形成的。球粒陨石的密度一般为 2.2～3.8 g/cm^3。

石铁陨石也称陨铁石。在其化学成分中，铁镍和硅酸盐等矿物各占一半，这类陨石只占 2%，它的密度为 5.5～6.0 g/cm^3。

总的来说，各种不同的陨石，化学成分也有差异。已在一些陨星中找到了水，在一些陨星中找到了钻石，在一些碳质球粒陨石中找到了多种有机物，其中包括几十种氨基酸。

研究表明，陨星母体形成的时间为 4600～4000 Ma，陨星凝固时周围的温度在 420～500 K。

陨石学的研究是天体化学的重要组成部分。陨石是地球上能够找到的分异最小的天体标本，它能作为太阳星云初始物质的某些地球化学证据。例如，陨石、月球和地球的同位素的研究证明它们的初始物质是同源的。在某些球粒陨石中发现了与地球上类似的有机体，陨石中有机组分的研究将对认识地球外及地球上生命起源前期的化学演化过程、氨基酸的演化规律有重要意义。陨石撞击地球的事件在地史时期频繁发生，并在地层中留下了记录。巨大的陨星撞击事件有可能干预过地球上生命的演化，引发了生物界的突变。可见，陨石学的研究具有十分广阔的前景。

2.3　天体的起源与演化

2.3.1　星云说

太阳系的起源是个复杂难解的问题，对它的研究已经有 200 多年的历史了，但至今还没有形成一个令人满意的答案，仍停留在假说的阶段。关于太阳系的起源至少有几十种假说，其中具有代表性的假设有康德-拉普拉斯星云说、金斯潮汐说和施密特俘获说等。在诸多的学说中，星云说为多数学者所接受，1972 年在法国召开的国际太阳系形成学术讨论会上，星云说得到基本肯定。

最早提出星云说的是德国哲学家康德。他于 1755 年发表的《宇宙发展史概论》中提出了太阳系起源的星云说。他认为，形成太阳系的物质微粒最初是分布在比现在太阳系大得多的空间内的星云。由于引力作用，组成星云的微粒相互接近，逐渐形成团块，较大的团块成为引力中心。中心体因不断吸引合并四周的微粒和小团块而增大，最后聚集成太阳。有些微粒在向中心体聚集的过程中，因互相碰撞而改变了运行方向，所以只能围绕中心体做圆周运动。这些微粒又各自形成小的引力中心，最后形成绕太阳运行的行星。行星周围的微粒按相似的过程聚集成卫星。在 18 世纪中期，康德能把太阳系的形成看成物质按其客观规律运动发展的过程，这是很了不起的成就。恩格斯对其给予高度的评价，他认为这是“从哥白尼以来天文学取得的最大进步”，是在“形而上学思维方式的观念上打开了第一个缺口”。

提出星云说的另一学者是法国天文学家、数学家拉普拉斯。在《宇宙系统论》一书中，他认为，太阳系最初是一个灼热而旋转的星云，因逐渐散热而冷却，冷却收缩旋转速度加快，使惯性离心力越来越大，于是星云呈扁平状，赤道部分突出。当离心力超过引力时，逐次分裂出许多气体环。最后，星云中心部分凝聚成太阳，各个气体环凝聚成行星，较大的行星在冷却收缩过程中，因旋转加快，又可分出小的气体环，它们又可凝聚成卫星。拉普拉斯的学说与康德的虽有区别，但他们都认为太阳系是由星云物质转化而成的，所以通常把他们的学说合称为康德-拉普拉斯星云说。

星云说能较圆满地说明太阳-行星-卫星的形成过程，并解释了它们的运动规律——行星运动的同向性、共面性和近圆性。星云说是建立在客观物质内部运动规律基础上的，这正是它的合理性、正确性所在，但它未能很好解决太阳系中的某些特殊问题。例如，太阳质量占整个太阳系的 99.85%，而为什么其角动量却只占 0.73%？为什么金星和天王星自转方向及某些卫星的公转方向都是顺时针方向？这些问题在星云说中没有得到答案，至今仍然是许多天文学家力图解决的难题。

2.3.2　大爆炸说

20 世纪初，人们观测河外星系时，发现它们的光谱中的谱线并不在标准波长的位置上。所有谱线的波长都加长了，也就是说谱线向红端移动了，这用多普勒效应来解释就是河外星系与我们的距离在不断地增加，此现象称为星系退行。美国天文学家哈勃根据几十个已确定距离的河外星系，发现它们的红移量恰好与河外星系的距离成正比，这就是哈勃定律。河外星系的谱线红移，也就是说河外星系在向四周远离我们，距离越远，速度越大，这正像是一幅四散奔逃的图景。根据这一现象，有人提出宇宙膨胀论。

宇宙膨胀的观念，大大地改变了传统的大宇宙静态观。星系退行可看作大尺度天区上具有的特征。可以说谱线红移的发现促进了新宇宙学的诞生。在宇宙膨胀论的基础上，结合其他观测资料，科学工作者提出了各种各样的现代宇宙学，其中最有影响的就是大爆炸宇宙学。其主要观点是我们的宇宙曾有一段从热到冷的演化史。在这个时期里，宇宙体系并不是静止的，而是在不断地膨胀的，使物质从密到稀地演化。这一个从热到冷、从密到稀的过程如同一次规模巨大的爆炸。

大爆炸宇宙学是比利时数学家勒梅特、英国物理学家米尔恩提出来的，美国物理学家加莫夫等做了某些修改。他们同意宇宙膨胀论，认为宇宙早期是超高温（100 亿℃以上）、超高密度的原始火球，是由中子、电子、质子、光子和中微子等一些基本粒子形态的物质组成的。在 100 多亿年前由于某种物理条件，火球发生大爆炸，于是膨胀，温度下降。当温度下降到 10 亿℃左右时，中子失去自由存在的条件，要么衰变，要么与质子结合成重氢、氦等元素，各种化学元素就是从这一时期开始形成的。温度进一步下降，至 100 万℃以后，早期形成化学元素的过程结束，宇宙间物质主要是质子、电子、光子和一些比较轻的原子核。在爆炸的前 250 Ma 内，辐射占优势，当膨胀经过某个转折点，即温度下降到几千摄氏度时，辐射减弱，这时宇宙内实物开始占优势，以气体为主。这些气体逐渐聚成气云，再收缩就产生了各种各样的天体，形成了今天的星空世界。在演化过程中，这段时间最长，约为 100 多亿年。我们现在就生活在这个时期里。

大爆炸宇宙学除谱线红移、星系退行等证据外，还有一些观测上的科学依据，如恒星、球状星团及星系的年龄都是百亿年左右。宇宙内氦的丰度约为 30%，这是恒星演化内部核聚变过程不能说明的，其可能是在大爆炸高温下形成的。这个假说曾预言，宇宙中应该存在一种爆炸后的剩余辐射，这种辐射弥漫于整个空间，只有几个 K 绝对温度。1965 年测定的 3 K 宇宙辐射，证实了这一预言。

大爆炸宇宙学只是根据几个观测事实推理而成的假说。至于大爆炸前的情况、产生爆炸的原因，以及末期演化等许多问题尚未能解决，所以这一假说尚有待更多的观测事实来加以检验和修订，大型强子对撞机或许能揭开宇宙起源之谜。

大爆炸宇宙学说已为西方大多数天文学家所肯定。目前争论的焦点是演化后期是否又重新收缩成为一个闭合的宇宙，抑或一直膨胀下去成为开放的宇宙。关于这一点，就要探测宇宙的质量是否足够大，产生足够的引力使膨胀的宇宙重新收缩，而成为闭合的宇宙。

新宇宙学说所指的宇宙是我们目前认识的宇宙。这部分宇宙发生过爆炸、膨胀，但另一部分产生收缩也不是不可能的。我们不能把目前的结论无限地推广到整个宇宙，以免导致荒谬的结论。事实上，我们只能对所能观测到的东西加以研究。我们对无限宇宙的认识也只能通过对局部有限的认识来了解，任何时候都不能穷尽这个无限。反过来，倘若只考虑到宇宙是那样的至大无边，那样的复杂多变，而不加以思考，那就是安于对宇宙的无知。

人类探索宇宙的实践与认识是一个循环往复以至无穷的过程，实践与认识的每一次循环都将使人类对宇宙的认识进入更高一级的程度。宇宙是无限的，人类的认识必然也是无限的。

名 词 解 释

1. 宇宙；2. 星云；3. 天体；4. 星座；5. 银河系；6. 太阳系；7. 卫星

思 考 题

1. 天体的起源与演化有哪些假说，其主要依据是什么？
2. 太阳系各行星的卫星中存在岩浆活动吗？

第 3 章　地球的圈层结构和物理性质

地球不是一个均质体，而是具有圈层结构的，大致以地表为界分为外圈和内圈，它们又可再划分为几个次级圈层，每个圈层都有自己的物理、化学性质和物质运动特征。

3.1　地球的外部圈层

地球的外部圈层是指地球的大气圈、水圈和生物圈。

3.1.1　大气圈、大气环流及气候带

3.1.1.1　大气圈

大气圈是由多种气体混合物组成的、包围着固体地球的圈层，它位于星际空间和地面之间。大气圈的上界是模糊的，在地球大气和星际气体（分布在宇宙中各个星体之间密度极小、类似气体的弥漫物质）之间并不存在着一条截然的界线。虽然如此，人们还是通过物理分析，给大气圈划定了一个大致的上界。若根据大气中才有而星际空间中没有的物理现象（极光）确定大气上界，可把大气的上界定为 1200 km，称其为大气的物理上界。若根据大气密度接近星际气体密度的高度来估计大气的上界，这个上界在 2000～3000 km。

大气是一种无色、无味的气体，其中主要有氮、氧、氩、二氧化碳等，此外，还包括一些悬浮在空气中的固体和液体杂质。在除去水汽和固体杂质的干洁空气中，25 km 高度范围内各种气体的体积占总体积的比例为：氮气（N_2）78.08%、氧气（O_2）20.95%、氩气（Ar）0.93%，以及其他各种含量不到 0.1%的微量气体。

大气的总质量为 5.27×10^{15} t，相当于地球质量的 $1/10^6$。因受到地球引力的影响，大气的密度和压力随着高度的增加而趋于减小和降低。大体上，10 km 以下的空气占大气总质量的 50%，15 km 以下占 75%，20 km 以下占 95%，其余 5%的空气散布在 20 km 以上的高空，再往高处，地球大气就和星际气体联系起来。

根据大气温度变化和密度差异及电离现象等特征，沿垂直方向可把大气圈自下而上分为对流层、平流层、中间层（中层）、电离层（暖层或热层）和扩散层（散逸层或外层），其中对流层和平流层对地面影响较大（表 3.1）。

表 3.1　大气圈各层的平均高度　　（单位：km）

层次	平均高度	过渡层	平均高度
对流层	8～10	对流层顶	10～12
平流层	12～50	平流层顶	50～55

续表

层次	平均高度	过渡层	平均高度
中间层	55～80	中间层顶	80～85
电离层	85～800		
扩散层	>800		

对流层是大气圈的底层。其下界为地面，上界高度则随纬度和季节等因素的变化而变化。在低纬度地区平均为 17～18 km，中纬度地区平均为 10～12 km，极地地区平均为 8～9 km。夏季上界的高度大于冬季。对流层的气温主要来自地面反射的太阳辐射热，越接近地面，空气受热越多，反之越少。平均每上升 1 km 大气温度降低 6℃，称为大气降温率。由于地面和高空的不均匀加热，对流层具有强烈的空气对流运动，并导致复杂多变的天气现象。在对流层和平流层之间，还存在着一个厚度为 100～2000 m 的过渡层，称为对流层顶。它对对流层内的对流作用起着阻挡作用。对流层之上为平流层。在平流层中 30～55 km 高空范围有一个含臭氧（O_3）较多的层带。臭氧具有吸收紫外线的能力，从而使平流层温度可升至 0℃以上，并保护地球表面免受紫外线过度辐射。

3.1.1.2　大气环流

大气环流分布于对流层中，是不同纬度的地面和不同高度的大气空间，因接受太阳辐射的差异而形成的一种全球范围内的大规模大气对流综合现象。

大气环流形成与维持的基本能量是太阳辐射能。太阳辐射能在地表的分布明显地表现为随纬度的增高而降低。这种纬度间的不均匀加热导致地球上各地大气的热量收支不平衡。低纬度大气因净热增量将不断增温，高纬度大气因净热损失而不断冷却（图 3.1）。因此低纬度地区是热源区，高纬度区和极地是冷源区。冷、热源分布的不均匀就必然产生热力环流。假设地球表面性质均一和没有地转偏向力的作用，赤道地区的大气因增温而膨胀上升，赤道上空的气压高于极地上空的气压。在气压梯度力的作用下，赤道上空的空气向极地流动。赤道上空由于空气流出，气柱质量减小，地面气压就会降低而形成低气压，称为“赤道低压带”；

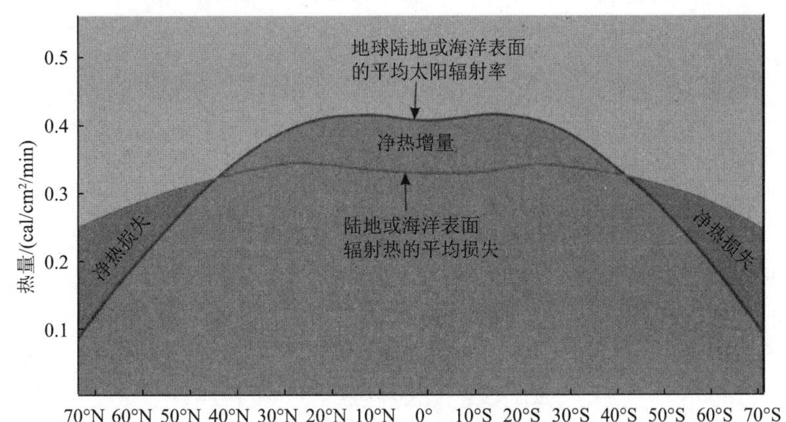

图 3.1　不同纬度大气的热量收支不平衡

极地上空因有空气流入，地面气压就会升高形成高压区，称为“极地高压带”。于是，在低层地面就产生了自极地流向赤道的气流，这支气流在赤道地区受热上升，补偿了赤道上空流走的空气。这样，在赤道和极地之间就构成了闭合环流，即全球性的一级大气环流。

事实上，在自转的地球上，只要空气运动，地转偏向力（科里奥利力）随即发生作用。在地转偏向力的作用下，大气环流变得复杂。赤道附近物体随地球旋转的线速度最大，而偏向力最小，随着其远离赤道，地球旋转的线速度变小，偏向力变大。至两极，随着地球旋转的线速度为 0，偏向力达最大值。当空气由赤道上空向极地上空流动时，随着纬度增加，地球偏向力逐渐增大，气流逐渐沿纬圈方向偏转。在北半球，其偏向前进方向右侧，在南半球则偏向左侧。

在南北纬 30°～35°附近，由于地转偏向力增大到与气压梯度力相当，空气运行方向就接近与纬度平行的方向。源源不断来自赤道上空的空气在该纬向带上空富集，另外，由于球面空间随着纬度增加而变小，空气密度增大，压向地面，近地面层气压增高而形成副热带高压带。在副热带高压带和极地高压带之间是一个相对的低压带，称为副极地低压带。在副热带高压带，由于空气压缩变热，近地面层的空气分两股分别向赤道和极地流动。流向赤道的气流，在地转偏向力的作用下，在北半球形成东北风，在南半球形成东南风，分别称为东北信风和东南信风（又称贸易风）。这两股信风在赤道处汇合，补偿了由赤道上空流出的空气。于是，在热带地区的上下层气流构成一个环流圈，称为信风环流圈（图 3.2）。流向极地的气流，则在地转偏向力的作用下，形成中纬度的偏西风。同理，在北极冷却收缩而下沉的空气在近地表向南流动的过程中逐步形成东北风，该东北风与中纬度的偏西风在副极地带汇合。由于这两股气流温度不同，暖湿的偏西气流沿干冷的东北气流向上爬升，到高空后又南北分流。向北的一支流向极地，变冷下沉，补偿了极地近地面南流的空气。这样，在高纬度地区也形成一个环流圈，即极地环流圈。同样，在中纬度地区也构成一个环流圈，称为中纬度环流圈。

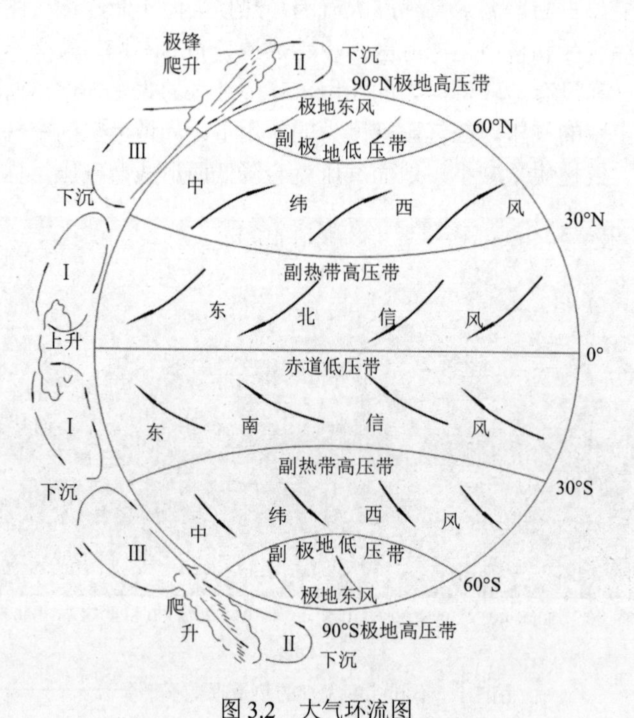

图 3.2　大气环流图

I. 信风环流圈；II. 极地环流圈；III. 中纬度环流圈

地球表面的海陆分布对近地面层气流或空中气流有很大的影响。由于海洋与陆地的热力性质的差异，在海陆之间可形成气压梯度，驱动着海陆间的大气流动。同时，空中气流在流经海洋和陆地上空时，由于它们的冷暖差异，气温降低和升高。这种温度场的变化在夏季和冬季是不同的。除海陆的热力差异外，地形起伏也会影响大气环流的状态，尤其是大范围的高原和山脉的影响更为显著。一方面，它们是气流的巨大障碍，迫使气流分流，并引起速度变化；另一方面，它们同周围自由大气的热力性质不同，还可以产生局部性的气流，从而使大气运动复杂化。

总之，控制大气环流的基本因素包括太阳辐射能、地球自转作用、地球表面的摩擦作用、海陆分布和大陆地形的影响等外部因素，以及大气本身的可压缩性、连续性、流动性和大气的水平与垂直分布等内部因素。

3.1.1.3　气候带

所谓气候是指一个地区在某一时段内大量天气过程的综合。它是时间尺度较长的大气过程，其形成和变化受太阳辐射、大气环流、海陆分布、地表性质及人类长期活动的影响。一个地方的气候，总是通过各种气候要素（气压、风、降水量、气温和湿度等）的特征值来反映的。气候随纬度有规律地变化，决定了地球上气候带沿纬向分布。地质研究中习惯将全球气候带分为潮湿气候带、半潮湿（半干旱）气候带、干旱（半干旱）气候带、半潮湿气候带及冰冻气候带。各气候带的分布及其主要特点如表 3.2 所示。

表 3.2　各气候带的分布及其主要特点

位置	气温带	气压带	风带	雨量带	气候带
极地附近	寒带	极地高压带	下降气流	高纬少雨带	冰冻气候带（半潮湿气候带）
			极地东风带		
南北纬 40°～60°附近	温带	中纬度低压带	上升气流	中纬多雨带	半潮湿气候带（半干旱气候带）
			西风带		
南北纬 30°附近		亚热带高压带	下降气流	干旱带	干旱（半干旱）气候带
			亚热带静风带		
南北纬 10°～25°	热带	赤道低压带	信风带	干季与湿季交替	半潮湿（半干旱）气候带
赤道附近			上升气流	赤道多雨带	潮湿气候带
			赤道无风带		

潮湿气候带的降水量大于蒸发量，地面流水发育，湖泊众多，地下水流充足，植被及各种植物繁茂，我国东南各省属此类地区。干旱（半干旱）气候带蒸发量常超过降水量，雨量少且集中，因而地面流水不发育，除过境河流外，多为暴雨时的暂时性流水，湖泊因蒸发量大而形成含盐高的咸水湖，此气候带的风力强，植物稀少，常形成沙漠，如我国西北地区就属于干旱（半干旱）气候带。冰冻气候带气温低，降水以雪为主，降水量虽小但蒸发量也低，所以仍潮湿，此气候带生物相对较少，常为冰川覆盖。冰冻气候带主要分布于两极地区及某些高山寒冷地区。可见，在不同气候带，降水量、气温和湿度等存在明显差异，这种差异势必影响地表外动力地质作用的方式和过程。

3.1.2 水圈及水的循环

水圈是分布于地球表层相互连通的水的闭合圈。它包括海洋、湖泊、沼泽、河流和地下水等。地球水圈总体积约为 13.86 亿 km^3，约 97%的水集中在海洋，其次为冰川、地下水、湖泊、河流等各种水体。水圈的成分、温度、含盐度、水循环及水中生物等的区域特征和垂直分带性都很明显。

地球上的水吸收了辐射于地表的 1/4 的太阳能而汽化，大陆和海洋的水体经过蒸发使部分水成为水蒸气（又称水汽）进入大气圈。水汽随大气环流传输到各处，在一定的动力条件下，水汽以降雨、降雪等形式返回地表，形成地表水和地下水或冻结成冰川冰，绝大多部分水体最后以径流的形式返回海洋。如此反复往返，构成了规模巨大的水循环。这种循环体现了水圈中水的固态、液态、气态的互变过程和蒸发、降水、渗透及径流间的交替转换。水的固态、液态、气态互变是水循环的内因，而太阳的辐射热、内动力作用和水循环路线是水循环的外因。

水的循环使水成为一个动态系统，它以巨大的地质营力塑造蔚为壮观的自然地貌景观，并促使地表化学元素的迁移和富集。水循环使水成为能量载体，它将蒸发过程中吸收的大量日辐射能转化为机械能，向人类提供取之不尽的动能。水循环关系到整个自然环境，不论是在地质历史时期还是在现代，水循环不但可以产生各种地质作用，而且还影响着其他地质作用过程，对地表进行改造与建造。

3.1.3 生物圈

生物圈是由生物及有生命活动的地球表层构成的连续圈层。绝大部分生物生存于地表及水圈之中，其活动范围在陆地上可深达 1000 m 左右，海洋中深达 10 km 左右，空中可达 7 km。生物圈的总质量为 1 万亿～4 万亿 t，为地球总质量的十万分之一。地球上的生物自 3500 Ma 前开始出现，对地质作用产生重要影响。生物可促进岩石风化，是改造地面的重要营力之一。生物的新陈代谢活动，可促使某些分散的元素或成分富集，在适当的条件下形成有用矿产，如铁、磷、煤、石油等。因此，生物活动既参与了对岩石圈、大气圈和水圈的改造，又参与了地质历史时期的成岩成矿过程。

3.2 固体地球的表面形态

3.2.1 地球的形状和大小

月食时人们可看到地球阴影，海上来船先露船桅后现船身，向北旅行时北极星升高而向南旅行时北极星低下，于是古人得出了地球呈球形的概念。1957 年第一颗人造卫星上天以来，我们可以从卫星照片上看到完整的地球，卫星照片上可看到地球呈边缘光滑的圆球。

地球的几何形状一般是用大地测量方法测得的，由于固体地球表面崎岖不平，为了便于测算，以平均海平面通过大陆延伸所形成的封闭曲面为参考面，此参考面称为大地水准面。地球的形状和大小就是指大地水准面的形状和大小。大地水准面是一个等势面，可以引进重力的概念，因而，地球的形状和大小就可用大地测量结合重力方法进行研究。

国际大地测量和地球物理学联合会 1980 年公布的有关地球形状的主要参数如下：

赤道半径（a）：6378.137 km

两极半径（c）：6356.752 km

平均半径［$R=(a^2c)^{1/3}$］：6371.012 km

扁率［$(a-c)/a$］：0.003352813

赤道周长（$2\pi a$）：40075.7 km

子午线周长（$2\pi c$）：40008.08 km

表面积（$4\pi R^2$）：5.101 亿 km^2

体积（$4\pi R^3/3$）：10832 亿 km^3

近几十年来，通过大量人造地球卫星的观测，对大地水准面形状的研究已获得精确的结果。地球是不标准的旋转椭球体。赤道半径比两极半径长约 21.4 km；南半球比北半球“胖大”一些；北极凸出约 10 m，南极凹进约 30 m，中纬度在北半球凹进、在南半球凸出（图 3.3）。因此，地球的形状似乎像梨，但它与理想椭球的偏离很小，且扁平率也不大，故仍可将其近似地看成一个球体。地球形状可以反映地球内部状况。地球呈球形说明其可能曾经历过熔融或软化阶段；地球呈椭球形是地球自转的结果，说明地球具有弹塑性；地球呈梨形表示地球表面有明显负荷，而内部物质分布不均匀以致有重力差异，从而使地球内部处于强大应力的紧张状态。

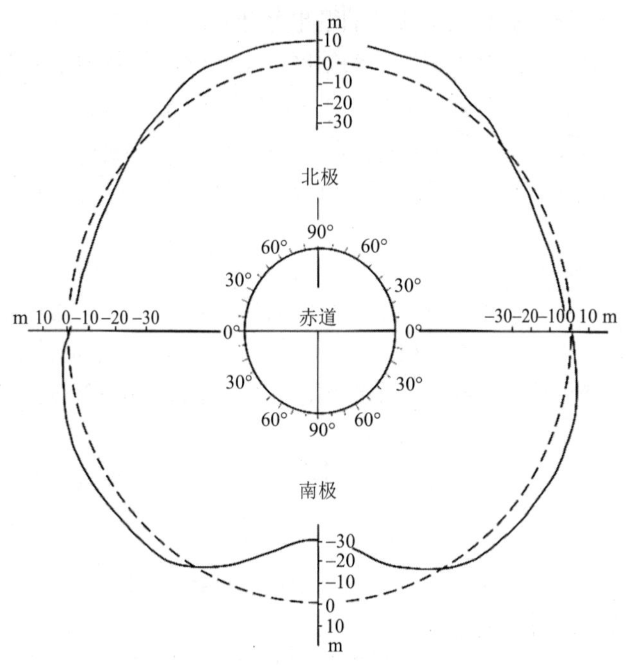

图 3.3　地球的形状

实线表示大地水准面，虚线为理想旋转椭球体切面，形状已大大夸张

资料来源：King-Hele 和 Scott（1969）

3.2.2　陆地表面形态

地球表面起伏不平。大约 71%的面积为海域，29%为陆地。海洋主要分布在南半球，陆

地主要分布在北半球。非洲、南美洲、北美洲、大洋洲及欧洲等大陆的形状均为尖端向南的三角形。大西洋东西两岸的海洋线十分吻合，这是大陆漂移的结果。

大陆的平均海拔为300～950 m，珠穆朗玛峰最高为8 848.86 m；大陆上最低处在死海，湖面海拔为–430.5 m。大洋底平均深度1296～3940 m，最深处为马里亚纳海沟，其深达11034 m。

按照高程和起伏特征，大陆表面可分为山地、丘陵、平原、高原、盆地、洼地和裂谷等地形类型。

（1）山地：海拔大于500 m、地形起伏较大，相对高程在200 m以上的地区称为山地。一般海拔500～1000 m者为低山，1000～3500 m者为中山，大于3500 m者为高山。呈线状延伸的山体叫山脉，成因上相联系的若干相邻的山脉叫山系。例如，秦岭-大别山脉，阿尔卑斯-喜马拉雅山系。

（2）丘陵：连绵不断的低矮山丘。其海拔一般小于500 m，相对高差数十米，最大高差不超过200 m。丘陵的地形特征介于山地和平原之间。例如，我国东南丘陵、川中丘陵。

（3）平原：宽广平坦或略有起伏的地区。例如，我国华北平原、松辽平原。世界上最大的平原是亚马孙平原，其面积达560万km^2。

（4）高原：海拔在600 m以上，表面较为平坦或略有起伏的地区。我国青藏高原海拔为4000 m以上，是世界上最高的高原。最大的高原是南美洲的巴西高原，面积达500多万km^2。

（5）盆地：四周是高原或山地，中央低平（平原或丘陵）的地区，外形似盆而得名。例如，我国的四川盆地、柴达木盆地和非洲的刚果盆地。

（6）洼地：陆地上高程在海平面以下的地区。新疆吐鲁番盆地中的艾丁湖是我国陆地最低处，低于黄海平均海水面155 m，称为鲁克沁洼地。

（7）裂谷：大陆上有一些宏伟的线状低洼谷地，这是地壳被拉张而裂开的地区。平面上这些谷地呈近 90°或更大角度的“之”形曲折延伸，且常有分枝、合并的现象。此类谷地称为裂谷或大陆裂谷系统。

裂谷一般发生在隆起或高原地区的顶部，谷宽为30～50 km或更宽，其两壁多为陡峭的断崖。例如，著名的东非大裂谷系统由一系列峡谷和湖泊组成，其南端始于莫桑比克附近，向北经尼亚萨湖、坦噶尼喀湖、维多利亚湖、阿法尔（红海、亚丁湾拐点两岸）、红海、约旦河、死海至喀巴湾。其全长约6500 km，主要地段位于海拔2000～3000 m的埃塞俄比亚高原、豪德高原等高原上。

3.2.3 海底地形

海洋是由海和洋组成的，它们相互连通，组成全球统一的海洋。洋是远离大陆、面积宽广、深度较大的水域，是海洋的主体。世界上的大洋有太平洋、大西洋、印度洋、北冰洋。大洋的边缘与陆地毗邻，并与洋有一定程度隔离的水域称为海。海可分为岛屿或半岛环抱的陆缘海及位于两个大陆间但与大洋有一定联系的陆间海两类。

根据海洋底部地形的起伏特征，海底可以分为大陆边缘、大洋中脊和大洋盆地三个主要单元。

3.2.3.1 大陆边缘

大陆边缘是指大陆与大洋盆地之间的地带。它包括大陆架、大陆坡和大陆基（图3.4）。

这里把海沟和岛弧也归于大陆边缘。大陆边缘根据次一级地形单元组成不同分为两类：①由大陆架、大陆坡和大陆基组成。这类大陆边缘主要分布于大西洋，称为大西洋型大陆边缘；②由大陆架、大陆坡及岛弧、海沟组成。这类大陆边缘主要分布于太平洋，称为太平洋型大陆边缘。

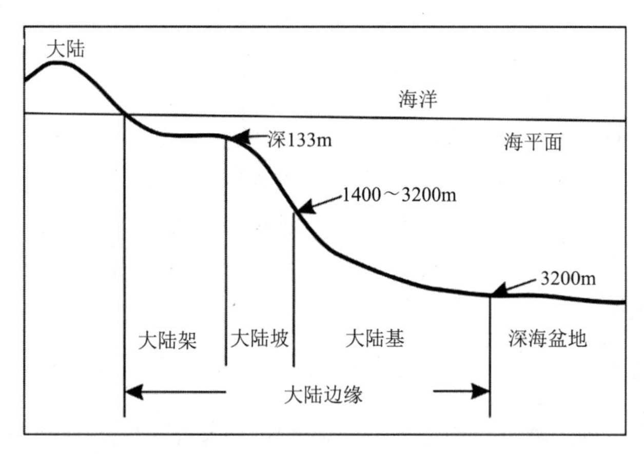

图 3.4　大陆边缘地形示意图（垂直比例尺放大）

大陆架是海与陆地接壤的浅海平台。其范围是从海岸线起一直向海延伸到坡度显著增大的地段。大陆架地势平坦，坡度一般小于 0.3°。其水深一般不超过 200 m，少数地区在其外缘可达 550～600 m，平均深度为 133 m。大陆架的宽度不等，最窄处不足 1 km，最宽超过 100 km，平均宽度为 75 km。北冰洋巴伦支海的大陆架宽达 1300 km，东太平洋的大陆架宽度仅数千米。东海大陆架最宽处约为 560 km，平均水深为 76 m。南海大陆架最宽处为 278 km，平均水深为 55 m。

大陆坡是大陆架外缘、坡度明显转折变陡的地带，其水深一般不超过 2000 m，平均坡度为 4.25°。大陆坡的宽度为 20～100 km，平均宽度为 28 km。大陆坡是大陆与海洋的真正分界。横切大陆坡常发育许多两壁陡峭、深度可达数百米至数千米的峡谷，这种深切的“V”形谷称为海底峡谷。关于海底峡谷的成因尚有争议，有人认为其是地质内动力作用导致的，还有人认为其是浊流作用造成的，也有人认为其是地质历史时期河流作用的产物等。不过有些海底峡谷的确是大河流的水下延伸部分。河流把大量的碎屑物质通过峡谷搬运到大洋底部，在峡谷的尽头形成大规模的水下冲积锥，如刚果河、密西西比河、亚马孙河、恒河等河流的河口都发育了巨大的水下冲积锥。

大陆基是大陆坡与大洋盆地之间的缓倾斜地带，坡度通常为 5°～35°，分布于水深为 2000～5000 m 的海底。大陆基主要是由海底浊流和滑塌作用在大陆坡坡麓形成的堆积物组成的。这些堆积物向大洋盆地方向逐渐变薄，其表面向大洋盆地方向倾斜。大陆基主要分布于大西洋和印度洋。地球物理测量表明，许多大陆基的下部过去曾经是海沟，海沟被沉积物充填则形成大陆基。

岛弧是延伸距离很长，呈带状分布的弧形火山列岛。弧状列岛凸向大洋、凹向大陆。例如，太平洋北部和西部的阿留申、千岛、日本、琉球、菲律宾、巽他、所罗门、马里亚纳等群岛和大西洋加勒比海的安的列斯群岛均为岛弧。岛弧有强烈的火山活动和地震，靠近大洋一侧常发育的长条形海底深渊为海沟，其横剖面呈“V”形，深度一般大于 6000 m，宽度近

100 km，长度一般大于 1000 km。海沟与岛弧相伴生构成岛弧-海沟系。在太平洋北部和西部岛弧的靠大洋一侧发育了一条几乎连续的海沟链，而东太平洋的海沟与山脉相邻。

3.2.3.2 大洋中脊

海底的山脉泛称海岭，其中最主要的一条海岭呈线状延伸至大洋盆地，其地震、火山活动强烈，称为大洋中脊或洋中脊、洋脊。洋中脊通常高出海底 2000～3000m，宽度可达 2000～4000 km。各大洋中的洋中脊首尾相连，全长大约 65000 km。大西洋洋中脊位于其中部，呈南北向的“S”形分布，其北端进入北冰洋，在西伯利亚地区潜入大陆，南端则绕过非洲南部进入印度洋呈横卧的“Y”形，北支经亚丁湾进入红海与东非大裂谷相连，南支向东经澳大利亚向南伸入南太平洋再转向北，经东太平洋伸入加利福尼亚湾，潜没于北美大陆西海岸。洋中脊的轴部常发育有巨大的中央裂谷。谷深可达 1～2 km，谷宽数十至数百千米。太平洋洋中脊中央裂谷不明显。

3.2.3.3 大洋盆地

大洋盆地（深海盆地）是海底的主体，它是介于大陆边缘与洋中脊之间的较为平坦地带。一般水深 4000～6000 m，并可分为深海丘陵和深海平原两种次级地形单元。

深海丘陵一般分布于靠近洋中脊的部位，是由高出海底几十到几百米的圆形或椭圆形山丘组成的。

深海平原是海底坡度很小（平均坡度小于 1/1000）、主要靠近大陆边缘方向分布的平缓地形。一般洋底近洋中脊部分为深海丘陵，近大陆边缘为深海平原，二者具有明显对称性。深海平原中范围不大、地形比较突出的孤立高地，称为海山，顶部平坦的称为平顶海山（也称盖约特）。

3.2.4 我国的地形特点

我国处于阿尔卑斯-喜马拉雅山系与环太平洋山系的交汇部位，地势上具有西高东低的特点，按高程变化大致可分为3个台阶。第一台阶位于大兴安岭—雪峰山一线以东，由海拔 200 m 以下的平原、盆地和 1000 m 以下的低山丘陵构成，平原和盆地多呈北东向排列。第二台阶在大兴安岭—雪峰山一线以西，它由高山、山间盆地及高原组成。主要山脉多沿近东西向延伸。北边有阿尔泰山，中间为天山和阴山，南边以昆仑山、祁连山、秦岭为界，主体山脉的交角为 10°～15°。山脉间的盆地和高原多呈菱形或四边形。海拔在 1000～2000 m。第三台阶是有“世界屋脊”之称的青藏高原，海拔在 4000 m 以上，高原上山岭、宽谷并列，湖泊众多，四周为高山所环抱，其北侧为昆仑山、阿尔金山和祁连山，南侧有喜马拉雅山，东南侧为近南北向延伸的横断山脉。

3.3 固体地球的物理性质

地球物理学是地球科学的重要分支。通过地球物理场的特征可以了解地球内部物质组成、物质状态和构造演化，寻找各种矿产资源，并预测自然灾害。

3.3.1　密度和压力

根据万有引力公式计算出固体地球的质量为 5.976×10^{21}t，再由其体积即可求出它的平均密度，其值为 5.52 g/cm^3，但是地表出露的岩石的密度一般为 2.6～2.8 g/cm^3，由此推测出地球内部物质应具有比地表更大的密度。据地震波速度变化的计算结果，地球密度随着深度的增加而逐渐增大，到地心达最大值 13 g/cm^3。在约 400 km、650 km、2900 km、4640 km 的深度处地震波有较明显的变化，其中尤以 2900 km 处的变化最大，在该处密度由 5.56 g/cm^3 突增至 9.98 g/cm^3。显著的密度变化指示出地球内部物质成分和存在状态在该深度有较大差异。

地球内部的压力主要指静压力，是由上覆地球物质质量产生的。按公式 $P_h=h\cdot\rho_h\cdot g_h$（深度为 h 处的静压力等于深度 h 与该深度以上的地球物质平均密度 ρ_h 与平均重力加速度 g_h 的连乘积），计算出来的数值大致组成一条匀滑曲线。地下深 10 km 处的压力大致为 2.94×10^8 Pa，35 km 深处为 9.8×10^8 Pa，岩石在这个静压力下都要变软，在 2900 km 深处可达 1.47×10^{11} Pa，地心则高达 3.43×10^{11} Pa，在这么大的压力下，物质的状态和结构都会发生巨大的变化。

3.3.2　重力

地球表面上某处的重力是指该处所受地心引力和地球自转离心力的合力。离心力比地心引力小得多，赤道离心力最大，也只有该处地心引力的 1/289，因此，可以把地心引力近似地当作重力。地表（以大地水准面为准）重力加速度（g）分布以赤道最小（978 Gal，1 Gal = 1cm/s^2），两极最大（983Gal），平均为 980Gal。1 kg 的物体在赤道的重量为 0.9973 kg，在两极就为 1.0026 kg。重力加速度（g）还随海拔的增加而减少，每上升 1 km，重力加速度（g）减少 0.31 Gal，即重力减少 0.032%。可见，地面重力场变化是其随纬度增加而增加，随高度增加而减少。

若把地球当作一个均质体，按照从赤道至两极的平均变化率，则可从理论上计算出以大地水准面为基准的各地重力值，这称为理论值，但实际上各地测定的重力值并不同于理论值，这种现象称为重力异常。实测值大于理论值，称为正异常；实测值小于理论值，称负异常。

引起重力异常的原因很多，其中最主要的是地下物质组成不同。在地下由密度较大的物质（如铁、铜、锌、铅等金属矿物和基性岩等）组成的地区，常显示为正异常，而由密度较小的物质（如石油、煤、盐类等）组成的地区，常显示为负异常。在地面有厚层浮土和植被覆盖区利用重力来探测地下的矿产、岩石和构造是很有效的，这是地球物理勘探方法之一，称为重力勘探法。

重力加速度在地球内部随深度而有不甚规则的变化，从地表（980 Gal）至 2900 km（1000 Gal）深度，重力加速度大致是逐渐增加的，但有波动，再往深处就迅速锐减，到了地心，重力加速度为 0，故物体重力也为 0。

3.3.3　地磁场

地球就像一个巨大的磁铁，在它周围形成了地磁场，该地磁场的存在对地球上生命的保护有极为重要的意义。

我国学者早在战国时期就已经会利用地磁场，并且发明了指南针。到了 17 世纪初期人们又进一步证明这个磁性来自地球内部，并且发现地磁极和地理极是不一致的。后来人们又发现地磁极的位置还会随时间变化而不断变化。现代的磁北极（1970年）位于76°N和101°W，磁南极位于66°S和140°E，地磁轴和地球自转轴交角约11°。因此，地磁子午线（磁针在某点水平面上所指的方向）与地理子午线有一个夹角，这个角称为磁偏角。以指北针为准，偏在地理子午线东侧者称为东偏（正偏），偏西者称为西偏（负偏）。

磁针只有在地磁赤道地区才能保持水平，而在磁极则处于直立状态，在其他地区都是倾斜的，磁针与各处水平面间的夹角称为磁倾角。在不同纬度上有不同的磁倾角，如果以指北针为准，下俯者为正（在北半球），上仰者为负（在南半球）。所以在北半球使用的罗盘需要在指南针上绕上铜丝，才能使罗盘中的磁针自由转动。使磁针偏和倾的磁力大小的绝对值称为磁场强度。磁偏角、磁倾角和磁场强度都称为地磁要素。

地球内部物质运动可引起地磁场的缓慢变化。太阳辐射、宇宙线、大气电离层等的变化可引起地磁场的短期变化，非周期性且变化较大时称磁暴。在通常情况下，我们把地磁场近似地看成是均匀磁化球体产生的磁场，这种磁场称为正常磁场。如果实际观测的地磁场（消除了短期磁场变化）与正常磁场不一致，则称之为磁异常。实测磁场大于正常磁场者为正磁异常，实测磁场小于正常磁场者称为负磁异常。大陆磁异常是地壳内部构造不均一引起的，其宽度可达数千千米。例如，整个亚洲就是正磁异常区。区域异常和局部异常均由地球表层被磁化的岩体、矿体等地质体引起，其中由分布范围较大的磁性岩层（或岩体）和区域构造等因素引起的磁异常，称为区域磁异常；由分布范围较小的浅处磁性岩体、矿体和构造等引起的磁异常，称为局部磁异常。据此，我们可以利用地磁异常勘测地下磁性岩体、矿体和地质构造。一般磁铁矿、镍矿、超基性岩体等为强磁性地质体，常显示为较强的正磁异常，而金、铜、铀、盐、石油、石灰岩等为弱磁性或逆磁性地质体，一般常显示为负磁异常。利用磁异常勘探有用矿物和了解地质构造的方法称为磁法勘探，它是地球物理勘探的重要方法之一。

通过研究岩石中保存下来的剩余磁性的方向和大小，可以推断地质历史时期中地球磁场方向的变化，这已形成专门学科，称为古地磁学，它可以配合其他方法探索地球的起源、大陆漂移和古气候演变史等。

3.3.4　地电

地电又称为地下电流、大地电流等，是指地下或水域中流通电流的现象，如发电厂就以大地为回路，大雷雨时发生放电现象，地内岩体的温差电流、大面积的地磁场感应电流等均为地电。

大地电流的强度和方向不稳定，时刻都有变化，这是因为大地电流受控于自然因素和人类活动因素。在自然因素中，地磁场变化可产生感应大地电流，所以地球周围空间都存在着大地电场和磁场。地电场和地磁场一样，有日变、月变、年变等周期性变化，也有不规则的干扰变化。这些变化的原因和地磁场变化一样，主要是来自地球外部，如太阳辐射、宇宙射线和大气电离层的变化等。地电的干扰也称为电暴，强度变化大，时间只有几秒钟，也有延续几天的，通常和磁暴伴生。

利用大地电磁场的分布及频率的变化，可以研究地球内部高导电层的分布及深度。地电场经常受到日变和电暴的影响而发生变化，故必须设固定观测站连续观察。在工作中，必须将外加的人为电场消除，方可获得正常电场（即正常的电场强度和电流方向），然后再将附近地区测得的电场值与正常值比较，如有偏差，即是地电异常。局部的地电异常反映出可能有矿体或地质构造存在。例如，硫化物矿体可能产生自发电流，矿体下部为正电极，上部为负电极，地面电流流向矿体，在矿体附近电位下降，形成负电位中心，电位差可达 700 mV。石墨也产生负电位，而无烟煤则产生正电位。据此，可探明矿体的位置。这种方法叫电法勘探，是地球物理勘探方法之一。

3.3.5　放射性

地表岩石、水、大气、生物中都有放射性元素存在，地球内部深处也有（特别集中于地壳酸性岩浆岩中），因而使地球显示出放射性。这些放射性元素主要为铀（^{238}U、^{235}U）、钍（^{232}Th）、钾（^{40}K）等。放射性是放射性元素在不稳定原子的分裂或衰变过程中，即不稳定的原子核衰变为稳定的原子核过程中能量释放而显示出来的一种现象。在衰变过程中，不稳定原子核的部分能量，一般是通过发射 α 或 β 粒子及 γ 射线而释放出来的，其释放出来的能量相当大。以铀为例，1g 铀衰变产生的热量相当于燃烧 2.5 t 煤的热量，镭释放出的热量比这还要大几百倍。这些元素数量很少，但它们衰变所产生的热量却是相当巨大的，因而认为它们是地热的主要来源之一。根据测算得出岩石中的铀、钍、钾的含量如表 3.3 所示。

表 3.3　各类岩石放射性元素含量及生热量

岩类	放射性元素含量/10^{-6}			平均总生热量/[J/(g·a)]	密度/（g/cm^3）
	U	Th	K		
沉积岩	3.00	5.0	20000	1.56	2.3
花岗岩	4.75	18.5	37900	3.42	2.7
玄武岩	0.60	2.7	8400	0.504	3.0
球粒陨石	0.012	0.04	845	0.016	3.6

资料来源：Heier（1978）。

放射性元素已成为现代重要能源之一。我们利用其放射性，用一些专门测量仪器来寻找地壳中局部放射性强度较高的地段，即放射性异常区，进而找寻含放射性元素及与放射性元素有关的矿床，这种找矿方法就是地球物理勘探方法中的放射性勘探。

由于放射性元素的衰变不受外界环境因素变化的影响，通过测定岩石或矿物中所含半衰期较长的放射性元素及其衰变产物的数量，便可计算出岩石或矿物的形成年龄。这种方法已形成一专门学科，称为放射性同位素地质年代学。目前还利用这种方法获取天体物质，如陨石、月球等的年龄数据。这些数据大大有助于对地球和太阳系的起源及天体演化等方面的研究。

3.3.6　地热

深矿井温度较高、地下流出温水和火山喷出炽热熔岩，都告诉人们地球内部具有很高的温度。可见，地内储存着巨大的热能，这就是通常所说的地热。

根据地内温度分布状况，可以识别出三个地热层。

（1）外热层（变温层）：属于固体地球表层（大陆上）的一个温度层，温度主要来自太阳的辐射热能。太阳辐射热绝大部分又辐射回空中，只有极少一部分透入地下以增高岩石温度。因此外热层的温度是向下减少的，而且由于太阳热量有昼夜变化、四季变化和多年周期变化，地温变化速度和幅度便各不相同。日变化速度较快而幅度较小，年变化速度较慢而幅度较大，引起的地质作用也各有特点。温度变化幅度随深度减少，到一定深度时，变化就不明显了。日变化影响深度一般为1～1.5 m，年变化影响深度一般为10～20 m，在内陆地区可达30～40 m。

（2）常温层（恒温层）：就是外热层最下界。在这个深度上年变化幅度为0，温度常年保持不变，等于当地年平均温度。就整个地表来看，常温层的深度大致表现为中纬度比赤道和两极深，内陆区比海滨区深，这是因为中纬度和内陆区的温度年变化较大。

（3）内热层（增温层）：在常温层之下，温度随深度而逐渐增加。这种增温显然不是太阳热而是地内热，主要是放射热的影响，且增温是有规律的，即每向下一定深度便增加一定温度。我们把深度每增加 100 m 所增高的温度称为地热梯度（或地热增温率），以℃表示；而把温度每增高 1℃所增加的深度称为地热深度（或地热增温级），以 m/℃表示。例如，在亚洲，地热梯度一般为2.5℃/100 m，地热深度为40 m/℃。一般习惯用地热梯度表示法。

海底地面的温度受水温的控制，与大陆相比直接受太阳辐射能的影响小得多，尤其是深海海底温度几乎不受太阳辐射的影响，终年保持为 2℃左右。因而，海底特别是深海底以下的三个温度分层并不明显，从海底开始向下即为增温层，其地热梯度平均为5℃/100 m。

就整个地球（无论是大陆还是洋底以下）内部而言，从地表向下到约70 km范围内，地热梯度平均为2.5℃/100 m，再往下地热梯度逐渐变小。在100 km深处的温度不超过1300℃，2900 km深处的温度为2850～4400℃，地心温度一般认为不超过5000℃。

地球内部的热能除由温泉、火山、岩浆活动等直接带到地表外，还可以通过传导、辐射、对流等方式不断传出地面。我们把单位时间内通过单位面积的热量称为地热流，现在通用国际热流单位为 mW/m^2，早期热流单位为 $\mu cal/(cm^2 \cdot s)$，缩写 HFU（heat flow unit），$1HFU=41.868\ mW/m^2$。地热流是由高温处向低温处流动，所以地热总是由地内流向地表。地表热流量平均为1.5 HFU。至1975年底，从全球已观测统计的5417个热流数据来看，大陆和洋底的地热值几乎相等。大陆热流值平均为（1.46±0.64）HFU，洋底为（1.46±0.78）HFU，但在大陆或洋底内部不同地区的热流值并不相同，太平洋洋底的热流值高于大西洋和印度洋洋底，各大洋的洋中脊和大陆边缘的热流值最高，而海沟最低；大陆有些山区热流值高于平原区，年轻的山区又高于时代老的山区，火山和温泉地区则最高。

热流较高的地区（如温泉、火山地区等）称为地热异常区，这些地区内常可用于地下热气、热水发电（地热发电）。此外，地下热水在工农业、医疗、生活用水等方面亦得到广泛的应用。把地热作为一项天然能源进行开发和合理利用，越来越引起人们的重视。

3.3.7 弹塑性

地球具有弹性，表现在其能传播地震波，这是因为地震波是弹性波。我们看到地表海水在日、月引力下发生明显的潮汐现象，这是液体的变形。用精密仪器可观测到地球固体表层在日、月引力下也有潮汐现象，地壳升降达 7～15 cm，称为固体潮，这也说明固体地球具有弹性。

固体地球在一定的条件下还表现在塑性体。我们知道地球是一个旋转椭球，这表明地球并不是完全的刚体。我们在野外看到很多岩体发生剧烈而复杂的弯曲但没有断裂开，这也是岩体的塑性表现。

因此，固体地球具有弹性也具有塑性，两种性质在不同条件下可以互相转化：在作用速度快、持续时间短的力（如地震波、潮汐力）的条件下，地球表现为弹性体；在作用缓慢、持续时间长的力（如地球旋转力、重力）的条件下则表现为塑性体。

地震波在地球内部的传播速度与介质的密度和弹性程度有关。根据对地震波变化状况的研究，可以确定地球内部物质状态。地震波主要有纵波和横波两种。纵波传播时介质质点的振动方向与波的传播方向相同，简称 P 波，其速度较快，约为横波的 1.73 倍，它可以通过固体、液体和气体等介质传播。横波传播时介质质点的振动方向与波的传播方向垂直，简称 S 波，其速度较慢，而且只能在固体介质中传播。

根据地震波的观测结果，波速总体上随深度增加而增加，但也存在一些突变面，如在 2900 km 深处，纵波突然减速，横波则完全消失，在 4600 km 深度以下才又出现，说明两个深度之间的物质应是液态（图 3.5）。

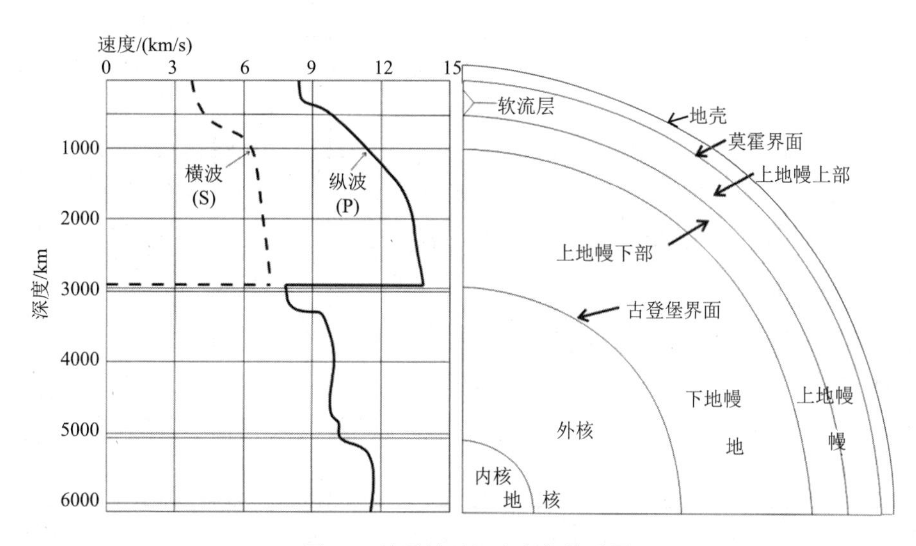

图 3.5　地震波随深度变化关系图

当地震波传播中遇到两种弹性不同的物质分界面时，由于波速变化便产生折射和反射。通过测定人工地震产生的地震波在地下传播速度的变化情况，可以探测地下不同物质的分界面，从而了解地下深处的地质构造和寻找有用矿产，并用以研究地球内部的结构，这就是地球物理探测工作中常用的地震勘探法。

3.4　地球的内部圈层

地球内部结构及其物质状态的研究，目前主要是利用地球物理学和天体物理学资料，其中最主要的是地震学和陨石学数据。

地震波通过地球内部后再回到地面，能够被地震仪接收，并供人们加以研究。研究发现，地球内部存在着地震波速度突变的若干界面，这些界面显示了地球内部具有层圈状构造。

3.4.1 地球内部地震波速度变化的主要界面

地球内部有两个最明显的地震波速度变化界面，称之为一级不连续面，即莫霍界面和古登堡界面。随着研究工作的深入，相继又发现了一些次级不连续面，它们将地球内部进一步分成若干次一级层圈（表 3.4）。

表 3.4　地球内部圈层及其物理数据

圈层		不连续面	深度/km	P波速度/(km/s)	密度/(g/cm³)
地壳				5.6—7.0	2.6—3.0
		莫霍界面	40（大陆）		
地幔	上地幔			8.0—8.2	3.3—4.1
			60		
				低速带 7.7—7.8	
			250		
				8.2—10.2	
		雷波蒂面	1000		
	下地幔			11.4—13.3	4.6—5.7
		古登堡界面	2900		
地核	外核			8.1—8.9	9.7—13.0
			4703		
	过渡层			10.4—11.0	
			5154		
	内核			11.2—11.3	

（1）莫霍界面位于地下平均 40 km 处（指陆地部分）。在此界面以上，纵波速度为 5.6～7.0 km/s，以下则急增为 8.2 km/s；而横波则由 4.2 km/s 增到 4.6 km/s。这一突变具有全球性，此界面深度在大陆深，在海底浅。这一现象是南斯拉夫学者莫霍洛维奇于 1909 年首先发现的，故称为莫霍界面。

（2）古登堡界面位于 2900 km 处。在这里横波完全消失，纵波速度由 13.64 km/s 突然降为 8.1 km/s。为纪念最早（1914 年）研究这一界面的美国地球物理学家古登堡，将此界面称为古登堡界面。这两个一级界面将地球划分为三个圈层：地壳、地幔和地核。

（3）康拉德界面位于地壳内部，表现为纵波速度从 6 km/s 突变为 6.6 km/s。康拉德最先（1925 年）提出了这一界面。地质上根据此界面推断地壳由于密度不同分为上、下两层，上层为花岗岩层，下层为玄武岩层。然而，根据苏联在科拉半岛所打的 12 km 深的超深钻孔情况，人们对此界面是否在全球普遍存在产生了怀疑。在推断该界面所在的深度上，并未发现岩层的性质有上述变化，故而将地壳分为上、下两层的模式似乎难以成立。秦岭和大别山地壳结构研究也表明，在那里不存在康拉德界面，却显示出三层结构，中间为低速带，即所谓的“三明治”结构。

（4）岩石圈与软流圈界面位于地幔内部紧靠莫霍界面的部位。研究发现，横波速度在地壳内及在越过莫霍界面之初，达到平均约为 60 km 深度前，一直保持上升趋势，到达这一界面后，其逐渐降低，在 150 km 深处达到最低值（由 4.6 km/s 降到 4.0 km/s）。大约从地下 250 km 向下波速又恢复逐渐上升状态。因此判断，地下从平均为 60 km 深处开始到大约 250 km 深的地带，物质是固态和液态的混合物，液态物含量为 1%～10%。由于混有液态物质，因此这一地带的物质比较“软”，易于发生塑性流动，故称为软流圈。软流圈以上的部分物质均为固态，具有较强的刚性，称为岩石圈。岩石圈包括整个地壳及地幔最顶部。

（5）内核、外核的界面位于地下大约 5120 km 深度。在此界面以下，纵波速度由 8 km/s 增到 11 km/s，并且出现由纵波派生出来的横波。由此可见，从这里开始，物质属于固态，故可将地核分为液态外核和固态内核。在内外核之间还存在一个过渡带，其深度位于地下 4703～5154 km。

（6）在地下约 1000 km 深处还可以划分出一个界面，它将地幔分为上、下两部分，分别称其为上地幔和下地幔。两者的密度有明显的差别。

3.4.2　地球内部各圈层特征

如第 2 章所述，坠落在地表的陨石按其成分分为三类：石陨石，密度为 3～3.5 g/cm^3，主要由基性硅酸盐矿物组成；石铁陨石，密度为 5.5～6 g/cm^3，是硅酸盐矿物与铁镍金属的混合物；铁陨石，密度为 8～8.5 g/cm^3，几乎全由铁镍金属组成。陨石的同位素年龄约为 4500 Ma，大致与地球年龄相同。太阳系的物质组成应具有统一性。因此，地球内部物质应类似于各种陨石，即可能由铁镍金属组成地球的核心，由石铁陨石组成地球的中间层，由石陨石组成地球的外层。

（1）地壳。组成上部地壳的岩石，从地表即可观察到。目前在大陆上已经打了超深钻孔，对海底也进行了直接考察和深海钻探，获得了关于下部地壳岩石成分的资料。结合对地震波传播速度的研究，可以认为，组成地壳的岩石就是各种火成岩和变质岩，覆盖在地表面的还有或薄或厚的沉积岩。大陆地壳厚度平均为 40 km，大洋地壳较薄，其平均厚度为 6～7 km，全球地壳平均厚度为 16 km，大致为地球平均半径的 1/400，所以地壳仅是固体地球表面的一层薄壳。

（2）地幔。地幔的上界为莫霍界面，下界为古登堡界面，厚度大于 2800 km，其体积约占整个地球的 82.3%，质量则占整个地球的 67.8%。因此，它是地球的主体部分，且基本上由固态物质组成。可进一步划分为上地幔和下地幔，软流圈位于上地幔。

（3）地核。古登堡界面以下的地球中心部分称为地核。其半径为 3473 km，占地球总体积的 16.3%，总质量的 1/3。可进一步将其划分为外核、过渡层和内核三层。

名 词 解 释

1. 大气环流；2. 气候带；3. 固体地球；4. 大陆边缘；5. 大洋中脊；6. 大洋盆地；7. 地震波；8. 地磁场；9. 重力场

思 考 题

1. 地球各圈层是相互作用的，请说说如何相互作用？
2. 请说说地磁场、重力场的特征？
3. 地震波在地球内部的传播特征如何？

第 4 章　地壳的物质组成

根据地球层圈结构划分模型，地壳是位于莫霍界面以上的固体地球部分，它是固体地球的最外层圈，该层圈与人类生产和生活关系最密切，是人类重要的生活和生产场所。地壳可分为两种最基本的不同类型：大陆地壳和大洋地壳。地壳由岩石组成，岩石由矿物组成，而矿物又由各种元素组成。因此，矿物是组成地壳的基本物质单元，用机械方法无法再划分；元素是构成矿物的基本物质单元，用通常的化学方法不能再分解（舒良树，2010）。在 46 亿年的地球演化历史过程中，地壳中的化学元素随着各种地质作用的发生，不断地进行迁移、聚集、再迁移、再聚集等过程，形成千姿百态的矿物，它们是人类生产、生活资料的主要来源。

4.1　地壳的化学组成

截至 2018 年，总共有 118 种元素被人类发现。已知其中 94 种元素存在于地球上，最常见的仅十余种。要研究地壳的物质组成，就必须研究化学元素在地壳中的分布规律。1889 年美国地质调查局克拉克（F. W. Clarke）发表了《化学元素的相对丰度》一文，提出了 19 种元素在固体地球和大洋中的平均含量。此后经过五次修改（1908 年、1911 年、1916 年、1920 年、1924 年）于 1924 年发表了《地球化学资料》(第五版)，克拉克根据华盛顿(H. S. Washington) 1917 年汇集的 8602 个岩浆岩数据中的 5159 个质量较好的数据，并假定岩浆岩占 95%、沉积岩占 5%（其中，页岩 4%、砂岩 0.75%、灰岩 0.25%），计算了海平面以下 16 km 厚的“岩石圈”平均物质组成。1924 年，克拉克和华盛顿发表了《地球的化学组成》一文，首次提出了 61 种元素的地壳平均含量，称为地壳元素丰度（中国科学院地球化学研究所，1998）。国际地质科学联合会将其命名为克拉克值，以表彰克拉克的卓越贡献。其用质量分数来表示，含量较高的常量元素的单位一般为%；含量较低的微量元素单位有 10^{-6}（ppm）、10^{-9}（ppb）或 10^{-12}（ppt）。

地壳中各元素的含量和分布是不均匀的，这种不均匀在初始地壳中就存在，而在地壳的形成和演化过程中又会形成新的不均匀现象。这种不均匀现象既与元素本身的特点有关，也与其在地壳中所处的物理、化学条件有关。表 4.1 列出了主要元素的地壳含量。其中，O、Si、Al、Fe、Ca、Na、K、Mg 八种元素占地壳总质量的 98%以上，其余元素质量的总和仅占地壳总质量的 1.5%左右。

表 4.1　地壳中主要元素的含量

元素	符号	含量/%
氧	O	46.6
硅	Si	27.7

续表

元素	符号	含量/%
铝	Al	8.1
铁	Fe	5.0
钙	Ca	3.6
钠	Na	2.8
钾	K	2.6
镁	Mg	2.1
其他所有元素		1.5

资料来源：Carlson 等（2011）。

4.2 矿　物

4.2.1 矿物的概念

矿物的概念是人类在从事采矿、冶炼的生产过程中提出来的，最初就是把采矿过程中采掘出来的未经加工的天然物体称为矿物。随着人类生产活动和科学技术的发展，矿物的概念也在不断变化。

现在一般认为，矿物是由地质作用或宇宙作用形成的、具有一定的化学成分和内部结构、在一定的物理化学条件下相对稳定的天然结晶态的单质或无机化合物，是组成岩石和矿石的基本单元。矿物是地球、月球等其他宇宙天体中天然形成的产物。有时，为强调其来源，组成月岩和陨石的矿物也被称为月岩矿物和陨石矿物（赵珊茸等，2011）。那些人工合成的产物，虽然其成分和性质与矿物类似，但不是天然形成的矿物，而是“人造矿物”或“合成矿物”，如人造金刚石、人造水晶、人造刚玉、人造云母等。矿物都具有一定化学成分和内部结构，从而也具有一定的形态和物理、化学性质，也是我们得以对不同矿物种类进行鉴定的重要依据。矿物并非固定不变，当物理化学条件发生改变，超出了矿物的稳定范围的临界时，矿物便会在新的物理化学条件下形成新的稳定矿物。例如，黑云母在低温热液条件下蚀变成为绢云母或白云母；黏土矿物在高温低压条件下形成红柱石，在高温中压条件下又会形成蓝晶石。水、气体不是晶体，也不是矿物，冰则是矿物。煤、石油和天然气都不是无机化合物晶体，不属于矿物。矿物是组成岩石和矿石的基本单元。例如，花岗岩主要由钾长石、斜长石、石英和黑云母等矿物组成，铅锌矿石由方铅矿和闪锌矿等矿物组成。

需要指出的是，自然界存在极少量天然形成的物质，其产出状态、成因和化学组成等方面均具有与矿物相同的特征，但是呈非晶态的单质或化合物，称为准矿物，比较常见的是蛋白石和水铝英石。在长期的地质演化时代，准矿物有自发向结晶态的矿物转变的必然趋势。

自然界中至今已发现的矿物有 4000 多种，但绝大多数矿物都不常见，最常见的仅有 200 多种，重要矿产资源的矿物也就数十种。大陆地壳中矿物以硅酸盐矿物为主，常见的造岩矿物也就只有 20～30 种，其中石英、长石、云母等硅酸盐矿物占 92%，而石英和长石含量高达 63%（表 4.2）。

表 4.2　大陆地壳中矿物含量

矿物	含量/%
斜长石	39
碱性长石	12
石英	12
辉石	11
角闪石	5
云母	5
黏土	5
其他硅酸盐矿物	3
非硅酸盐矿物	8

资料来源：Frederick 等（2018）。

4.2.2　矿物的基本性质

矿物具有一定的化学成分和内部结构，就决定了它们具有一定的形态特征和物理、化学性质，人们常常用矿物的形态特征和物理化学性质来识别矿物。

4.2.2.1　*矿物的形态*

矿物常具有一定的形态，它是矿物晶体的内部结构和化学成分的外在反映，同时还受外部形成条件、环境等因素的影响。矿物的形态指矿物的单体形态和集合体形态。自然界中的矿物多数呈集合体出现，但是发育较好的具有几何多面体形状的单晶体也不少见。

（1）矿物的单体形态。矿物具有一定的化学成分和晶体结构，在适宜的条件下，可自然形成规则几何多面体外形的固体，称为晶体。晶体的形态称为晶形。各种矿物都具有独特的晶形，它是鉴别矿物的重要依据之一。尽管矿物的晶形多种多样，但归纳起来可分为三种类型：一向延长型，矿物晶体沿一个方向特别发育，呈柱状、针状或纤维状等晶形，如石英、辉锑矿、绿柱石、电气石、角闪石等；二向延展型，矿物晶体沿两个方向延展，呈板状、片状、鳞片状等晶形，如石膏、云母、石墨等；三向等长型，矿物晶体沿三个方向大致等长生长，呈粒状或等轴状晶形，如黄铁矿、石榴子石等。

（2）矿物的集合体形态。由于受到生长空间的限制，自然界的矿物常常不表现出规则的晶形，而是聚集在一起呈集合体产出。组成集合体的矿物单体为一向延长型者，常呈柱状集合体、针状集合体、纤维状集合体等。单体为二向延长型者，常为板状集合体、片状集合体、鳞片状集合体等。单体为三向延长型者，常呈粒状集合体（肉眼能分辨颗粒界线），或块状集合体（肉眼不能分辨颗粒界线）。块状集合体中坚实者称为致密块状，疏松者称为土状。

此外还有一些特殊形态的集合体，常见的有如下几种。

放射状集合体：长柱状矿物或针状矿物以一点为中心，向四周呈放射状排列而成的集合体。例如，红柱石放射状集合体（图 4.1），形似菊花，故俗称菊花石。

晶簇：在岩石的空洞或裂隙中，以洞壁或裂隙壁为共同基底而生长的且晶形完好的单晶体群所组成的集合体，如石英晶簇（图 4.2）。

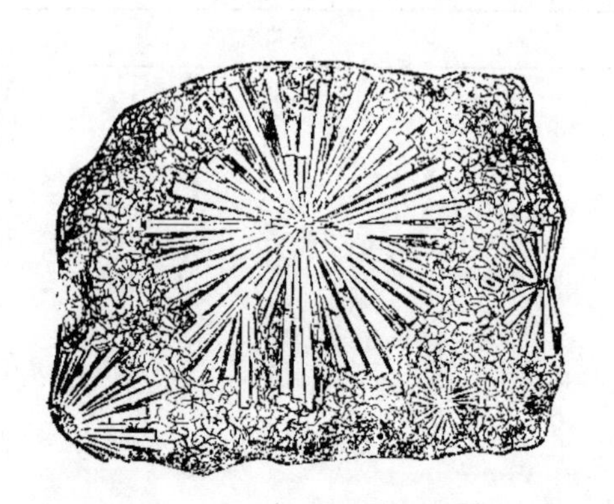

图 4.1　红柱石放射状集合体

图 4.2　石英晶簇

结核体：隐晶质或胶体状非晶质围绕某一中心（如砂粒、生物碎片等）自内向外逐渐生长而成。例如，黄铁矿结核（图 4.3）。结核体形状多样，有球状、瘤状、不规则状等，直径一般在 1 cm 以上。

鲕状和豆状集合体：胶体物质围绕悬浮状态的细砂粒、矿物碎片、生物碎屑等层层凝聚而成，并沉积于水底呈圆球形、卵圆形的矿物集合体。内部有同心层状构造，大小似鱼卵者称为鲕状，如鲕状赤铁矿；大小如豆者称为豆状，如豆状赤铁矿。

分泌体：在形状不规则或球状的空洞中，胶体或晶质自洞壁逐渐向中心沉积（充填）而成，中心还常可留有空腔，这与结核的形成顺序正好相反。分泌体多数的组成物质具有由外向内的同心层状构造，因各层在颜色和成分上常有所差异而构成条带状色环，如玛瑙(图 4.4)。分泌体中平均直径大于 1 cm 者称为晶腺，平均直径小于 1 cm 者称为杏仁体。

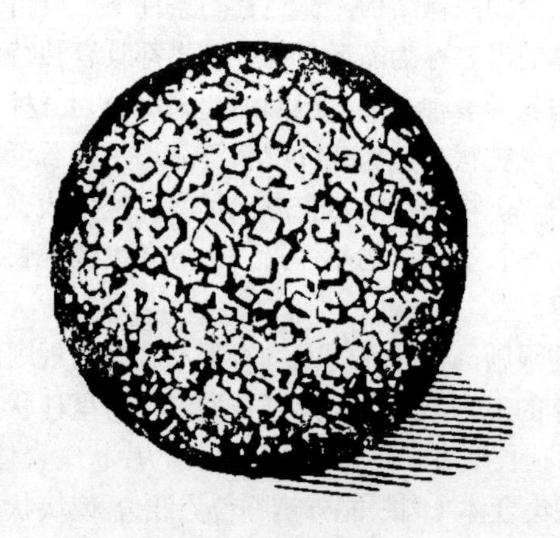

图 4.3　黄铁矿结核

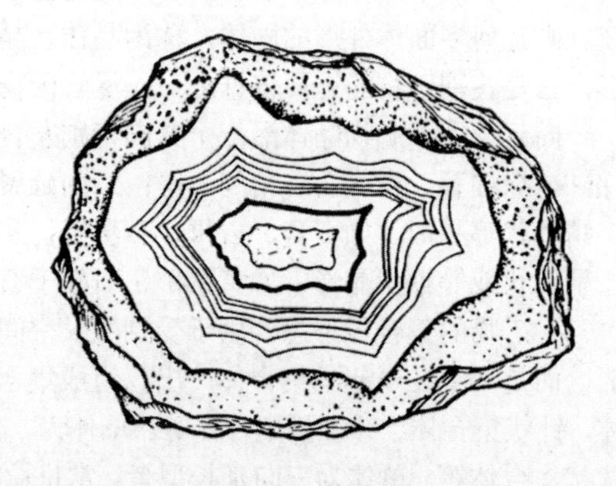

图 4.4　玛瑙晶腺

葡萄状、肾状、钟乳状集合体：由溶液或胶体因水分蒸发凝固而成。将其形状与常见物体类比而给予不同的名称，如葡萄状、肾状等。从洞穴顶部下垂者称为石钟乳，溶液下滴至洞穴底部凝固，而逐渐向上生长者称为石笋，石钟乳与石笋上下相连即成石柱。中外驰名的桂林芦笛岩、七星岩，杭州附近的瑶林仙境等名胜，就是由布满石灰岩溶洞中的无数石钟乳、石笋、石柱构成的，它们千姿百态，蔚为奇观，实质上都属于方解石的钟乳状集合体。

4.2.2.2　矿物的物理性质

矿物常具有一定的物理性质，这是由矿物本身的化学组成和内部结构决定的。矿物的物理性质是鉴别矿物的重要依据。矿物的主要物理性质有光学性质、力学性质以及磁性、电性等。

1）矿物的光学性质

矿物的光学性质是矿物对可见光的吸收、反射、透射、折射等的程度不同而表现出来的性质，与矿物的化学成分和晶体结构密切相关，如颜色、条痕、透明度和光泽等。

颜色。观察矿物时首先注意到的常常是它的颜色。矿物的颜色是矿物对白色可见光中不同波长光波吸收的结果，其呈现的颜色为被吸收光的互补色，是矿物透射和反射的各种波长可见光的混合色。例如，对各种波长的可见光都均匀吸收则表现为黑色或灰色，如果基本上都不吸收，则表现为白色。矿物选择吸收某些波长的可见光，则显示出各种不同的颜色。

由矿物的化学成分与内部结构决定的颜色是固定不变的，称为自色，如黄铜矿为铜黄色，孔雀石为翠绿色，方铅矿为铅灰色，自色是鉴定矿物的重要依据之一。某些透明矿物常常由于外来原因而呈现不同的颜色，称为他色，如纯净的石英为无色，由于混有杂质等原因也可呈现紫色（含三价铁）等各种颜色，他色不是矿物固有的颜色，无鉴定意义。此外，由于光的干涉、衍射、散射等物理光学效应引起的呈色，称为假色，如矿物表面上出现氧化膜即可产生假色，假色只对个别矿物有辅助鉴定意义。

条痕。条痕是矿物粉末的颜色，通常用矿物在白色无釉瓷板上擦划所留下的粉末颜色来观察。透明矿物的粉末因可见光已全反射而呈白色或无色，无鉴定意义。不透明的金属矿物的条痕色比较固定，它代表了矿物自身的颜色，可作为鉴定矿物的标志。例如，赤铁矿的颜色有赤红、铁黑或钢灰等，而它的条痕均为樱红色。

透明度。透明度是矿物能让可见光透过的程度，它与矿物反射或吸收可见光的能力有关，通常矿物对光的吸收与反射强，其透明度就低。矿物薄片（厚 0.03 mm）能透过绝大部分光线者称为透明矿物，基本上不能透过光线者称为不透明矿物，介于其间者称为半透明矿物。

光泽。光泽是矿物表面对可见光的反射能力，根据反光的强弱可分为：①金属光泽，矿物表面反光最强，如同光亮的金属器皿表面，如方铅矿、黄铁矿；②半金属光泽，类似金属光泽，但较为暗淡，像没有磨光的铁器，如赤铁矿、磁铁矿，金属光泽与半金属光泽为不透明矿物的特征；③非金属光泽，为透明矿物所具有的光泽，按其反光强弱与特征可进一步划分为金刚光泽（反光较强而似金刚石般明亮耀眼）和玻璃光泽（反光相对较弱而呈玻璃板表面的反光）。

上述光泽是矿物新鲜平滑的晶面、解理面或磨光面上所呈现出来的光泽。若在矿物不平坦的表面或矿物集合体的表面，光泽会减弱，或出现一些特殊的光泽，如油脂光泽、丝绢光泽、珍珠光泽与土状光泽等。

2）矿物的力学性质

矿物受外力（如敲打、刻划、拉引等）作用后所表现的性质，包括硬度、解理、断口等。

硬度。硬度是矿物抵抗某种外来机械作用力（如刻划、压入或研磨等）的能力，通常是指矿物相对的软硬程度。例如，用甲矿物去刻划乙矿物，若乙矿物被刻出小槽，而甲矿物未受损伤，则甲矿物的硬度就大于乙矿物。1812 年奥地利矿物学家弗里德里克 • 摩斯（Friedrich Mohs）选用十种软硬不同的矿物作标准，组成相对硬度系列，这就是用肉眼鉴定矿物的过程中常用的莫氏硬度（曾称摩氏硬度）（表 4.3），把需要鉴定硬度的矿物与表中矿物相互刻划即可鉴定其硬度。例如，某矿物能刻划正长石，但不能刻划石英，即石英可以刻划它，则它的硬度可以定为 6.5。在野外常用指甲（硬度约 2.5）、小刀（硬度约 5.5）及玻璃片（硬度约 6.5）来粗略估测矿物的硬度。

表 4.3　莫氏硬度

硬度等级	1	2	3	4	5	6	7	8	9	10
代表矿物	滑石	石膏	方解石	萤石	磷灰石	正长石	石英	黄玉	刚玉	金刚石

解理。矿物受外力作用后沿一定结晶方向规则裂开成一系列光滑平面的性质称为解理，裂开的光滑平面称为解理面。例如，菱面体的方解石被打碎后仍成菱面体，云母可揭成一页一页的薄片。矿物中具同一方向的解理面算一组解理，如方解石有三组解理，云母只有一组解理。各种矿物的解理发育程度不一样，解理面的完整性也不完全相同。按解理面产生的难易程度及其完好程度，解理一般可以分为极完全解理、完全解理、中等解理、不完全解理与极不完全解理 5 级。

断口。矿物受力后不沿固定的结晶方向裂开，只形成断裂面，断裂面方向是任意的，且呈不规则形状，这种断裂面称为断口。常见的有贝壳状断口、参差状断口、锯齿状断口、平坦状断口等。

矿物除光学性质和力学性质外，还有其他物理性质。例如，各种矿物有不同的密度或相对密度（矿物在空气中的质量与 4℃时同体积水的质量比），某些矿物具有磁性、电性、发光性、吸水性等。

4.2.3　常见矿物简介

自然界中至今已发现的矿物有 4000 多种，其中绝大多数极其分散，数量极少。地壳中对于形成岩石有普遍意义的矿物，即主要造岩矿物只有 20～30 种。下面介绍一些重要的常见矿物。

（1）**长石**。长石是地壳中最主要的矿物，占地壳物质 50%以上，是大多数岩石的主要矿物组分，长石种属是许多岩石命名最主要的依据之一。长石分为两大亚族，即碱性长石和斜长石。

碱性长石。为钾长石 $K[AlSi_3O_8]$（Or）与钠长石 $Na[AlSi_3O_8]$（Ab）的类质同象系列，一般以钾长石或含一定量钠长石分子的钾长石较为常见。钠长石和钾长石只在高温时可以形成完全的类质同象系列，温度降低时能互相溶解的数量很有限，于是多余的就会在固体状态下脱溶析出，呈弯曲的微细条纹等分布于主晶之中，称为条纹长石。

斜长石。为钠长石与钙长石 $Ca[Al_2Si_2O_8]$（An）的类质同象系列，Ca^{2+}与 Na^{+}互相置换，其电价差由 Al^{3+}替代 Si^{4+}补偿。斜长石按钠长石分子与钙长石分子的比例进一步划分为六种：

钠长石　　Ab 100%～90%，An 0%～10%
奥（更）长石　　Ab 90%～70%，An 10%～30%
中长石　　Ab 70%～50%，An 30%～50%

拉长石	Ab 50%～30%，An 50%～70%
培长石	Ab 30%～10%，An 70%～90%
钙长石	Ab 10%～0%，An 90%～100%

这六种长石在成分上连续过渡，总体称为斜长石。其中，钠长石和奥长石归属于酸性斜长石，中长石属于中性斜长石，拉长石、培长石、钙长石常统称为基性斜长石（此处的酸性、基性概念为地质学上的含义，与硅含量有关，而不是化学上的意义）。

长石以有两组近直交的完全解理区别于石英，同时透明度常较石英差。大多数斜长石发育聚片双晶，在解理面上可观察到平行的、直的细纹，即双晶纹，碱性长石则没有，但有时有前述脱溶造成的弯曲细纹。如果找到了细纹，可以准确区分斜长石和碱性长石。此外，斜长石多呈白色，钾长石常带粉红色，但长石颜色常有变化，所以这只能作为参考。长石如有晶形则多呈板柱状，莫氏硬度为 6，密度为 2.54～2.76 g/cm^3。

（2）**石英**。SiO_2，无色，有时因含各种杂质可呈现各种颜色，以无解理、高硬度和透明度较好为特征。石英如有晶形则为六方柱、锥状，常呈单晶和晶簇出现，或呈致密块状和粒状集合体，莫氏硬度为 7，贝壳状断口，断口呈现油脂光泽，密度为 2.65 g/cm^3。

（3）**云母**。云母为含钾（K^+）和氢氧根（OH^-）的硅酸盐，其硅酸根为$[Si_4O_{10}]$型（一般为[（Si，Al）$_4O_{10}$]，通常记为$[AlSi_3O_{10}]$）。云母的最大特征是有一组极完全解理（可以裂成薄片），且薄片有弹性，莫氏硬度为 2～3。云母按其阳离子分为黑云母、金云母和白云母。

（4）**黑云母**。K（Mg，Fe）$_3[AlSi_3O_{10}][OH，F]_2$，棕褐色、黑绿色或黑色，富 Ti^{4+}者偏浅红褐色，富 Fe^{3+}者偏绿色，薄片呈深褐色、红褐色、黄褐色、浅黄绿色等颜色，密度为 3.02～3.13 g/cm^3。

（5）**金云母**。K（Mg，Fe）$_3[AlSi_3O_{10}][OH，F]_2$，与黑云母构成完全的类质同象系列，可分为深色金云母（呈各种色调的棕和绿色）和浅色金云母（呈各种色调的浅黄色），薄片近无色至浅黄棕色，密度为 2.70～2.85 g/cm^3。

（6）**白云母**。$KAl_2[AlSi_3O_{10}][OH，F]_2$，白色或微带绿色，薄片为无色透明，密度为 2.76～3.10 g/cm^3。

（7）**角闪石**。其为具$[Si_4O_{11}]$型硅酸根的硅酸盐，阳离子以 Mg^{2+}、Fe^{2+}为主，一般分子式为$(Ca, Na)_{2\sim3}(Mg, Fe, Al)_5[(Si, Al)Si_3O_{11}]_2[OH]_2$。按阳离子分为许多亚种，如透闪石$[Ca_2Mg_5[Si_4O_{11}]_2(OH)_2]$、阳起石$[Ca_2(Mg, Fe)_5[Si_4O_{11}]_2(OH)_2]$、蓝闪石$(Na_2Mg_3Al_2[Si_4O_{11}]_2(OH)_2)$等。其共同特征是单晶体呈长柱状、针状等拉长的晶形，平行延长方向有两组解理，解理夹角为 56°。根据铁的含量多寡，颜色由黑绿、黑褐、深褐、深绿、浅绿至近无色，莫氏硬度为 5.5～6.0，密度为 2.85~3.57 g/cm^3。最常见者为普通角闪石（成分见前述一般分子式），深绿色到绿黑色，条痕无色或白色，玻璃光泽，密度为 3.1～3.3 g/cm^3。

（8）**辉石**。其一般化学式为 $R^{4+}[Si_2O_6]$，Si^{4+}可部分被 Al^{3+}置换；R 为 Mg^{2+}、Fe^{2+}、Fe^{3+}、Ca^{2+}、Al^{3+}和 Na^+，总电价为+4；不含 OH^-。按阳离子分为若干亚种，如透辉石（$CaMg[Si_2O_6]$）、硬玉（$NaAl[Si_2O_6]$）、顽火辉石（$Mg_2[Si_2O_6]$）、紫苏辉石（$(Mg, Fe)_2[Si_2O_6]$）等。其共同特征为多呈短柱状或粒状，横断面可呈八边形或假正方形，有两组近直交的解理，根据 Fe、Ti、Mn 的含量呈绿黑、褐黑至近无色，莫氏硬度为 5.5～6，密度为 3.6～3.2 g/cm^3。常见者为普通辉石 $Ca(Mg, Fe, Al)[(Si, Al)_2O_6]$，绿黑至黑色，少数褐至黑色。

（9）**橄榄石**。其化学式一般为$(Mg, Fe)_2[SiO_4]$，常呈粒状集合体，有时可见极不完全的解理，一般断口呈贝壳状，在岩石中多为棕-黄绿-橄榄绿色颗粒，莫氏硬度为 7，玻璃光泽，密度为 3.3～3.5 g/cm^3。

（10）**石榴子石**。其也是[SiO_4]的硅酸盐，化学式为 $A_3B_2[SiO_4]_3$，A＝Fe^{2+}、Mn^{2+}、Mg^{2+}、Ca^{2+}等，B＝Fe^{3+}、Cr^{3+}、Al^{3+}等。晶形良好者似石榴籽，因此得名。玻璃光泽，断口油脂光泽，无解理，莫氏硬度为 6.5～7.5，密度为 3.5～4.3 g/cm^3，一般随 Fe、Mn、Ti 含量增加，密度增大。常见者为铁铝石榴子石（$Fe_3Al_2[SiO_4]_3$），呈粉红、橙红至褐红色，密度为 4.25 g/cm^3；钙铝石榴子石（$Ca_3Al_2[SiO_4]_3$），呈黄绿至红褐色，密度为 3.53 g/cm^3；钙铁石榴子石（$Ca_3Fe_2[SiO_4]_3$），呈黄绿至褐黑色，密度为 3.75 g/cm^3；镁铝石榴子石（$Mg_3Al_2[SiO_4]_3$），呈紫红、血红、玫瑰色，密度为 3.51 g/cm^3。

（11）**绿泥石**。其为 Mg^{2+}、Fe^{2+}、Al^{3+}的含 OH^-硅酸盐，硅酸根为[Si_4O_{10}]型，分子式较复杂。其一般呈鳞片状集合体，颜色一般为不同色调的绿色，一组极完全解理，条痕无色，玻璃光泽，解理面呈珍珠光泽，莫氏硬度为 2～3，用指甲可刻划，捻之成微细的绿色小片。

（12）**蛇纹石**。$Mg_6[Si_4O_{10}][OH]_8$，一般为叶片状、细鳞片状，通常呈致密块状，深绿、黑绿、黄绿等各种色调的绿色，莫氏硬度为 2.5～3，块状者具油脂或蜡状光泽，纤维状者呈丝绢光泽。

（13）**蓝晶石、红柱石和夕线石**。这三种矿物化学成分相同，均为 $Al_2O_3 \cdot SiO_2$，为不同温度、压力下形成的不同矿物。蓝晶石 $Al_2[SiO_4]O$，单晶体多呈长板状，常呈不均匀的蓝白、青白色，莫氏硬度在平行延长方向为 4.5，在垂直延长方向则为 6，玻璃光泽，解理面上可见珍珠光泽，密度为 3.56～3.68 g/cm^3，在压力较高条件下形成。红柱石 $Al_2[SiO_4]O$ 单晶体呈柱状，横断面近于方形，色白，或微带红，柱心有时有黑色炭质或石墨包裹物，称为空晶石，玻璃光泽，有平行柱状方向的中等解理，莫氏硬度为 6.5～7.5，在压力较低的条件下形成。夕线石 $Al[AlSiO_5]$，单晶体呈长柱状或针状，通常聚合为针状、纤维状、放射状集合体，颜色为灰色、白色、浅绿色、浅褐色等，平行延长方向有一组完全解理，莫氏硬度为 7，密度为 3.23～3.25 g/cm^3，在温度较高的条件下形成。

（14）**黏土矿物**。其泛指各种形成黏土的矿物，主要是含 OH^-的铝硅酸盐，其硅酸根为[Si_4O_{10}]型。其通常为胶体，一般只在电子显微镜下可看到晶形。黏土矿物中最主要的是高岭土 $Al_4[Si_4O_{10}](OH)_8$，白色的瓷土多为近纯的高岭土，一般均因含氢氧化铁等而被染成各种颜色。

（15）**方解石**。$Ca[CO_3]$，晶形呈菱面体或六方柱，以白色最常见，但其可因含杂质而呈黄、红、灰、紫、褐黑色等多种颜色，玻璃光泽，以具三组互相斜交的完全解理和低硬度为特征，莫氏硬度为 3，密度为 2.6～2.8 g/cm^3，遇冷稀盐酸剧烈起泡（放出 CO_2）。

（16）**白云石**。$CaMg[CO_3]_2$，类似方解石，具有三个方向斜交的完全解理，玻璃光泽，但硬度稍高（莫氏硬度为 3.5～4），密度为 2.8～2.9 g/cm^3，遇冷稀盐酸微弱起泡。

（17）**黄铁矿**。FeS_2，常呈立方体或五角十二面体，有时无自形，晶面有平直条纹，浅黄铜色，条痕绿黑色，金属光泽，莫氏硬度为 6～6.5，分布广泛，为还原条件下有硫参与作用的产物，黄铁矿富集时可为制造硫酸的主要矿物原料，也可用于提炼硫黄。

（18）**铁的氧化物**（包括氢氧化物）。其是构成铁矿石的主要矿物，但一般岩石中常含微量铁的氧化物，是岩石中最常见的“副矿物”（含量＜1%的矿物），最重要者有以下三种。

磁铁矿。Fe_3O_4，晶形一般呈八面体或菱形十二面体，常为致密块状或粒状集合体，铁黑色，条痕黑色，不透明，半金属光泽，无解理，莫氏硬度为 5.5～6，密度为 4.9～5.2 g/cm^3。具强磁性。

赤铁矿。Fe_2O_3，晶体少见，呈片状，一般为土状、块状或肾状等。显晶质的赤铁矿-钢呈灰色，而隐晶质的鲕状、肾状、土状者呈暗红色。其条痕呈樱桃红色，金属、半金属光泽或土状光泽，不透明，无解理，莫氏硬度为 5.5～6，土状者可大大降低；以红色条痕为主要特征。赤铁矿的胶体微粒是许多岩石的色素，只要有 3%的赤铁矿，即可将整个岩石染成红色。赤铁矿具微弱的铁磁性，需要精密仪器才能测出，但其剩磁极稳定，是古地磁研究中效果最好的矿物。

褐铁矿。FeO（OH）·nH_2O，为胶体氢氧化铁，不是一种单一的矿物，而是多种矿物的混合物，实际是天然的铁锈，常呈土状、肾状和钟乳状，黄褐至褐黑色，以黄褐至褐色条痕为特征。因成分不固定，物理性质变化很大。致密块状者莫氏硬度可达 4，土状者莫氏硬度为 1，密度为 3.4～4.4 g/cm^3。褐铁矿主要为各种含铁矿物的风化产物，常将岩石染成黄、褐等铁锈色。褐铁矿也有微弱的铁磁性。

（19）**石膏**。$CaSO_4 \cdot 2H_2O$，自形者少见，单晶体常呈板状、柱状，集合体为粒状、块状、纤维状等，无色、白色、灰色，玻璃光泽，解理面呈珍珠光泽，纤维状集合体呈丝绢光泽，莫氏硬度为 2，具多个方向的解理，其中，平行于晶体板状平面者具极完全解理，解理薄片具挠性（即受力发生变形，外力撤除后变形不能回复到原位）。

（20）**黄铜矿**。$CuFeS_2$，多呈致密块状或分散粒状集合体，可形成四方四面体晶体，但比较少见。其颜色为铜黄色，条痕绿黑色，金属光泽，以颜色较深和硬度较低（莫氏硬度为 3.5～4）区别于晶形不好的黄铁矿，密度为 4.1～4.3 g/cm^3。其为最重要的铜矿石矿物。

（21）**方铅矿**。PbS，单晶常为立方体，有时也可出现立方体和八面体的聚形，也常见致密块状和粒状集合体。其颜色为铅灰色，条痕灰黑色，金属光泽，莫氏硬度为 2～3，密度为 7.4～7.6 g/cm^3。其以有三组相互直交的完全解理为特征（晶体 NaCl 型），易沿解理面破裂形成立方体小块，是最重要的铅矿石矿物。

（22）**闪锌矿**。ZnS，常呈致密块状或粒状集合体，颜色为浅黄、浅棕、棕褐直到黑色，油脂光泽到半金属光泽，以浅色（黄白至褐）条痕及多组（六组）完全解理为特征，莫氏硬度为 3.5～4，密度为 3.9～4.2 g/cm^3。

4.3　岩　　石

4.3.1　岩石的概念

岩石是天然产出的由一种或多种矿物（部分为火山玻璃、生物遗骸、胶体物质、地外物质等）构成的固态集合体。它是构成岩石圈（软流圈以上的固体地球部分）的主要物质，由地球内外动力地质作用形成。陨石与月岩也是岩石，但一般所说的岩石，主要指组成岩石圈的物质。

岩石的种类很多，但从地质成因来看，一般可分为三大类：岩浆岩、沉积岩和变质岩。它们在地球上的分布情况各不相同，沉积岩主要分布于大陆地壳表层，覆盖了大陆地壳面积的 75%，而距地表越深，则岩浆岩、变质岩越多，沉积岩越少。根据地球物理资料和高温高压实验判断，地壳深处和上地幔主要由岩浆岩构成。据统计，整个地壳岩浆岩体积占 64.7%，变质岩占 27.4%，沉积岩仅占 7.9%。

岩石作为天然物体，具有特定的密度、孔隙度、抗压强度和抗拉强度等一系列物理性质。它们是工程、建筑、钻探和掘进时需要考虑的因素。此外，岩石受力会发生形变，当岩石所受应力超过其弹性限度后，则其发生塑性变形。自然界的糜棱岩就是在地壳深处岩石塑性变形的产物。在某些工程中，岩石长期荷载，也会造成蠕变与塑性流动。

4.3.2 岩浆岩

在地幔或地壳深处存在着一种炽热的、黏稠的，以硅酸盐为主要成分的，富含挥发性成分的熔融体，这种熔融体称为岩浆。岩浆可以是全部为液相的熔体组成，也可以是熔体、晶体和岩石碎屑等固态物质及挥发分的混合物。岩浆的主要成分是硅酸盐，通常地质上所说的岩浆都是硅酸盐岩浆。需要指出的是，地球上也存在少量岩浆，以碳酸盐成分或金属氧化物成分为主，称为碳酸盐岩浆或矿浆。岩浆沿着地壳薄弱带侵入地下或喷出地表，温度降低，最后冷凝成岩石的过程，称为岩浆作用，形成的岩石称为岩浆岩，又称为火成岩。岩浆开始结晶或开始固结的温度一般为 600～1000℃，随温度下降而固结。岩浆侵入地表以下，在地下冷凝、结晶、固结的过程，称为侵入作用，形成的岩石称为侵入岩。岩浆喷出地表，然后冷凝固结的过程，称为喷出作用，也称为火山作用，所形成的岩石称为喷出岩，又称为火山岩。

4.3.2.1 岩浆岩的化学成分与矿物成分

从美国地质学家和化学家克拉克（F.W. Clarke）测定地壳中元素的平均含量的方法可知，O、Si、Al、Fe、Ca、Na、K、Mg 八种元素占岩浆岩的 98%以上。其中氧和硅构成了岩石全部组分质量的 75%，体积的 93%，其次是铝和铁。许多有重大经济价值的元素，如 Ni、Cu、Pb、Zn、U、Nb、Ta 等，在火成岩中仅以很低的克拉克值分布，但它们可以在岩石中局部富集，达到可供开采利用的质量与规模，从而构成矿产。

组成岩浆岩的矿物主要是一些硅酸盐类矿物，主要为长石、石英、橄榄石、辉石和角闪石、云母，这些矿物称为岩浆岩的造岩矿物。其次为磷灰石、磁铁矿、钛铁矿、锆石等副矿物（含量不到岩浆岩矿物总量的 1%，个别情况下可达 5%）。

岩浆岩的化学成分常以氧化物形式表示，以 SiO_2 含量最多，其他主要氧化物的含量随 SiO_2 含量增减有规律地变化。根据岩浆岩中 SiO_2 含量，可将岩浆岩分成酸性岩（SiO_2 含量大于 65%）、中性岩（SiO_2 含量为 65%～52%）、基性岩（SiO_2 含量为 52%～45%）、超基性岩（SiO_2 含量小于 45%）四大类。

4.3.2.2 岩浆岩的结构和构造

同样成分的岩浆，由于冷凝条件的不同，形成的岩石虽然矿物成分差不多，但在结构、构造上却有明显的差别，其成为不同的岩石。例如，当岩浆喷出地表时，温度压力突然降低，水蒸气等挥发分大量逸失，矿物结晶中心较多，矿物迅速结晶，晶体还来不及充分长大，岩浆已经冷凝固结，所以岩浆喷出地表形成的岩石矿物颗粒一般较细，甚至根本来不及结晶而成为玻璃质。在地表以下，特别是在地下很深的部位，岩浆冷凝缓慢，且压力较高，挥发分逸散慢，矿物结晶中心较少，并有足够的时间缓慢结晶，矿物颗粒一般较粗。

岩浆岩的结构是指岩石中矿物颗粒的结晶程度、颗粒大小、颗粒形态、自形程度和矿物间（包括玻璃）相互关系。常见的结构有：①显晶质结构，岩石全部由结晶较大的矿物颗粒组成，肉眼或放大镜即可分辨矿物颗粒；②隐晶质结构，岩石全部由结晶微小的矿物颗粒组成，肉眼或放大镜下都无法分辨出矿物颗粒，只有在显微镜下可识别，为喷出岩常见的结构；③玻璃质结构，岩石几乎全部由未结晶的火山玻璃组成；④斑状及似斑状结构，岩石中矿物颗粒可以分为大小截然不同的两部分，大的称为斑晶，小的称为基质。如果基质为隐晶质或玻璃质，则将其称为斑状结构；如果基质为显晶质，则将其称为似斑状结构。

岩浆岩的构造是指岩石中不同矿物集合体之间，以及矿物集合体和其他组成部分之间的排列、充填方式所表现出来的岩石特点。常见的岩浆岩构造有：①块状构造，组成岩石的矿物颗粒比较均匀地分布在岩石之中，岩石各部分成分和结构均一；②气孔和杏仁构造，岩石中分布着大小不同的圆形或椭圆形空洞，称为气孔状构造，若气孔被后期硅质、钙质等充填则形成杏仁构造；③流纹构造，岩石中不同颜色的条纹、拉长了的气孔及长条形的矿物沿一定的方向排列所形成的外貌特征；④枕状构造，水下基性熔岩喷出形成的一种构造，常呈枕状椭球体状，由其相互堆叠而成。

4.3.2.3　常见的岩浆岩

花岗岩。酸性侵入岩，肉红、浅灰、灰白等色，一般为中粗粒等粒结构，有时为似斑状结构；块状构造。主要造岩矿物是钾长石、酸性斜长石和石英，大多数情况下钾长石多于斜长石，此外可含少量黑云母、角闪石等暗色矿物。

流纹岩。酸性喷出岩，肉红、灰白、黄白色，以隐晶质及斑状结构较常见，多具流纹构造。成分相当于花岗岩，斑状结构，斑晶有钾长石、斜长石、石英以及少量黑云母和角闪石，石英斑晶常被熔蚀成浑圆状。基质为隐晶质长石、石英。

闪长岩。中性侵入岩，浅灰-绿色，等粒结构，块状构造。主要造岩矿物是角闪石和中性斜长石，角闪石和斜长石的比例为 1∶2，石英含量小于 5%。如果有明显数量石英（5%～20%）时，暗色矿物含量降低，称为石英闪长岩；如果石英含量增多，暗色矿物含量降低，且出现一定量的碱性长石，则过渡为酸性侵入岩，称为英云闪长岩；如果碱性长石、石英均增多，斜长石多于碱性长石，石英含量大于 20%，则归属于酸性侵入岩，称之为花岗闪长岩。

安山岩。中性喷出岩，以带灰的绿色或紫红色最常见，隐晶质结构，成分相当于闪长岩，有时有斜长石或辉石、角闪石、黑云母等暗色矿物斑晶。此外，有时有气孔构造。深色的安山岩与玄武岩肉眼常不易区分，如果斑晶为角闪石，则一般可定为安山岩，安山岩中有时可找到黑云母，玄武岩中一般极少见黑云母，此外安山岩中斜长石多较粗短，断面呈近方形的矩形。

辉长岩。基性侵入岩，灰黑、暗绿色，等粒结构，主要由基性斜长石和辉石构成，二者比例为 1∶1，可见少量角闪石和橄榄石，肉眼可根据暗色矿物与闪长岩区别。

玄武岩。基性喷出岩，灰黑、绿黑等色，有时带紫红色。细粒或隐晶质结构，粒度常较其他喷出岩粗，有时在放大镜下可以辨认出长石等矿物颗粒。其成分与辉长岩相当，常有斑晶，为斜长石、辉石、橄榄石等。斜长石斑晶多为长条板状，解理面上条纹较宽，当发现有橄榄石或其蚀变矿物如蛇纹石、伊丁石（红色皂状，有解理）时，可较有把握地定其为玄武岩。玄武岩的特征是气孔和杏仁构造常较发育，水下喷溢形成的玄武岩常呈枕状构造。玄武岩含磁铁矿等较多，一般有强的剩磁。

橄榄岩。超基性侵入岩，灰黑、褐至绿色，中、粗粒等粒结构，块状构造，主要造岩矿物是橄榄石和辉石，一般无浅色矿物，橄榄石和辉石常因受后期变化，部分或全部变为蛇纹石等，橄榄石和辉石全部蛇纹石化的橄榄岩称为蛇纹岩，易于辨认，新鲜的橄榄岩极少见。

除各种常见的典型岩浆岩外，还有一些过渡性的岩石。例如，火山碎屑岩是由火山爆发产生的碎屑物堆积、固结而形成的岩石。火山碎屑来源主要有三方面：①火山通道中原先已经冷凝固结的熔岩；②火山通道周围的围岩；③熔浆喷至空中冷凝固结的产物。火山碎屑在地面可以经过滚动，或在流水介质中经搬运、沉积、固结作用，形成岩浆岩-沉积岩过渡类型的岩石。火山碎屑物并不是大小一致的，有些被炸得粉碎成为灰尘，飘浮在空气中，有些只是炸成不同大小的岩块，并在重力作用下很快落到地面。根据火山碎屑的性质和大小，大致可以将其分为 5 类：①火山灰，粒径小于 2 mm 的细小火山碎屑物；②火山砾，粒径介于 2～64 mm，呈棱角状的火山碎屑物；③火山渣，粒径数厘米到数十厘米，外形不规则，多孔洞，似炉渣；④火山弹，粒径大于 64 mm，由火山喷出的液态岩浆滴在空中冷凝固结而成，外形多样，常呈纺锤状、球状等；⑤火山岩块，粒径大于 64 mm，呈棱角状的火山碎屑物。

由火山碎屑物堆积并固结而成的岩石，称为火山碎屑岩。其中，主要由火山灰构成者称为凝灰岩，主要由火山砾和火山渣组成者称为火山角砾岩，主要由火山岩块构成者称为集块岩。火山碎屑岩中碎屑之间的胶结物可以是泥、砂、火山灰等，这决定于其形成过程。

4.3.3　沉积岩

沉积岩是在地表或接近地表的条件下，由母岩（岩浆岩、变质岩和早先形成的沉积岩）风化剥蚀的产物、火山碎屑物、生物碎屑、宇宙尘埃等，经过搬运作用、沉积作用、压实作用和固结成岩作用而形成的岩石。按照岩石成因，沉积岩可分为陆源碎屑岩、火山碎屑岩和内源沉积岩三大类。

沉积岩主要分布在地壳表层，占陆地面积的 3/4，而海底几乎全部都为沉积物所覆盖。从体积而言，沉积岩仅约占地壳体积的 7.9%，占岩石圈体积的 5%。

在沉积岩中蕴藏着大量矿产。据第 19 届国际地质大会的统计资料，世界资源总储量的 75%～85%是沉积和沉积变质成因的。石油、天然气、煤、油页岩等可燃有机矿产及盐类矿产，几乎全部是沉积成因的。

4.3.3.1　沉积岩的物质成分

如果把沉积岩和岩浆岩化学成分的平均数据（表 4.4）加以比较，就可以发现，这些数据是十分接近的。这不是一种偶然现象，因为沉积岩基本上是由岩浆岩风化剥蚀而生成的。几乎全部沉积岩（89%）由约 20 种矿物组成（表 4.5），有机组分是沉积岩的特有组分；黏土矿物、碳酸盐矿物、石膏等在沉积岩中大量出现；石英、长石、白云母为沉积岩和岩浆岩所共有，但石英、白云母在沉积岩中的含量高于岩浆岩；沉积岩中几乎不含橄榄石、辉石和角闪石。这表明在表生条件下石英要比橄榄石、辉石、角闪石稳定得多。

表 4.4　沉积岩和岩浆岩的平均化学成分　（单位：%）

岩石类型	SiO_2	TiO_2	Al_2O_3	Fe_2O_3	FeO	MnO	MgO	CaO	Na_2O
沉积岩	57.95	0.57	13.39	3.47	3.08	—	2.65	5.89	1.13
岩浆岩	59.12	1.05	15.34	3.08	3.80	0.12	3.49	5.08	3.84

岩石类型	K_2O	P_2O_5	ZrO	Cr_2O_3	CO_2	H_2O	其他	总和
沉积岩	2.86	0.13	—	—	5.38	2.23	—	98.73
岩浆岩	3.13	0.30	0.039	0.055	0.102	1.15	0.304	100.00

资料来源：Clarke 和 Washington（1924）。

表 4.5　沉积岩和岩浆岩的平均矿物成分　（单位：%）

矿物	沉积岩	岩浆岩	备注
黏土矿物	14.5		沉积岩特有的矿物
白云石及部分菱镁矿	9.07		
方解石	4.25		
沉积铁质矿物	4.00		
石膏及硬石膏	0.97		
磷酸盐矿物	0.15		
有机质	0.73		
石英	34.80	20.40	沉积岩和岩浆岩共有的矿物
白云母	15.11	3.85	
正长石	11.02	14.85	
钠长石	4.55	25.60	
钙长石		9.80	
磁铁矿	0.07	3.15	
榍石和钛铁矿	0.02	1.45	
辉石		12.10	岩浆岩特有的矿物
黑云母		3.86	
橄榄石		2.65	
角闪石		1.66	

4.3.3.2　沉积岩的结构与构造

1）沉积岩的结构

沉积岩的结构是指组成沉积岩的物质组分成因类型和组合方式，与岩浆岩具有单一的晶粒结构不同，沉积岩没有统一的沉积结构面貌，沉积岩的结构随岩石的类型和成分的不同而发生变化，结构类型较为丰富。主要结构类型有碎屑结构、泥质结构、内碎屑结构、生物骨架结构和晶粒结构。碎屑结构就是由母岩机械风化产生的砾、砂、粉砂等较粗的陆源碎屑机械堆积后被胶结起来形成的岩石结构，由碎屑物、杂基和胶结物三部分组成，为砾岩、砂岩、粉砂岩所特有。按照碎屑的粒径大小可分为砾状（>2 mm）、砂状（0.063～2mm。其中 0.5～

2mm 为粗砂，0.25～0.5 mm 为中砂，0.063～0.25 mm 为细砂）和粉砂状（0.004～0.063 mm）结构。杂基为＜0.032 mm 的细粉砂构成，胶结构通常为铁质、钙质、硅质和泥质等。泥质结构是由细小的黏土矿物（粒度一般＜0.004 mm）构成泥质岩后所形成的岩石结构。内碎屑结构是由一些生物碎屑、盆内破碎颗粒、鲕粒等机械堆积而成的。生物骨架结构则直接由生物遗体构成，在某些生物灰岩、硅质岩中出现。晶粒结构是化学作用和生物作用从溶液中沉淀的晶粒或成岩后生作用中重结晶形成的晶粒所构成的岩石结构，主要在石灰岩、白云岩、硅质岩中发育。

2）沉积岩的构造

沉积岩的构造是指沉积岩中各组成部分的空间分布特点和排列方式。沉积物是在水（或空气）介质中一层一层地沉积下来的，从而形成了沉积岩的层理构造（图 4.5），外观上表现为沿原始沉积平面的垂直方向上沉积物颗粒、成分、颜色、结构等特征一层一层地发生变化所显示的一种层状特征，反映了不同时期沉积作用性质的变化，它是沉积岩区别于岩浆岩和变质岩的主要标志之一。按照单层的厚薄，沉积岩可分为块状（单层厚度＞1 m）、厚层（单层厚度 0.5～1 m）、中厚层（单层厚度 0.1～0.5 m）、薄层（单层厚度 0.01～0.1 m）和微层（单层厚度＜0.01 m）等构造类型。层的厚薄及其变化反映沉积环境的变化频率。按照层理的形态，其层理构造可分为水平层理、平行层理、波状层理和交错层理。水平层理形成于平静的水介质中，成分以泥质、粉砂泥质颗粒为主；平行层理形成于不稳定水体介质环境，成分以砂质颗粒为主；波状层理和交错层理于波浪震荡摆动及水或风流动强烈的介质环境中形成。

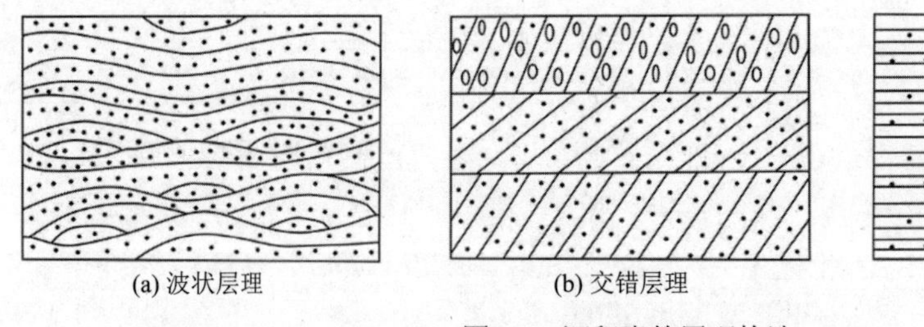

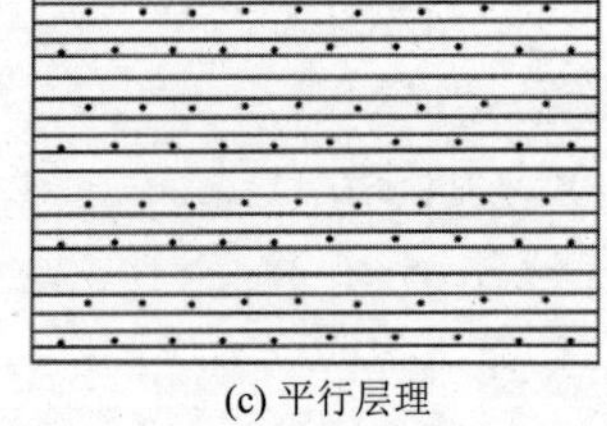

(a) 波状层理　　(b) 交错层理　　(c) 平行层理

图 4.5　沉积岩的层理构造

此外，在沉积物的表面（岩层的层面）上也可出现波痕、泥裂和印模等层面构造特征；当未固结的沉积物受到重压或震动时，其层理也可能发生变形而产生变形层理构造。

4.3.3.3　常见的沉积岩

砾岩。砾石（粒径＞2 mm）含量＞50%，有时定为 30%。砾间通常为砂或泥砂质充填，胶结物可为泥质、铁质、钙质、硅质等。砾石一般均有一定磨圆，如保持原来尖棱者称为角砾岩。

砂岩。碎屑主要为砂（粒径 2～0.063 mm），含量＞50%，其成分一般以石英为主，常占砂粒的 70%以上。杂基含量＞15%的砂岩称杂砂岩，代表分选不佳的沉积。

粉砂岩。与砂岩成分类似，碎屑粒度更细（粒径 0.063～0.004 mm）。与泥岩的区别是岩石断面粗糙，无滑感，放大镜下一般可以勉强看出颗粒状集合体，有时可认出石英颗粒等。砾岩、砂岩和粉砂岩是典型的碎屑岩，由砾、砂层经固结成岩形成。

页岩。泥质结构，由黏土矿物组成，断口细腻，手摸之无粗糙感，放大镜下呈均一块状，看不出颗粒。典型的页岩层理薄如纸页，若层理较厚，则为泥岩。泥岩和页岩统称黏土岩。黏土岩相当于成岩的淤泥，是水流平静条件下的沉积物。其中有少部分是胶体沉积。由河流带入海洋的铝质及硅质胶体，因所吸附的电荷被海水中电解质离子中和，成为凝胶沉积下来，与明矾使污水中泥质沉积的情况类似，故黏土岩部分具有化学沉积的特点。

石灰岩。简称灰岩，一般呈灰色、灰白色，并可被杂质染成其他颜色。风化面干净圆滑，一般断口致密，由微粒方解石组成，故硬度高于泥岩，且遇冷稀盐酸强烈起泡。许多灰岩具特殊的颗粒结构，颗粒本身为生物或化学成因的 $CaCO_3$ 物质，或者是原来灰岩质的碎屑，称为内碎屑，并可根据其粒度分为砾屑、砂屑、粉砂屑等。灰岩成因较复杂，多为海洋中生物化学和机械综合作用所形成。干旱的内陆湖泊中，有时也可有少量 $CaCO_3$ 化学沉淀，但多不纯。

白云岩。由白云石组成的岩石。外观与灰岩相似，风化面常呈污浊的黄、黑等色，具刀砍状溶沟特征。且常呈结晶粒状结构，硬度较灰岩稍高。遇冷稀盐酸有微弱气泡，可以较准确地与灰岩区别。

沉积岩除上列典型岩石外，常常有过渡性的岩石，如砂质泥岩、钙质页岩等。

4.3.4 变质岩

4.3.4.1 变质作用和变质岩

变质岩由变质作用形成，是组成地壳的三大类岩石之一，占地壳总体积的 27.4%。变质作用是地壳中早先形成的岩石（岩浆岩、沉积岩和变质岩）基本处于固体状态下，受到温度、压力和化学活动性流体的作用，发生矿物成分、结构和构造，甚至化学成分的改变，形成新的结构和构造或者新的矿物与岩石的地质作用。它是与地壳形成和发展密切相关的一种地质作用，是在地壳形成和演化过程中，由于地质环境发生改变，原岩在新的物理、化学条件下为建立新的平衡以达到相对稳定的必然结果。原岩为岩浆岩经变质作用形成的岩石，称为正变质岩；原岩为沉积岩经变质作用形成的岩石，称为副变质岩；原岩为变质岩经变质作用形成的岩石，称为叠加变质岩。

变质岩中蕴藏着丰富的铁矿、锰矿、铬铁矿、铜矿、硫化镍矿、钴矿、铀矿、金矿、铂矿、白云母和金云母矿等矿产资源。

4.3.4.2 变质岩的物质成分

变质岩的化学成分，一方面主要取决于原岩成分，另一方面也受变质过程的影响。一般的情况是：变质过程中若无明显的交代作用，则变质前后化学成分变化不大，变质岩的化学成分可以反映原岩的化学成分特征，如黏土岩（富含 Al_2O_3 而贫 CaO）可以变成千枚岩、白云母片岩和含夕线石的片麻岩，但其化学成分基本相同。若变质过程中发生明显的交代作用，则变质岩的化学成分除受原岩成分决定外，还受交代过程中加入和带出组分的控制，如夕卡岩是中-酸性岩浆同石灰岩接触时发生交代作用后形成的，岩浆析出的流体提供了大量 SiO_2、Al_2O_3、Fe_2O_3，并使之加入石灰岩，而石灰岩损失大量 CaO 和 CO_2，使夕卡岩的化学成分同其原岩（石灰岩、花岗闪长岩）相差甚远。

变质岩中的矿物同原岩相比，一方面具有一定的继承性，另一方面经过变质作用也产生了一系列的新矿物。因此，变质岩中也有一些矿物既能存在于岩浆岩又能存在于沉积岩，它们或者从原岩中继承而来，或者在变作用中形成，如石英、钾长石、黑云母、白云母等。还有一些矿物主要在变质岩中出现，称为特征变质矿物，如硅灰石、红柱石、蓝晶石、夕线石、十字石、滑石、透闪石、阳起石、蓝闪石、蛇纹石等。特征变质矿物的大量出现，就是鉴定变质岩的最有力证据。变质作用中形成的矿物多为纤维状、针状、长柱状、鳞片状，其延长性较大，如岩浆岩中云母的长宽比是 1.5 左右，而它在变质岩中达 7～10。

4.3.4.3 变质岩的结构与构造

变质岩的结构按成因分为变余结构、变晶结构、交代结构和压碎结构。

（1）变余结构。原岩由于变质作用不彻底而在变质后残留原岩结构叫变余结构，低级变质岩中常见。描述时在原岩结构名词之前加“变余”字头即可，如变余砂状结构、变余斑状结构等。

（2）变晶结构。原岩在变质作用过程中由重结晶和变质结晶作用形成的结构，其中原岩结构已全部消失。该类结构中无玻璃质，矿物多呈定向排列。

变晶结构按矿物粒度大小可分为：

粗粒变晶结构，主要矿物颗粒直径＞3 mm；

中粒变晶结构，主要矿物颗粒直径 1～3 mm；

细粒变晶结构，主要矿物颗粒直径 0.1～1 mm；

显微变晶结构，主要矿物颗粒直径＜0.1 mm。

（3）交代结构。原岩在变质作用过程中主要由化学交代作用（物质的带入和带出）形成的结构。其特点是原岩中的矿物被分解消失，形成新矿物。交代结构一般要在显微镜下才能观察清楚。

（4）压碎结构。指原岩受到定向压力作用发生机械破碎而形成的结构。按破碎程度可分为碎裂结构、碎斑结构、碎粒结构、糜棱结构等。

变质岩在构造方面的最大特点是大多数具有片理构造，表现为片状矿物（如云母）或柱状矿物（如角闪石）按一定平面排列，即片理面定向排列。变质岩的构造按其成因可分为变余构造与变成构造。

（1）变余构造。原岩变质后仍残留原岩的部分构造特征者称为变余构造。与沉积岩有关的变余构造有变余层理构造、变余波痕构造、变余结核构造等，与喷出岩有关的变余构造有变余气孔构造、变余杏仁构造、变余枕状构造、变余流纹构造等，与侵入岩有关的变余构造常见变余条带构造等。变余构造是低级变质岩的特征。

（2）变成构造。原岩通过变质作用所形成的新构造称为变成构造，常见者有斑点状构造、板状构造、千枚状构造、片状构造、片麻状构造、条带状构造、块状构造等。

4.3.4.4 常见的变质岩

板岩。具板状构造，变余结构，有时具变晶结构。均匀而致密。矿物颗粒很小，肉眼难以识别。由绢云母、细粒石英、绿泥石和黏土组成。由粉砂岩、黏土岩、凝灰岩等变质而成。灰色至黑色。为变质程度最浅的一种变质岩。打击时有清脆之声，可与页岩区别。

千枚岩。大多为浅红、灰、暗绿色。具千枚状构造。矿物颗粒很小，为隐晶质变晶结构。主要由绢云母、绿泥石、角闪石组成。由黏土岩、粉砂岩、凝灰岩变质而成。

片岩。片状构造、变晶结构。主要由片状、柱状矿物（云母、绿泥石、角闪石）和粒状矿物（石英、长石、石榴子石，其中长石含量一般小于 30%）组成。

片麻岩。片麻状构造。晶粒较粗，中、粗粒粒状变晶结构。矿物成分主要有长石、石英、云母、角闪石、辉石等，长石、石英含量大于矿物总量的 1/2，且长石含量大于石英含量。由砂岩、花岗岩变质形成。

大理岩。一般为白色，因含杂质可呈灰色、绿色、黄色等。粒状变晶结构或变余结构。主要由方解石、白云石组成。块状构造。由碳酸盐岩变质而成。此岩以我国云南大理所产而著称，故名。几乎不含杂质的大理岩，洁白如玉，又称汉白玉。

石英岩。主要矿物为石英，也可含少量的长石、白云母。变晶结构，块状构造，致密坚硬。由石英砂岩或硅质岩变质而成。

蛇纹岩。一般为暗灰绿至黄绿色。较软、具蜡状光泽，有滑感。隐晶质变晶结构，块状构造。矿物成分主要为蛇纹石，橄榄石和辉石也可残留其中。

夕卡岩。主要矿物为石榴子石、绿帘石、透辉石、透闪石、阳起石、硅灰石等，有时含有云母、长石、石英、萤石、方解石等。具粗-细粒等粒或不等粒状变晶结构。一般为块状构造。颜色不固定，常见为暗绿色、褐色、暗棕色。相对密度较大。由中酸性岩浆侵入碳酸盐岩石中发生接触变质作用而成。

变粒岩。主要矿物为长石、石英，有少量的暗色变质矿物，如石榴子石、夕线石等。粒状矿物含量 50%～85%，因而具有明显的粒状和不明显的片麻状构造。细-中粒变晶结构，块状构造。多为凝灰岩、粉砂岩和含较多黏土矿物成分的砂岩经区域变质而成。

4.3.5 岩石的演变

三大类岩石的形成环境和条件是不同的，而岩石形成后所处的环境和条件又因地质作用的性质和方式改变而变化，随着环境和条件的改变，原有岩石就要发生相应的变化。结果，某些岩石形成，而另一些岩石消亡。例如，一方面，岩浆岩（变质岩、沉积岩的情况相同）可以通过风化、剥蚀而被破坏，破坏产物经过搬运、堆积而形成沉积岩，沉积岩受到高温作用可以熔融转变为火成岩。另一方面，岩浆岩与沉积岩都可以遭受变质作用而转变成变质岩，变质岩又可再转变成沉积岩或经熔融而转变成岩浆岩。因此，三大类岩石不断相互转化，图 4.6 表示了三者的演变关系。这种相互演变关系并不是简单地循环重复，而是不断向前发展的。

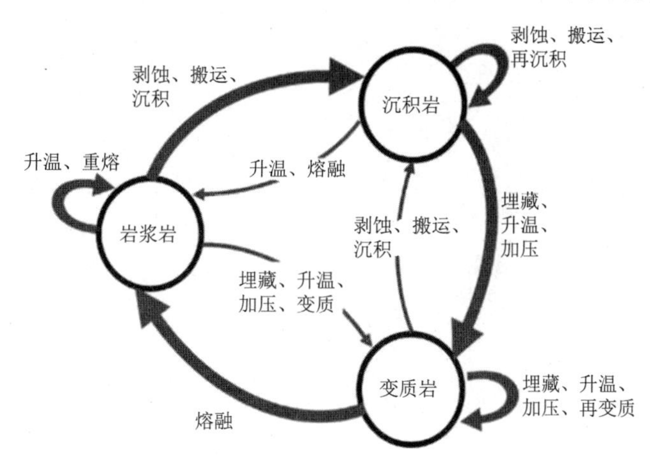

图 4.6　三大类岩石的相互演变

名词解释

1. 克拉克值；2. 矿物；3. 岩石；4. 岩浆；5. 岩浆岩；6. 侵入作用；7. 喷出作用；8. 火山碎屑岩；9. 沉积岩；10. 变质岩

思考题

1. 如何根据矿物的形态特征、光学性质、力学性质等特征来鉴定矿物?

2. 解释：碱性长石、斜长石、酸性斜长石、中性斜长石、基性斜长石。

3. 请列举常见的岩浆岩的结构和构造。

4. 火山碎屑的来源有哪些？根据其性质和大小如何进行分类?

5. 请列举常见的沉积岩的结构和构造。

6. 请列举常见的变质岩的结构和构造。

7. 组成岩浆岩、沉积岩和变质岩的常见矿物有哪些？其中哪些矿物是岩浆岩、沉积岩和变质岩分别所特有的?

8. 简述三大岩类的形成和演化关系。

第 5 章　岩石圈构造运动与地质构造

恩格斯指出："运动是物质存在的方式。无论何时何地，都没有也不可能有没有运动的物质。" 地球自 46 亿年前形成以来，一直处在永恒的、不断的运动之中。这种运动不仅仅表现为以 365.26 d 的时间绕太阳公转一周、以 23 h 56 min 的速率自转一周，还在于地球内部各部分之间的长期不断的相互作用。今天我们所看到的地球只是它全部运动和发展过程中的一个阶段。就地壳而言，虽然它只能代表地球演变的一个侧面，但它的表面形态、内部结构和物质成分也在时刻变化着。地质学界将这种主要由地球应力引起岩石圈的变形与变位、洋底的增生与消亡及海陆变迁的作用称为构造运动。通常，构造运动速度十分缓慢而不易被人直接觉察。在特殊情况下，构造运动较为快速而激烈，表现为地震，由此可以引起山崩、地陷、海啸等，使人们能够直接感受到构造运动的存在。

构造运动尽管速度很慢，但漫长时期持续不断地进行，就会产生褶皱、断裂等地质构造，引起海陆轮廓的变化、地壳的隆起和凹陷及山脉海沟的形成等，导致地震活动、岩浆活动和变质作用，从而控制各种矿床的形成和分布。因此，研究构造运动对有效开发和利用矿产资源、加快国民经济建设步伐及保障人民的生命财产安全都具有十分重要的理论和现实意义。

5.1　构造运动的方向性

构造运动按其运动方向可分为水平运动和垂直运动。

5.1.1　水平运动

水平运动是地壳或岩石圈中的某部分块体沿水平方向即沿地球表面切线方向运动。依地理方位（东、南、西、北）来表明其运动方向。运动形式有三种：①相邻块体相向聚汇，其结果是造成地壳的缩短变厚，使岩石发生褶皱和断裂，形成巨大的褶皱山系。②相邻块体相背分离。其结果是造成地壳的伸长变薄，使岩石发生断裂，形成巨大的地堑和裂谷（拗陷）。③相邻块体剪切、错开。其结果是造成相邻块体既不分离也不汇聚，相邻块体运动方向相反，且在运动前方地壳缩短变厚，岩石褶皱隆起，而在运动后方地壳伸长变薄，岩石断裂拗陷。

5.1.2　垂直运动

垂直运动是地壳或岩石圈中的某部分块体沿垂直于地表即沿地球表面法线方向的运动。它是相邻块体或同一块体的不同部分做差异性上升或下降，使某些地区上升成为高地或山岭，而另一些地区下降成为盆地或平原。"沧海桑田"是古人对地壳垂直运动的一种表述。实际上，垂直运动不仅使沧海能变为桑田，而且能变为高山。喜马拉雅山上有大量新生代早期的海洋生物化石，说明这里在五六千万年前还是汪洋大海。根据深海钻探资料，印度洋底某些地方产有白垩纪煤层，说明一亿多年前这里曾是陆地沼泽环境。垂直运动也能导致岩石的褶皱和断裂。

同一地区构造运动的方式是随着时间的推移而不断变化的，某一时期以水平运动为主，另一时期以垂直运动为主。水平运动的方向可以改变，垂直运动的方向也可以变化。

不同地区出现的不同方式和方向的构造运动往往有因果关系。一个地区块体的水平挤压可引起另一地区块体的上升或下降；相反，一个地区块体的上升或下降可引起另一地区块体的水平方向挤压、弯曲，甚至破裂。

此外，在大范围内，水平运动与垂直运动常常兼而有之，但以某一种方式的运动为主，而以另一种方式的运动为辅。因而，各种方式的构造运动实际上是相互联系的。

应该说明的是，最近时期的构造运动对人类的生活、生产具有重要影响。例如，进行水利工程及国防工程建设，地震的预测和预防等，都要求对最近时期构造运动的性质和特征进行详细研究。因此，将第四纪以来所发生的构造运动作为专门研究对象，并称为新构造运动。

5.2　构造旋回与主要构造运动

在地质历史中，构造运动的剧烈时期与其缓和时期是交替出现的，即构造运动的演化具有旋回性特点。这就决定了地壳的演化具有旋回性特点。构造运动大致可以分为以下几个旋回（称为构造旋回）。

（1）太古代旋回。其时代跨越整个太古代，跨度极长，距今 3800～2500 Ma，实际上它由多个旋回组成。由于研究程度不够，尚未作详细划分。在这一旋回中，形成了各大陆由太古代深变质岩组成的古老核心，即陆核。旋回末期发生一次强烈的构造运动，在我国称为阜平运动（以太行山阜平地区最为典型而命名），导致太古代地层发生强烈的变质、变形、岩浆活动，以及元古代地层与太古代地层之间的角度不整合接触。

（2）元古代旋回。它跨越除震旦纪以外的全部元古代，包括了多个次一级的旋回，每一个次一级旋回的末期都出现了重要的构造运动。例如，华北的五台运动（发生在距今 2000 Ma 前，以山西五台山地区为典型而命名）与吕梁运动（发生在距今 1900～1700 Ma，以山西吕梁山地区为典型而命名）。这些运动促使早、中元古代地层发生变质、变形，引起岩浆运动并造成相应地层之间具有不整合接触关系。

（3）震旦—加里东旋回。这也是一个时间跨度较大的旋回，包括了震旦旋回及跨越从寒武纪到志留纪末的加里东旋回。

加里东运动是这一旋回末期的主要构造运动，表现为震旦纪及早古生代地层遭受到轻度变质、强烈变形、岩浆侵入以及泥盆纪地层不整合在志留纪或更老地层之上。在我国，这一运动主要见于华南及祁连山等地。加里东运动一名来源于欧洲，是国际惯用名称。

（4）海西旋回。其时代从泥盆纪到二叠纪末，这一旋回的末期出现强烈的构造运动，国际上称为海西运动（源出于欧洲），表现为晚古生代地层强烈变形，岩浆活动以及早三叠世地层不整合在二叠纪或更老地层之上。在我国，它主要见于天山、昆仑山及浙、闽、粤沿海一带。

（5）印支旋回。其时代为三叠纪。这一旋回末期的强烈构造运动称为印支运动。表现为三叠纪及其以前的地层的变质、岩浆活动以及早侏罗世与三叠纪地层或更老地层之间的不整合接触关系。印支运动因在印支半岛发育最好，并最先进行命名而被沿用。在我国，这一运动见于四川西部、青海东南部及中国东部许多地区。这一运动促使海水自我国大陆的大多数地区撤退，从而开创了我国以大陆沉积作用为主的新时期。

（6）燕山旋回。其时代从侏罗纪到白垩纪末。这一旋回出现的构造运动，称为燕山运动，它引起中侏罗世及白垩纪地层变形，广泛的岩浆活动，以及白垩系与侏罗系及古近系与白垩系之间的不整合接触关系。燕山运动以河北燕山地区为典型，并因研究最早而得名。它在我国东部地区有广泛影响，在我国西南部的横断山脉地区有重要表现。

（7）喜马拉雅旋回。其时代包括整个新生代。该旋回中的构造运动称为喜马拉雅运动，主要表现为新生代地层的变形，古近系内部及其与第四系之间的不整合接触。其影响见于我国台湾及喜马拉雅地区。

在国际上常将时代从中生代延续到新生代的旋回，统称为阿尔卑斯旋回，旋回的构造运动统称为阿尔卑斯运动。

5.3　构造运动的产物

组成地壳的岩石中，沉积岩和火山岩在形成之初是呈水平或近似水平状态的，而且在一定范围内岩层是连续分布的，侵入岩体则具有整体性。经过构造运动以后，岩层由水平状态变为倾斜或弯曲状态，连续的岩层断开或错动，完整的岩体破碎而失去完整性等。这种构造运动使岩石原有的形态和空间位置发生改变的过程称为构造变形，构造变形的产物称为地质构造。褶皱和断裂是最主要的地质构造，其中断裂构造包括节理和断层。

5.3.1　岩石的空间位置

层状岩石的空间位置取决于岩层层面的走向、倾向、倾角及岩层的厚度。层面与假想水平面之间的交线称为走向线，走向线的延伸方向称为走向。在层面上与走向线垂直并指向下方的直线称为倾斜线，它的水平投影所指的方向称为倾向，它代表岩层倾斜方向，恒与走向垂直。倾角是指层面与假想水平面的最大交角，即倾斜线与其自身在水平面上的投影线之间的夹角，也称为真倾角（图 5.1）。沿其他方向测量的交角均比真倾角小，称为视倾角。视倾角包含的岩层倾斜方向，称为视倾向。

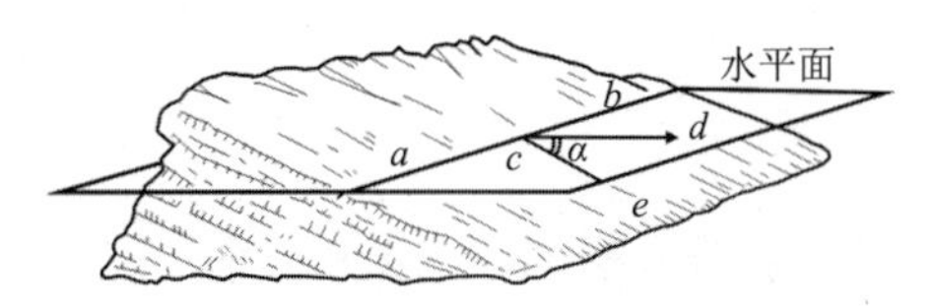

图 5.1　岩层产状要素

ab.走向线；*ce*.倾斜线；*cd*.倾向；α.岩层的倾角

层面的走向、倾向与倾角统称为产状要素。产状要素可用地质罗盘仪进行测量。顺便指出，一切面状要素的空间位置都可以通过测量该面的产状要素来确定。

岩层的厚度是岩层顶底面间的距离。因为岩层是具有三维空间的实体，而不是几何上的面，所以只有同时知道岩层的厚度，岩层的空间位置才能完全确定。在观测岩层厚度时需要注意将真厚度（即厚度）与假厚度区别开来。假厚度是岩层顶底面间的斜向长度，它恒大于真厚度。

5.3.2 褶皱构造

褶皱是岩层受力变形产生一系列连续的弯曲。岩层的连续完整性没有遭到破坏，是岩层塑性变形的表现。褶皱形态多种多样，规模大小不一。小的在手标本中可见，大的宽达几十千米。

5.3.2.1 褶皱的基本形式

褶皱的基本形式有两种：背斜和向斜（图 5.2）。背斜是岩层向上弯曲，形成中心部分为较老岩层，两侧岩层依次对称变新；向斜则是岩层向下弯曲，中心部分是较新岩层，两侧部分岩层依次对称变老。如果岩层未经剥蚀，则背斜成山，向斜成谷，地表仅见到时代最新的地层。褶皱遭受风化剥蚀后，背斜山被削低，整个地形往往变得比较平坦，甚至背斜遭受强烈剥蚀形成谷地，而向斜反而成为山脊。

背斜和向斜遭受风化剥蚀之后，地表可见到不同时代的地层出露。在平面上认识背斜和向斜，是根据岩层的新老关系做有规律的分布确定的。如果中间为老地层，两侧依次对称出现较新地层，则为背斜构造；如果中间为新地层，两侧依次对称出现较老地层，则为向斜构造（图 5.3）。

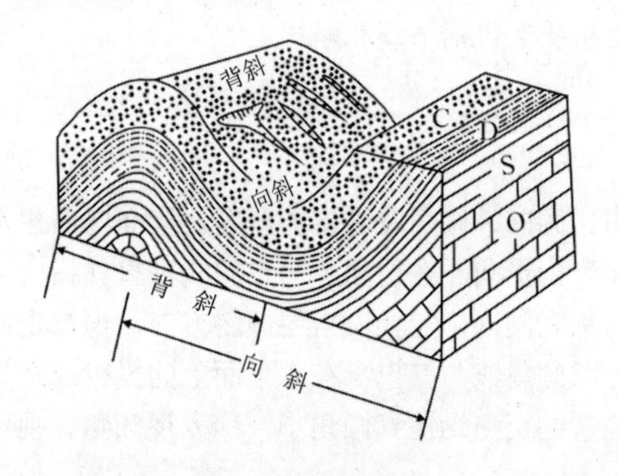

图 5.2 褶皱的形式

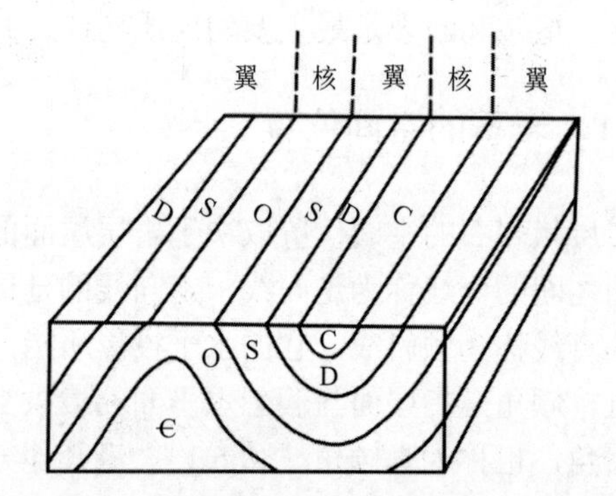

图 5.3 组成褶皱的岩层经剥蚀后的对称排列

5.3.2.2 褶皱要素

为了对各式各样的褶皱进行描述和研究，认识和区别不同形状、不同特征的褶皱构造，需要统一规定褶皱各部分的名称。组成褶皱各个部分的单元称为褶皱要素。

（1）核。褶皱的中心部分。这里指褶皱岩层遭受风化剥蚀后，出露在地面上的中心部分。如图 5.3 所示，背斜的核部为奥陶系（O）分布地区；向斜的核部为石炭系（C）分布地区。在剖面上看，图 5.3 中寒武系（€）组成了背斜的核部。背斜剥蚀越深，核部地层出露越老。

因此，一个褶皱的不同地段，往往由于剥蚀深度上的差异，可以出露不同时代的核部地层，故核与翼仅是相对的概念。

（2）翼。褶皱核部两侧对称出露的岩层。图 5.3 中志留系（S）、泥盆系（D）为背斜的翼部，又是向斜的翼部。相邻的背斜和向斜之间的翼是共有的。

（3）轴面。指平分褶皱的一个假想面，这个面可以是平面，也可以是曲面，图 5.4 中 *a-b-c-d* 代表轴面。轴面可以是直立的，也可以是倾斜的。轴面直立时，则两翼岩层倾角相等；轴面倾斜时，则两翼岩层倾角不等。

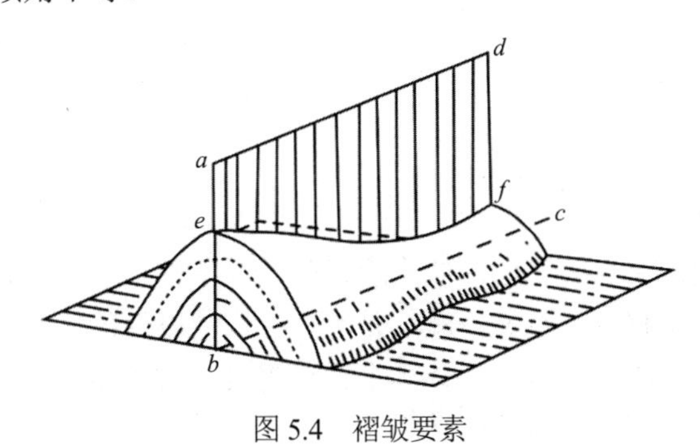

图 5.4　褶皱要素

（4）枢纽。指轴面与褶皱面（即被弯曲的岩层面）的交线，即图 5.4 上的 *ef* 线。枢纽可以是倾斜的、水平的、直立的或呈波状起伏的。

5.3.2.3　褶皱的几何分类

褶皱的几何形态很多，其分类也不同，这里仅介绍其按轴面产状分类（图 5.5）。

直立褶皱——轴面直立，两翼地层倾向相反，倾角大致相等［图 5.5（a）］。

倾斜褶皱——轴面倾斜，两翼地层倾向相反，倾角不等［图 5.5（b）］。

倒转褶皱——轴面倾斜，两翼地层倾向相同，一翼地层正常，另一翼地层倒转［图 5.5（c）］。

平卧褶皱——轴面近于水平，两翼岩层产状近于水平。一翼岩层正常，另一翼岩层倒转［图 5.5（d）］。

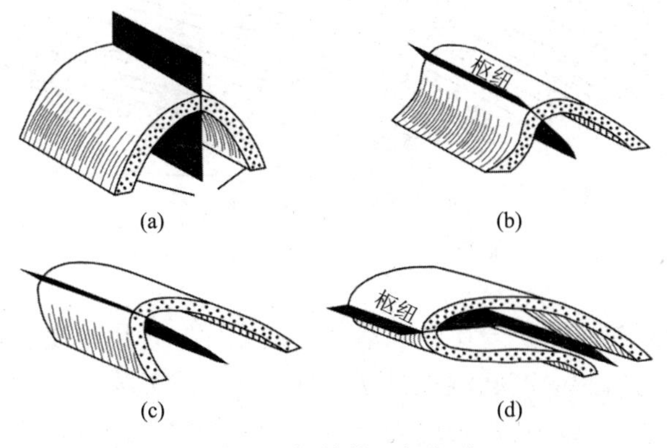

图 5.5　褶皱的几何类型

如果考虑枢纽水平或倾斜，又可将直立褶皱分为直立水平褶皱和直立倾伏褶皱；将倾斜褶皱分为倾斜水平褶皱和斜歪（倾斜）倾伏褶皱；将平卧褶皱分为水平平卧褶皱和斜卧褶皱。

5.3.3 节理

节理是指岩层、岩体中的一种破裂，破裂面两侧的岩块没有发生显著的位移。

节理是野外常见的构造现象，一般成群出现。凡是在同一时期同样成因条件下形成的彼此平行或近于平行的节理归为一组，称为节理组。节理的长度不一，有的节理仅几厘米长，有的达几米到几十米长，节理间距也不一样。节理面有平整的，也有粗糙弯曲的。其产状可以是直立的、倾斜的或水平的。由剪切力作用而形成的断面平直、裂缝闭合的节理，称为剪节理。剪节理常成对相交，呈“X”形出现。另一种由拉张力作用形成的断面粗糙、裂缝张开的节理，称为张节理。

5.3.4 断层

岩层或岩体受力破裂后，破裂面两侧岩块发生了显著的位移，这种断裂构造称为断层。因此，断层包含破裂和位移两重意义。断层是地壳中广泛发育的地质构造，其种类很多，形态各异，规模大小不一。小的断层在手标本上就可见到，大的断层延伸数百甚至上千千米。断层切割深度有浅有深，切穿了岩石圈的断层称为深断裂。

断层主要由构造运动产生，也可以由外动力地质作用（如滑坡、崩塌、岩溶陷落、冰川等）产生。外动力地质作用产生的断层一般规模较小。

5.3.4.1 断层要素

将组成断层的单元称为断层要素。通常根据各要素的不同特征描述和研究断层。断层的基本要素包括断层面、断盘（包括上盘和下盘）、断距（图 5.6）。

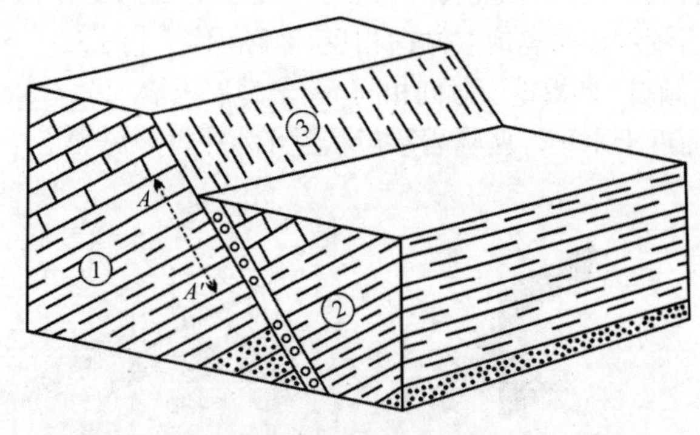

图 5.6 断层的基本要素

①. 下盘；②. 上盘；③. 断层面；*AA'*. 断距

（1）断层面。指断裂两侧的岩块沿之滑动的破裂面。使用地质罗盘仪可以测量断层面的产状，其测量方法与岩层面产状测量方法一样。由于两侧岩块沿破裂面发生了位移，因此在断层面上有摩擦的痕迹，其常表现为无数平行的细脊和沟纹，称为擦痕。断层面上的擦痕常可以指明断层面两侧岩块的相对滑动方向。断层面可以是一个面，也可以是许多破裂面构成断裂带，其宽度几米到数百米。断裂带中常有断层角砾岩、糜棱岩。断裂带中岩石破碎，抗风化能力弱，因而常被风化剥蚀成谷地，河谷冲沟沿其发育，也常有地下水沿断层面流出。

断层面与地面的交线称为断层线，是重要的地质界线之一。

（2）断盘。指断层面两侧的岩块。断层面如果是倾斜的，位于断层面之上的断盘称为上盘，位于断层面之下的断盘称为下盘。按其运动方向，把相对上升的一盘称为上升盘，相对下降的一盘称为下降盘。上盘可以是上升盘，也可以是下降盘；反之，下盘也可以相对于上盘上升或下降。

（3）断距。断层面两侧岩块相对滑动的距离，通常找标志层测量。

5.3.4.2　断层的主要类型

按断层两盘相对位移的方向分为正断层、逆断层和平移断层。

（1）正断层。上盘相对下降，下盘相对上升的断层［图 5.7（a）］。断层面倾角较陡，通常在 45°以上。主要是通过引张力和重力作用形成的。

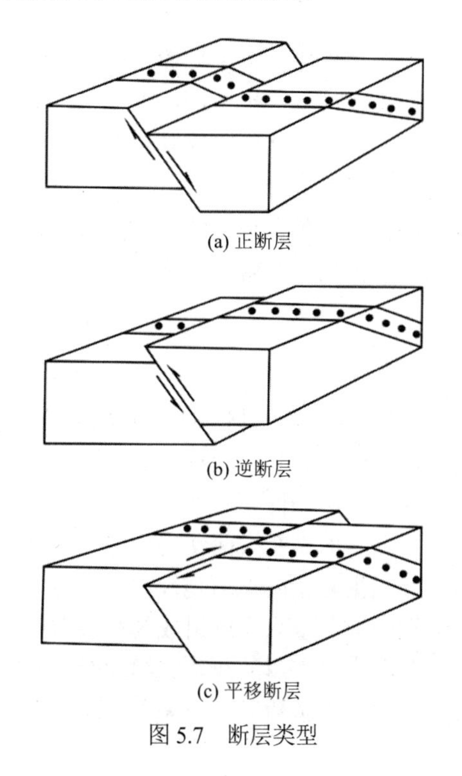

(a) 正断层

(b) 逆断层

(c) 平移断层

图 5.7　断层类型

（2）逆断层。上盘相对上升，下盘相对下降的断层［图 5.7（b）］。主要是通过水平挤压作用形成的。根据断层面倾角大小，又可把倾角小于 45°的逆断层称为逆掩断层。如果断层面倾角非常平缓，规模巨大，又称为碾掩构造。

（3）平移断层。两盘沿断层面走向方向相对错动的断层，也称为平错断层［图 5.7（c）］。断层面近于直立，断层线较平直，主要是通过水平剪切作用形成的。

正断层和逆断层常常成列出现，形成各种组合类型。例如，正断层常形成阶梯状断层、地堑、地垒，逆断层常形成叠瓦状断层等组合类型。

5.4 板块构造理论简介

对地球表面海陆现状的形成长期以来存在两种不同的看法。一种看法强调地壳的升降运动，认为在地质历史中，海陆的空间格局基本是固定的，仅其分布的范围有些变化。当陆地下降或海平面上升时，海洋范围扩大，陆地面积缩小；反过来，当陆地上升或海平面下降时，海洋范围缩小，陆地面积扩大。大陆内部从来没有出现过深似今日的海洋。另一种看法强调地壳的水平运动，认为在地质历史时期，大陆内部存在过深似今日的海洋，但后来由于陆地闭合，海洋就消失了。现在的海陆分布是中生代以后才形成的。

前一种看法在 19 世纪就已出现，并曾在地质界长期占有统治地位。

后一种看法有其渊源，这就是地质学史上曾经闻名一时的大陆漂移说、海底扩张与板块构造理论。

20 世纪 40 年代以后，随着海底地质调查大规模兴起，地质工作者的研究范围已从陆地扩大到海底，这导致板块构造学说的诞生。板块构造学说是关于全球构造的理论，它标志着地质学的革命性变革，刷新了人们在大陆地质研究基础上形成的许多传统认识，把各种地质作用统一到板块的相互作用这一根本性的动力之中，从而将许多分离的地质学分支学科又纳入综合研究的轨道。它找到了过去认为各自独立的地质作用之间的内部联系，对各种地质现象做出了合理的回答，把地球科学推到一个崭新的阶段。

5.4.1 大陆漂移说

大陆漂移说是 1912 年由德国气象学家魏格纳正式提出来的。他发现大西洋两岸大陆的轮廓非常吻合，似乎大陆沿大西洋发生过裂开和漂移。他从地质上作了进一步的研究后发现，相邻大陆在地质上有许多相似性与可拼合性。例如，许多动物，尤其是陆生动物，它们只能在同一大陆内迁移而不能远渡重洋，但是在大西洋两岸许多浅海或陆地上，生活的动物种属相同。一个明显的例子是，二叠纪生活在内陆的爬行类——中龙，分别发现于非洲和南美洲(也发现于南极洲)。此外，非洲南部二叠系岩层组成的开普山脉向西延伸，这种岩层也出现在南美洲的布宜诺斯艾利斯。非洲高原出露的前寒武纪片麻岩在巴西也有出现。在北半球，一条从挪威向西南延伸到苏格兰的加里东褶皱带消失于大西洋之后，在北美东海岸的加拿大和美国境内又有再现。

古冰川活动遗迹的分布，对南半球各大陆曾发生分裂漂移提供了有力的证据。石炭—二叠纪的冰川活动遗迹发现于印度、澳大利亚、非洲、南美洲与南极洲。南极洲位于极地位置，而远隔重洋的其他大陆分别位于热带或赤道的不同地带，现今的气候条件无法形成冰川。如果没有发生过统一的大陆的分裂和漂移，上述现象就无法解释。此外，各大陆冰川遗迹指示的冰川运动方向也为统一大陆的漂移方向提供了依据。

魏格纳还参考了地球物理与大地测量方面的资料。在这些研究工作的基础上，他提出了大陆漂移说。

他认为，大约在距今 150 Ma 前，地球表面有个统一的大陆，他称其为联合古陆。从侏罗纪开始，联合古陆逐步分裂成几块，并各自漂移，最终形成了现代各大陆及其间的大西洋与印度洋。

魏格纳认为，大陆是由密度较小的花岗岩组成的，它在密度较大的玄武岩上漂浮和移动。一旦大陆发生分裂而漂移，玄武岩便出现在大陆间的大洋底部。大陆漂移沿着两个方向：一个是大陆向西飘移，这是地球受到太阳和月球的吸引而产生的潮汐摩擦阻力，使地球的自转速度减缓，发生向西的拖曳作用；另一个是大陆由极地向赤道方向运动，这是由地球旋转产生表层的离心力导致的。离心力在赤道最大，两极最小，结果使两极地区的物质都有向赤道集中的趋势。由极地向赤道方向运动的力，称为离极力。美洲大陆由于受到较强的向西的拖曳力，它落后于欧洲与非洲的运动，因而在美洲大陆与欧、非大陆之间裂开、分离后，形成了大西洋。太平洋西部的一系列岛屿是从亚洲大陆上分离开来的带状残片。印度原位于南极大陆附近，因不断向北漂移终于与欧亚大陆相接，发生碰撞和挤压，形成了巍峨的喜马拉雅山脉。

奥地利地质学家休斯对大陆漂移说作进一步设想，认为古大陆不是一个而是两个，北半球的称为劳亚古陆，南半球的称为冈瓦纳古陆，其间的古海洋称为古地中海（特提斯海）。

大陆漂移说的主导思想是正确的，但是限于当时地球科学的发展水平，魏格纳未能正确说明大陆漂移的机制。因为刚性的花岗岩不可能在刚性的玄武岩上漂移，潮汐摩擦阻力与离极力太小，不足以引起大陆漂移。此外，大陆如何拼合的一些具体问题没有被妥善解释，所以大陆漂移假说并未得到大部分地质工作者的接受，只有少数有远见卓识的学者继续探索大陆漂移的真谛。

英国学者霍尔姆斯提出的地幔对流说是很有意义的。霍尔姆斯以开创利用元素的放射性测定地质体年龄的工作著称于世。他认为大陆漂移可用地幔热对流来解释。地幔热对流的意思是，因为岩石导热性不良，放射性热能在地球内部发生不均匀聚积，结果，地幔下层的物质受热膨胀变形而上升，地幔上层温度相对低而密度大的物质则下降，两者构成封闭式的循环流动。在对流的早期阶段，上升的地幔流到达原始大陆中心部分，然后分成两股，并朝相反方向流动，从而将大陆撕破，并使分裂开来的块体随地幔流漂移。按照霍尔姆斯的看法，不是大陆在玄武岩层上主动进行“耕犁”，而是地幔对流驱动大陆运动。地幔对流说很好地解释了大陆漂移的机制，丰富了大陆漂移说的理论基础。霍尔姆斯在他编著并多次再版的《物理地质学原理》一书中始终宣传这一观点，使大陆漂移说并未因有人反对而不为后人所知晓。

5.4.2　海底扩张说

科学发展的道路是曲折的，大陆漂移说的命运同样如此。当时它受到地质界的质疑，尤其是受到地球物理工作者的坚决反对而搁浅、沉默了 20 多年。到了 20 世纪 50 年代它又被地质工作者关注，在原有理论的基础上创立了海底扩张说和板块构造学说，其原因是第二次世界大战后出于军事上的需要和着眼于海底资源的开发，开始广泛地开展海底地质研究，取得了大量成果。

5.4.2.1　查明海底地形地貌特征

（1）洋脊。洋脊是绵延全球各大洋底的巨大山脉（见 3.2.3.2 节）。横截面呈平缓的等腰三角形。有意义的现象是，沿着洋脊的延伸方向发育许多纵向断裂，使洋脊从其脊部向两坡呈阶梯状下降。另外，洋脊轴部还发育纵向的深谷，称为裂谷，它是由一系列高角度正断层组成的地堑。洋脊的这种地貌特征，是岩石圈破裂张开的一种表现。

（2）转换断层。海底地形地质调查发现，洋脊并不是连续不断地延伸数百千米，而是被许多破裂带截断，这些洋脊截段彼此错开，不在一条线上。这些破裂带与洋脊成直角，并把各截段连接起来。位于两截段的洋脊间的破裂带称转换断层，这是地震强烈活动的地方，转换断层的剪切方向与洋脊截段实际位错正好相反。位于两截段的洋脊以外的破裂带由于两截段作同向同步运动，因此无断层活动效应，其不属转换断层。

（3）海沟与岛弧。海沟是位于洋底边缘的一种狭长凹地，水深常超过 6000 m，横剖面为不对称的“V”字形，近洋侧缓，近陆侧陡。海沟中有沉积物，其厚度各处不等。

岛弧是一系列呈弧状展布的岛屿。组成岛弧的特征性岩石主要是安山质熔岩及相应成分的侵入岩。岛弧是现代火山与地震强烈活动的地带。太平洋北部、西部及西南部阿留申群岛、萨哈林岛（库页岛）、千岛群岛、日本群岛、印度尼西亚及新西兰等许多岛屿，向洋的一侧都发育有海沟。

由于海沟与岛弧紧密相随，人们常称其为海沟岛弧系。它们构成了特征性的环太平洋火山带与地震带。特别有意思的是，在海沟岛弧系中，地震都位于靠大陆一侧，而且正是在这种系统中才出现深源地震。同时，震源深度的变化是很有规律的：在近海沟处都是浅源地震，远海沟处出现中源地震，到大陆内部出现深源地震。换句话说，在这地震带中震源排列成为一个由海沟向大陆方向倾斜的面。

5.4.2.2 洋壳的增生与消亡

（1）洋壳增生。对洋脊上沉积物分布特征的研究发现，沉积物在裂谷带中极薄，有的部位甚至缺失，向两坡方向对称式逐渐增厚，但均不超过 500～600 m，且洋底沉积物的年龄都不早于侏罗纪，这是因为洋底沉积物的厚度与洋底生命的长短相关。如果洋底地壳很老，它就有足够时间接受较厚的沉积物；反之，如果洋底地壳年龄轻，接受沉积物的时间短，沉积层就必然薄。当今洋脊轴部裂谷带中沉积物很少，说明裂谷带地壳的年代很新，向两坡方向沉积层厚度逐渐加大说明洋脊两坡的年代逐渐变老。可见洋底岩石是地幔分熔的物质在裂谷带涌出后冷凝而成的。洋底岩石形成后就分裂成两半并向两侧移动，其间的空隙又被相继涌出的地幔物质充填。这种作用持续进行，就导致洋壳的增生。

（2）洋壳消亡。20 世纪 50 年代初期，美国地质学家贝尼奥夫发现震源由海沟向大陆方向呈倾斜排列的规律，故称其为贝尼奥夫带，但是为什么会出现这种规律？在具有很高温度的 700 km 深处何以能形成地震？这就激发了人们的想象力，导致了消减作用概念的产生。消减作用概念认为，洋壳所在的岩石圈块体内，即大洋板块，以较大的速度倾斜地插入具有陆壳性质的大陆块体，即大陆板块下面的地幔之中，深度到达 600 km 后趋向于完全熔化。大洋板块在到达这一深度以前因岩石的导热能力低，只有易熔部分发生熔融，其主体仍保持着刚性，这种相对较冷且具有刚性的块体尤其是其上层，在下插中因受挤压而发生破裂，从而引起地震，故震源主要集中在下插板块的上层。同时震源深度越大，其位置越接近下插板块的前锋，故其震中分布越伸向大陆内部。

贝尼奥夫带的地质意义在于它标志着一部分板块消减在另一板块之下。因此，贝尼奥夫带又称为俯冲带。洋壳就是在海沟处发生消减的。

5.4.2.3　海底扩张说的提出

在大量事实的推动下，美国地震地质学家迪茨于 20 世纪 60 年代初正式提出“海底扩张”的概念，接着赫斯在 1962 年对其加以深入阐述。

迪茨提出：地幔中放射性元素衰变生成的热，使地幔物质以每年数厘米的速度进行大规模热循环，形成对流圈，它作用于岩石圈，成为推动岩石圈运动的主要动力。洋壳的形成与地幔对流有关。洋脊轴部是地幔物质的上涌部位（对流圈的上升部位），即离散带。海沟是地幔物质的下降部位（对流圈的下降部位），即敛合带。在离散带，洋壳不断形成、撕开，并缓慢地向两侧的敛合带方向扩张。总的看来，洋底构造是地幔对流的直接反映。

赫斯进一步提出：地幔对流的速度为每年 1 cm。对流圈在洋脊处上升，并且地幔物质从洋脊轴部涌出，导致了洋脊轴部有高的热流值及隆起的地形。洋脊随地幔对流圈的存在而存在，其生命为 200～300 Ma。因而，整个大洋每 300～400 Ma 就全部更新一次，这就决定了洋底沉积物总厚度不大和洋底缺少更老年代的岩石。当对流圈在大陆下面上升时，大陆分裂，而且被分裂的陆块以均一的速度向两侧运动形成新的大洋，在裂口处便逐渐形成洋脊。

海底扩张说的要点可以归纳为：洋底在洋脊裂谷带形成，接受分裂，并不断向两侧扩张，同时老的洋底在海沟处潜没消减，导致洋底不断更新。洋底的扩张是刚性的岩石圈块体驮在软流圈上运动的结果，运动的驱动力是地幔物质的热对流。洋脊轴部是对流圈的上升处，海沟是对流圈的下降处。如果上升流发生在大陆下面，其就导致大陆的分裂和大洋的启开。

海底扩张说继承了大陆漂移说与地幔对流说的基本思想，是在海底地质考察成果的基础上又一新的发展。它主要着眼于洋底，是对洋底形成和演化规律的系统性解释。

海底扩张说由于拥有现代地质学的坚实基础，对于海底地质现象的解释如此引人入胜，从而高度激发了人们进一步探讨的欲望。在海底扩张说提出后经过短短几年时间，新的研究成果又不断涌现，证实了这一学说并导致了板块构造学的诞生。

5.4.3　板块构造学说

5.4.3.1　板块构造的含义

在对海底沿洋脊脊轴扩张的事实进一步确认以后，板块构造说便应运而生。它立足于海底，面向全球，它是海底扩张说的发展，并已成为推动地质学革命的潮流。它将人们的视线从大洋又引向大陆，促使人们重新审视过去已获得的资料和已总结出来的规律，并注意研究一些过去所忽略的问题。同时，将大陆与海底地质的研究结合并统一起来，找出二者之间的本质联系。

板块构造的含义是：刚性的岩石圈分裂成为许多巨大块体——板块，它们驮在软流圈上作大规模水平运动，致使相邻板块互相作用，板块的边缘便成为地壳活动性强烈的地带。板块的互相作用，从根本上控制了各种内力地质作用及沉积作用的进程。板块构造说就是关于板块互相作用的理论。

5.4.3.2　板块的边界类型

板块划分的依据是板块边缘具有强烈构造活动性，具体表现为强烈的岩浆活动、地震活动、构造变形、变质作用及深海沉积作用，而板块内部的构造活动则微弱得多。

综上所述，洋脊扩张带、消减作用带及与洋脊走向垂直的转换断层都属于这种构造活动性强烈的地带，它们就是板块的边界。

洋脊扩张带是离散性的板块边界。沿此种边界岩石圈分裂和扩张，地幔物质涌出，从而产生洋壳，因此它是一种生长性板块边缘。

消减作用带位于海沟，它是聚敛性的板块边界。沿此边界两个相邻板块作相向运动，大洋板块发生俯冲潜没，因此它是一种消减性板块边缘。沿此种边界相邻板块发生挤压，引起强烈的地震和构造变形，以及岩浆活动和变质作用。

转换断层是一种特殊类型的板块边界，沿此种边界既无板块的增生，又无板块的消减，而是相邻两个板块作剪切错动。它既与洋脊相伴，也可以同海沟相随。板块沿转换断层发生运动，故引起地震和构造变形。

以上三种板块边界主要位于洋底或洋陆交接处。此外，在大陆内部还有一种特殊的消减作用边界——地缝合线，它是两个大陆之间的碰撞带。当大洋板块俯冲到最后阶段，位于大洋后面的大陆板块与其前方的大陆板块发生碰撞和挤压，在其焊接带形成高耸的山脉，并伴随着强烈的构造变形、岩浆活动及区域变质作用。

5.4.3.3　全球板块的划分

按照板块划分依据和板块边界类型，法国学者勒皮雄在 1968 年最早将全球岩石圈划分为六大板块。

（1）美洲板块。该板块中间被一个小板块（加勒比板块）隔开。它基本上位于大西洋洋中脊以西和东太平洋洋隆以东，包括南美洲与北美洲陆壳的全部与大西洋洋中脊以西的洋壳，总体向西运动。

（2）太平洋板块。位于东太平洋洋隆轴部以西及西太平洋海沟以东，占据在太平洋的主体。东侧与美洲板块及一些小板块相接，边界类型多样，既有洋脊扩张带，也有转换断层。其北部、西部与西南部则是消减性边缘，太平洋板块俯冲于北美洲板块（在北部）、欧亚板块（在西部）与印-澳板块（在西南部）之下，形成一系列海沟与岛弧。

（3）欧亚板块。包括欧亚陆壳的大部分以及大西洋洋脊轴部以东的洋壳北部。其东侧与太平洋板块以消减作用带相接，形成西太平洋海沟系统；西界是大西洋洋脊轴部；南侧与非洲板块及印-澳板块主要以消减作用带（地缝合线）相接，部分地区接触边界的性质不明。

（4）非洲板块。包括非洲的陆壳及其周围的洋壳。板块的西部、南部与东部均以洋脊扩张带为界，东北部有局部地段以消减作用带与欧亚板块相接，北部与欧亚板块的关系不明。

（5）印-澳板块。包括印度与澳大利亚的陆壳，印度洋洋壳及南太平洋洋壳的一部分。其北侧以地缝合线与欧亚板块相接，西北部以转换断层与非洲板块及欧亚板块相接，西部及南部以洋脊扩张带与南极板块相接，东北侧主要以消减作用带与太平洋板块相接，形成西南太平洋的岛弧与海沟系统。印-澳板块主要向北运动。

（6）南极洲板块。包括南极大陆的陆壳及其四周的洋壳。它的边界主要是洋脊扩张带，部分地段为转换断层或消减作用带，有的地段情况不明。

以上六个全球规模的板块，它们的范围并不与所在的大陆或大洋完全一致。除太平洋板块全由洋壳组成外，其余板块均包括洋壳与陆壳。

后来有人又划出许多小板块，包括在大陆内部划分出一些较小的板块。使板块构造的研究领域从大洋扩展到大陆。例如，Stanley 和 Donna（2007）划分为欧亚板块、北美板块、南美洲板块、非洲板块、阿拉伯板块、南极洲板块、太平洋板块、菲律宾海板块、印-澳板块、加勒比板块、纳斯卡板块和科克斯板块等十二大板块及许多微板块（图 5.8）。

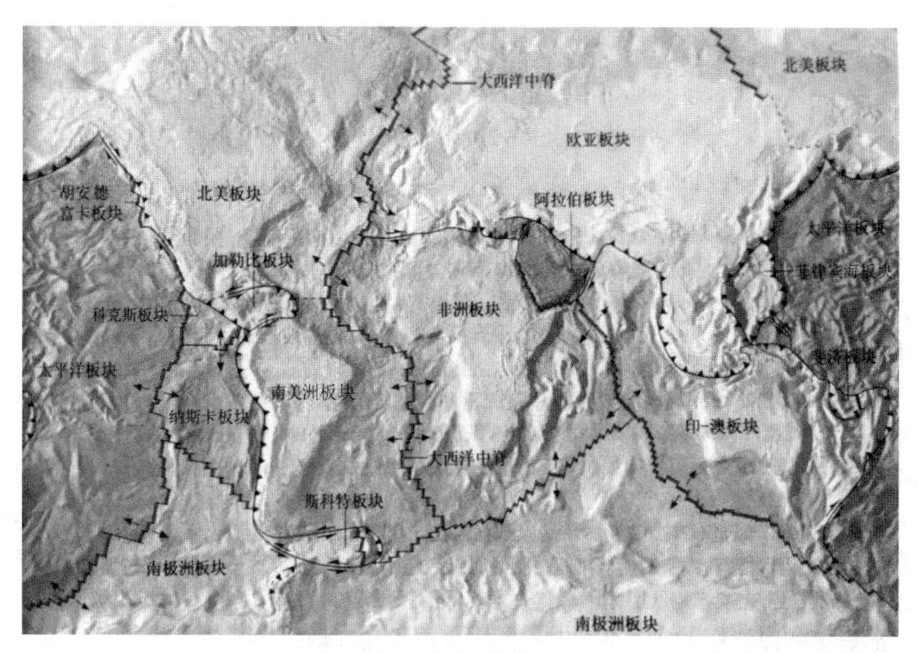

图 5.8　全球十二大板块划分
资料来源：Stanley 和 Donna（2007）

名 词 解 释

1. 水平运动；2. 垂直运动；3. 构造旋回；4. 产状要素；5. 褶皱；6. 背斜；7. 向斜；8. 节理；9. 断层；10. 正断层；11. 逆断层；12. 板块构造；13. 洋脊；14. 转换断层

思 考 题

1. 按照运动方向，构造运动可分为哪几种类型？
2. 在野外利用罗盘测量岩层产状时，需要注意哪些细节？
3. 在测制地层露头剖面时，如果地层发生重复，可能是什么原因造成的呢？
4. 板块构造理论是在哪些基础资料（证据）之上提出的？
5. 请查阅资料，简述燕山构造运动对中国东南地区的影响。

第6章　地球演化史

6.1　地球及其内部圈层的形成与演化

地球是在约 46 亿年前形成的，人们推测地球是由组成太阳和其他行星的同样物质所形成。根据现代星云假说，地球形成于原始太阳分离出的一团冷星云。这团冷星云由气体和尘埃组成，尘埃的半径约为 10^{-5} cm，万有引力的作用使尘埃互相吸引、碰撞、黏合，进而形成小的团块，也叫作星子。星子再互相吸引，大的吸积小的，像滚雪球一样，不断碰撞、黏合、吸积增大，直至形成地球和其他星体的前身。这种星子连续吸积，并使地球质量和体积逐渐增大的吸积作用，大约在距今 46 亿年前基本上已接近尾声，原始地球开始形成，已拥有了与现今地球相近的质量。但这个原始的地球可能是一个比现今地球大得多的尘埃和团块的集合体。

随后，在引力的作用下，原始地球内的物质向中心收缩，其体积逐渐缩小，密度越来越大，压力增大，会释放出大量的热量。地球内部放射性元素（U、Th、K 等）的衰变，以及陨石等小天体碰撞所产生的吸积能，也均会释放出大量的热能。因此，尽管原始的星云物质是冷的，但后来地球曾经历过一个高温时期，至少是部分物质处于熔融状态。然而，收缩不是无限的，这是因为物质同时也受到自转所产生的惯性离心力的作用，而离心力随着体积缩小、自转速度加快而增大，当离心力增大到能抵消引力时，其就达到了平衡，之后收缩停止，才逐渐冷却固结，形成了今天这样大小的地球。

在地球吸积过程晚期及其后的较短时间内，地球内部的温度上升达到铁的熔点。由于铁、镍的熔点较硅酸盐低，此时达到熔点的铁、镍首先熔化，形成熔融的金属熔滴或金属层，同时硅酸盐开始软化和局部熔融，为重力分异作用创造了有利条件，于是密度大的铁、镍形成的熔滴逐渐向地心沉积，沉降过程中其将释放出来的势能转变为热能，使地球出现更强的局部熔融状态，加速这种重力分异过程。这种作用使大量的铁、镍物质向地心集聚形成地核。与此同时，硅铝、硅镁等较轻物质上浮，进而冷却形成原始地壳，二者之间的铁镁硅酸盐逐渐形成地幔。这些硅酸盐成分在地球中以岩石的状态存在，因此我们的地球可以说主要是一个由硅酸盐和金属构成的天体。不过在地壳上面，还存在着由大气和水构成的圈层，它们可能主要是从地幔中分离出来的，而且这种作用至今仍在进行。

如上所描述的地球形成过程，仍是一种目前较为流行的地球成因假说，需要首先假定在形成地球的星云团中，物质的分布处于相对均匀的状态，原始地球是一个相对均质的，因此上述假说被称为均匀吸积说。另有一种非均匀吸积假说认为，地球的圈层，不完全是地球已具雏形后、重力分异的结果，而是吸积过程中就分别形成了原始地核和地幔，相当于铁陨石的巨星子先聚集成原始的地核，石陨石的较小星子聚集成原始的地幔，之后的地质作用才形成地壳，最后是气体和水等最轻的物质被分泌并吸引到这个大岩石球的周围，这就是非均匀吸积多阶段堆积模型。这种假说虽然还不能说是绝对的准确，但是考虑到星云团中物质分配不可能如此理想的均匀，因此这种星子非均匀撞击和吸积的设想，在地球演化的早期是很值得考虑的，它对于解释地球各部分物质分布的不均匀性是比较有利的。虽然地球形成过程的细节仍需进一步探索，但是行星地球是由宇宙中的气体和尘埃在引力的作用下逐渐吸积形成的已肯定无疑。

地球上所发现的最古老岩石的年龄一般为 38 亿年左右，最老可达 42 亿年。2001 年，澳大利亚地球化学家王尔德（S. A. Wilde）等对澳大利亚杰克山区（Jack Hills）片麻岩区锆石晶粒进行的 U-Pb 法测年研究获得了 44 亿年的年龄数据，并通过氧同位素研究揭示出锆石曾经历过潮湿、低温环境，这一研究结果可能使地壳与海洋出现的历史大大提前，也暗示了早期地球的冷却速度可能比原来估计得要快（Wilde et al.，2001）。近年来地球化学研究的证据表明，地核的开始形成不会晚于地球吸积过程后的 5000 万年，甚至可能在吸积过程的晚期阶段就已初具规模。据一些学者的推算，在 43 亿年前地核已经形成了 3/4。地幔的整体也基本冷却成固态，而地幔内部的局部熔融、热对流仍十分强烈。大气圈、水圈也在 44 亿年前基本形成（万天丰，2004）。

6.2　地球外部圈层的形成与演化

6.2.1　大气圈

大气圈在地球形成的最初阶段可能就已存在，由于这一阶段的地质记录不清，只能通过天体地质作用的类比来获得相关信息。这时的大气圈可能比较稀薄，主要由原始星云残留的 H、He 等元素组成，由于它们密度小，大部分逃离了地球的引力或结合在矿物的晶格中，因此最初的大气圈存在时间并不长。地球早期的增热与排气活动（如火山活动）是初始大气圈形成的主要作用，同时也使大气圈的组成产生了重要的变化。

大气圈在冥古宙中-晚期至太古宙时均可能以 H_2O（水汽）和 CO_2 为主，其次为 N_2、HCl、HF、NH_3、CH_4、H_2S。许多科学家对古老岩石的气体包裹体进行了研究，以便了解地球发展早期的大气成分。Schidlowski 等（1983）估计早期大气圈中 80%为 H_2O、10%为 CO_2、5%～7%为 H_2S、0.5%～1%为 CO 和 H，还有痕量的 HCl、CH_4 等。Neruchev（1977）估计早期大气圈中 CO_2 占 98.8%、N_2 占 1.1%，当时大气的压力约为 7 MPa，远高于现今大气。Kazansky（1972）对 35 亿年前的石英岩进行气体包裹体研究，证明包裹体中 CO_2 占 60%，H_2S、HCl、HF 等气体占 35%。总之，早期大气缺氧，以 CO_2、H_2O 为主。由于 CO_2 和 H_2O 的温室效应，当时的大气温度较高，热雨频繁。据 Knaut 和 Epstein（1976）的研究，当时的地表温度约为 70 ℃、海水的温度更高，由于当时大气压力高，水的沸点可达 260～285℃。

太古宙大气中游离氧的浓度很低，据估算太古宙末期大气中的氧气仅占 5.5%（Kazansky，1972）。太古宙时期的少量氧含量可能主要与上层大气中的 H_2O 受紫外线照射分解有关。太古宙已有生物存在，其主要为自养的原核细胞生物。生物的光合作用产生的氧主要限制在水圈里，并且与 Fe^{2+}保持平衡，使其转化为 Fe_3O_4，形成条带状含铁岩石，所以大气中氧很少。在太阳光及高能紫外线的作用下，水中的光合植物（如蓝藻、绿藻等）逐渐增加，氧的生产量越来越多，Fe^{2+}则减少，二者的平衡被破坏，于是较多的氧气在元古宙时期进入大气圈。

大气圈中游离氧的显著增加，导致了新的细胞和有机体的形成，出现了真核生物。随着有机界的发展，氧的积累又逐渐增加。据一些学者的推算，元古宙晚期大气中氧含量已达到12%，古生代氧含量达到18%。O_2与NH_3化合产生N_2和H_2O，而CO_2则由较高的含量逐渐降低到现在的水平。元古宙时期大气层中CO_2减少并进入水体中，使得该时期开始形成大量的灰岩和白云岩（碳酸盐岩类）。碳酸盐岩沉积又可释放氧气到大气圈。大气圈中的氧气受紫外线照射，某些氧分子变成氧原子和臭氧，由于它们的强化学活动性，地表的物质发生氧化，因此显生宙时期开始出现明显的红色地层堆积。臭氧在光化学作用下不断积累，形成了对有害紫外线起着良好屏蔽作用的臭氧层。

6.2.2 水圈

太平洋、大西洋和印度洋的深海钻探表明，洋底沉积层的年龄均不超过 1.7 亿年，现有各大洋洋底主要是近 2 亿年来海底扩张的产物，但这并不意味着大洋发展历史仅限于中生代以来。自地球上出现了水以后，也就开始了大洋的形成、发展和演化过程。目前最老的沉积岩年龄达 42 亿年，说明当时地球上已有水圈的存在。

地幔和地壳中有很丰富的结构水（主要存在于矿物的晶体结构中），火山活动使得水（H_2O）析出。按现在火山喷气的速率估算，自地球形成以来其排出的水远比现在水圈中的水少得多，推测在地球形成早期一定存在非常强烈的火山活动。许多学者认为，地球上的大部分水在地质历史的早期阶段便已积聚形成，距今 35 亿年前海水的体积已具相当大的规模。海洋动物群是海洋演化的见证，海洋动物大多数纲和几乎所有的门在早古生代初期就已存在，早古生代以来并未演化出新的门类。海洋动物的古老性证明了大洋具有久远的历史。现在一般认为初始的水圈与大气圈的形成几乎是同时的，并具有相似的成因，即主要来自地球演化早期的增热、岩石部分熔融、层圈分异等伴随的脱气、脱水作用。早期大气中H_2O含量极高也说明了这一点。

20 亿年前开始有碳酸盐岩类（主要为白云岩）沉积，15 亿～12 亿年前的岩石中存在海绿石，以及层状燧石和富硫沉积物等的存在均表明在早期的海洋中已经富有盐分。当时的海洋与现在的海洋有一定的差别，Eh、pH 都较低。早期的海洋盐度变化可能较大，在前古生代发现的许多微生物似乎反映了淡水环境。现在看来，水圈的主体可能形成较早，随后水圈的量仍在逐渐积累，只是积累速度已大为减慢。目前关于水圈早期历史的资料较少，对它的形成和发展认识大部分是逻辑上的推测。

大气圈和水圈的形成与发展使得地球表层动力系统逐渐完善。在太阳能的作用下，出现各种天气、气候、水文和地质现象，共同促进了地球表层环境的演化。研究表明，自地球形成以来，其大气环境一直处于变化之中，既有物质成分的变化，也有气候冷暖和干湿的交替变化。大气环境变化的时间尺度有长有短，有长达几百万年，甚至上亿年的变化周期，也有几年或几天的变化周期。其中，冰期与间冰期的变化是地质历史上长尺度大气环境变迁、大气圈-水圈共同演化的最重要特征。在气候冷暖的变化过程中，我们一般把地球上气候极其寒冷（比现今年平均温度可低 8～12℃）、高纬冰川和高山冰川大规模扩展的阶段称冰期。两个冰期之间气候相对温暖、冰川大规模消退（与现代的气温接近或高得多）的阶段称间冰期。

总体来说，地球的大气环境主要是处于温暖的阶段中（图 6.1）。冰期只占地球历史的 1/10 时间，而绝大部分时期为间冰期。在太古宙晚期，地球上就出现了寒冷的气候，开始发育冰川。在元古宙，有过多次冷暖的交替波动。到新元古代的南华—震旦纪时期，全球发育了第一次规模较大的冰川活动，通常称为第一次大冰期。大冰期我国南方地区就发育了冰川。此后，地球经历了长达 3.3 亿年的温暖时期。在晚古生代（石炭—二叠纪），地球又进入第二次大冰期，这次以南半球发育大量冰川为特征。在整个中生代，全球的气候都比较温暖，有的地区显得干燥。全球性的第三次大冰期发生在第四纪。我们现在就处于这次大冰期中的相对温暖阶段，一般称为冰后期或现代间冰期。

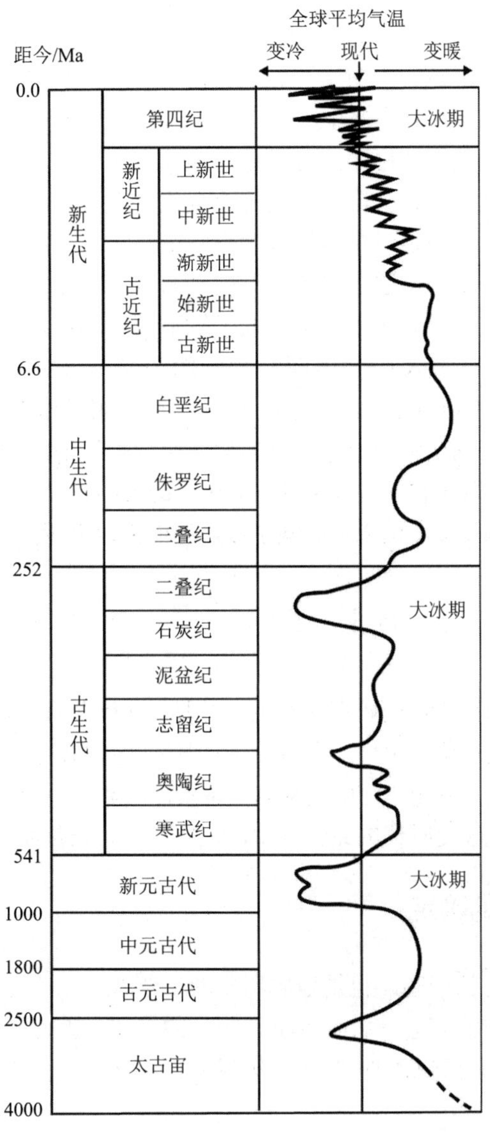

图 6.1　地球历史时期的气温变化趋势及大冰期

资料来源：据 Frakes（1979）修改

导致气候变化的因素是多方面的，包括地球轨道的改变、太阳辐射的变化及太阳黑子活动、大气成分的变化（温室气体的增减）、板块运动（包括超大陆旋回产生的海陆分布格局变化、地形变化、洋流变化、大气环流变化）等。事实上，气候变化往往是诸多因素共同作用的结果。但是，大冰期的发育毕竟有其主导性的原因，究竟哪种或哪几种因素起着决定性作用，目前尚无公论。

6.2.3 生物圈

在大气圈和水圈的发展过程中，生物圈也开始了自己的演化历史。在已知所有最古老的地层中都发现了原始植物遗留的残迹，表明生命的开始也应该很早。地球上已知的有机体都是由化学元素组成的，主要组成元素为C、H、O、N、P、S、K、Na、Ca、Mn、Cl等，以及微量的Fe、Cu、Zn、Mo、B、F、Si和I等，这些元素通常也是水圈和大气圈的重要组成部分。

过热或过冷的温度均不适宜生命生存。在其他星体上，水或汽化或冻结，因而不利于生命的形成。最初的生命是在水圈中产生的，液体水温0～100℃范围最适宜生命的繁殖。地球在太阳系中的位置，恰好具有这样的温度条件。地球上还存在着多种能量形式，如紫外线、闪电、陨石冲击、放射性活动、火山和温泉等，从化学观点看，上述能量中只要有很少部分有效地运用于适当的场所，便足以供给形成生命的需要。

生命是从无机界中产生的，这个观点早已被人们接受。Miller（1957）将CH_4、NH_3、H_2等气体混合，利用电子放电，在实验室中获取了氨基酸和其他有机化合物，其中氨基酸是地球上生物的基础物质。很多人认为早期的大气圈中含有CH_4、NH_3、H_2等强还原物质（Krauskopf，1979），生物很可能在这样的大气圈中产生。由无机物转化到有机物组成的原始生命，再由原始生命发展成细胞是一个复杂的物理化学和生物化学作用过程，要经历数亿年的时间。生物从原核细胞发展到真核细胞则需要更长的时间。在地质历史漫长的岁月中，生物由简单到复杂，由低级到高级，由水生到陆生，适应能力越来越强，最后形成繁盛的生物圈。

6.3 地 质 年 代

地质年代指的是地球上各种地质事件发生的时代。它包含两方面的含义：①指各地质事件发生的先后顺序，称为相对地质年代；②指各地质事件发生的距今年龄，即绝对年龄。绝对年龄主要通过同位素测年进行确定，因此又称为同位素地质年龄。这两方面含义结合，才能构成对地质事件及地球、地壳演变时代的完整认识，地质年代表正是在此基础上建立起来的。

6.3.1 相对地质年代的确定

岩石是地质历史演化的产物，也是地质历史的记录者，无论是生物演变历史、构造运动历史还是古地理变迁历史等都会在岩石中留下相应的烙印。因此，研究地质年代必须研究岩石中包含的年代信息。确定岩石的相对地质年代的方法通常是依靠以下3条准则。

1）地层层序律

地层是指在一定地质时期内所形成的层状岩石，即一定时代的岩层组合。地层形成时其是水平的或近于水平的，老的先形成，在下面，新的后形成，叠置在上面。因构造运动而倾斜后，如未发生地层倒转，仍保持上新下老的关系。地层层序律（叠置原理）就是指原始形成的地层所具有的下老上新的叠置规律。它是确定地层相对年代的基本方法。

2）生物层序律

根据生物进化原理，不同的地质时代有不同的生物群，不同时代的地层中包含有不同的化石群。一般来说，年代越老的地层所含生物化石构造越简单、越低级，和现代生物差别越大；年代越新的地层所含生物化石构造越复杂、越高级，和现代生物差别越小、越相似，这就是生物层序律。

3）切割律

切割律是指岩浆岩侵入至围岩之中或不同期次岩浆岩之间相互穿插切割，所反映出来的被切者先、切割者后的规律。

可适用切割律的其他类似关系还有：侵入岩的捕虏体时代比侵入体时代早；砾岩中的砾石时代比砾岩时代早；脉体穿插切割时，被切割的脉体时代早。地层层序律、生物层序律和切割律的综合运用，可以系统地划分和对比不同地区的地层，恢复岩石形成先后顺序，进而研究生物演化和地质发展史。

6.3.2　同位素地质年龄的测定

具有不同原子量（质子数相同而中子数不同）的同种元素的变种称为同位素。有的同位素其原子核不稳定，会自发放射出能量，即具放射性，称为放射性同位素，如 ^{238}U、^{235}U、^{234}Th、^{232}Th、^{87}Rb、^{40}K 等，经过放射性衰变（放出 α 粒子、β 粒子、γ射线）变成稳定同位素。

放射性同位素都具有固定的衰变速度。某一放射性元素衰变到它原来数量的一半所需的时间称为半衰期。它是一个常数，如 $^{238}U \rightarrow ^{206}Pb$ 的半衰期为 44.7 亿 a、^{234}Th 的半衰期为 24.1 d。

20 世纪 30 年代发现了元素的放射性，诞生了同位素地质年代学。根据同位素衰变定律：

$$t=\frac{1}{\lambda}\ln\left(1+\frac{D}{N}\right)$$

式中，λ 为衰变常数（每年每克母体同位素能产生的子体同位素克数）；D 为衰变而成的子体同位素；N 为矿物中放射性同位素衰变后剩下的母体同位素；t 为包含该放射性元素的矿物的同位素年龄（放射性同位素的年龄）。

通常用来测定地质年代的同位素年龄测定法有 U-Pb 法、K-Ar 或 Ar-Ar 法、Rb-Sr 法、Re-Os 法、^{14}C 法等，其中 U-Pb 法被广泛用来限定不同时代花岗岩类的侵位年龄，K-Ar 法和 Ar-Ar 法被用于测定火山岩和钾质矿物的形成年龄，辉钼矿 Re-Os 法则被用来约束含钼矿床的矿化年龄，^{14}C 法因其半衰期短主要用于测定最新的地质事件或考古。

6.3.3　地质年代表

地质历史按年代先后进行系统性编年，列出地质年代表（表 6.1）。它的内容包括各个地质年代单位、名称、代号和同位素年龄值等。它反映了地壳中无机界（矿物、岩石）与有机界（动植物）演化的顺序、过程和阶段。地质年代表的建立，是根据对世界各地的地层进行系统划分对比的结果。地质年代表中具有不同级别的地质年代单位。最大一级的地质年代单位为“宙”，次一级单位为“代”，第三级单位为“纪”，第四级单位为“世”。与地质年代单位相对应的年代地层单位为：宇、界、系、统，它们表示在各级地质年代单位内形成的地层。二者的级别和对应关系表示如下：

（相对）地质年代单位	年代地层单位
宙	宇
代	界
纪	系
世	统

表 6.1　地质年代表

宙	代	纪	世		距今年龄/Ma	开始繁荣的植物	开始繁荣的动物
显生宙	新生代(Kz)	第四纪 (Q)	全新世	Q_h		被子植物	哺乳动物
			更新世	Q_p	2.58		
		新近纪 (N)	上新世	N_2			
			中新世	N_1	23.03		
		古近纪 (E)	渐新世	E_3			
			始新世	E_2			
			古新世	E_1	66.0		
	中生代(Mz)	白垩纪 (K)	晚白垩世	K_2			爬行动物
			早白垩世	K_1	~145.0	裸子植物	
		侏罗纪 (J)	晚侏罗世	J_3			
			中侏罗世	J_2			
			早侏罗世	J_1	201.3±0.2		
		三叠纪 (T)	晚三叠世	T_3			
			中三叠世	T_2			
			早三叠世	T_1	251.902±0.024		
	古生代(Pz) 晚古生代(Pz₂)	二叠纪 (P)	乐平世	P_3			
			瓜德鲁普世	P_2			
			乌拉尔世	P_1	298.9±0.15		
		石炭纪 (C)	宾夕法尼亚世	C_2		孢子植物	两栖动物
			密西西比世	C_1	358.9±0.4		
		泥盆纪 (D)	晚泥盆世	D_3			鱼
			中泥盆世	D_2			
			早泥盆世	D_1	419.2±3.2		
	早古生代(Pz₁)	志留纪 (S)	普里道科世	S_4			海生无脊椎动物
			罗德洛世	S_3			
			温洛克世	S_2			
			兰多维列世	S_1	443.8±1.5		
		奥陶纪 (O)	晚奥陶世	O_3		藻类	
			中奥陶世	O_2			
			早奥陶世	O_1	485.4±1.9		
		寒武纪 (Є)	芙蓉世	$Є_4$			
			苗岭世	$Є_3$			
			第二世	$Є_2$			
			纽芬兰世	$Є_1$	541.0±1.0		
元古宙(Pt)	新元古代(Pt₃)	震旦纪 (Z)				菌藻类	海生小壳动物
		成冰纪 (NP_2)					
		拉伸纪 (NP_1)			1000		海生低等多细胞动物
	中元古代(Pt₂)	狭带纪 (MP_3)					
		延展纪 (MP_2)					
		盖层纪 (MP_1)			1600		
	古元古代(Pt₁)	固结纪 (PP_4)					
		造山纪 (PP_3)					
		层侵纪 (PP_2)					
		成铁纪 (PP_1)			2500		
太古宙(Ar)	新太古代 (Ar_4)						
	中太古代 (Ar_3)						
	古太古代 (Ar_2)						
	始太古代 (Ar_1)				4000		
冥古宙					~4600		

注：震旦纪又称为埃迪卡拉纪。

资料来源：International Commission on Stratigraphy（2020）。

例如，显生宙时期形成的地层称为显生宇，中生代时期形成的地层称为中生界，白垩纪时期形成的地层称为白垩系等，依此类推。

6.4 地球的演化简况

6.4.1 前寒武纪时期

该时期持续很长，包含了太古宙和元古宙（距今38亿～5.4亿年）。地球上这一时期的地质体保留不多，且大多已经历后期地质作用的改造，因而情况复杂。这一时期的地质作用具有鲜明特色，研究它对了解地球的早期演化具有极重要意义，所以前寒武纪地质学已成为当代地球科学的重点研究分支。

地球上的生命大约出现于距今35亿年前，到元古宙末期，才达到较为多样化的程度。在南非和澳大利亚的距今35亿～32亿年前形成的岩石中，发现了呈球状和丝状的藻类生物，称为古球藻或似蓝藻，此外还发现有杆状细菌，它们均是单细胞的微生物，这是地球上呈现出的最早的生命形式。在随后的20多亿年中，藻类植物得到快速发展和演化，在世界各地的元古宙岩石中广泛出现的叠层石，就是由藻类生物在生命活动过程中，将海水中的钙、镁碳酸盐及其碎屑颗粒黏结、沉淀而形成的一种化石。它是这一时期最重要的化石。另一个重要的事实是，在澳大利亚距今约7亿年前形成的岩石中产出有多样化的生物实体和生物软体印模化石，其中除各种叠层石以外，还有腔肠动物、蠕虫动物及节肢动物等。这一初始繁荣的动物组合，称为埃迪卡拉动物群。这一生物群的出现为前寒武纪末期生物界全面繁荣揭开了序幕。

原始地壳的表面几乎全被水淹没，没有陆地。从大约距今35亿年前开始，随着地球热量逐渐散失，特别是放射性热源的快速衰减，便出现地幔物质的部分熔融，导致大量岩浆在海底喷发和堆积，最终出现了由火山喷发物质构筑起来的岛屿，它们便成为最早的陆地，从此才开始陆地的风化剥蚀，形成陆源碎屑物质，并在陆地周围的海域中堆积成陆源碎屑沉积岩。这些最早的陆地成为后来形成大陆的核心，这便是陆核。

从大约距今25亿年前开始，由于放射性热的进一步衰减，早期的超基性岩浆活动减弱，玄武安山岩岩浆及由其结晶分异而成的中酸性岩浆岩逐渐相应增多。正是这些在成分上有所更新的火成岩与在陆核周围堆积的各种沉积岩共同组成了新的地质体，在后来的构造运动及岩浆活动的作用下，其发生褶皱、变质、隆起，并拼接到陆核的边缘，使陆核扩大，形成面积较为广阔的地块，这就是地盾。地盾成为新的陆地，也是古大陆的前身。

从距今约25亿年前开始，海陆的分异已很显著，与此相应的是陆壳与洋壳的并存。古大陆便在陆壳与洋壳的相互影响和不断演化中快速成长。

6.4.2 显生宙时期

显生宙的持续时间相对短暂，但是这一时期生命极其繁荣，地质演化十分迅速，地质作用丰富多彩，加之其地质体广泛保存，能够较好地进行观察和研究。因此，显生宙地质作用的研究成为地球科学研究的主要对象。

如果说前寒武纪末期生物界已经有繁荣的迹象，那么从寒武纪初期开始便已全面繁荣，生机勃勃。

1）早古生代——海生无脊椎动物和低等植物的繁盛时代

从寒武纪开始，海洋生物便空前繁盛，此时陆上生物仍尚未出现。在整个早古生代，海生植物属于不分根、茎、叶的低等植物，即所谓菌类、藻类植物；海生无脊椎动物以底栖的或游泳的节肢动物——三叶虫为主，寒武纪是三叶虫的极盛时期，奥陶纪是软体动物鹦鹉螺类极盛时期。

另一类在奥陶纪、志留纪颇为常见的化石，称为笔石。笔石出现于寒武纪晚期，在奥陶纪、志留纪极盛，到了泥盆纪、早石炭世仅有少数残留，以后便灭绝了。

此外，尚有一些低等的腕足类也出现于早古生代海洋中。

在奥陶纪和志留纪的海洋中，珊瑚也占有一定地位。它属腔肠动物门中的珊瑚纲，是一种底栖动物，具有钙质骨骼，当时为较低等的珊瑚。

原始的脊椎动物是无颌类（早期鱼形动物），在奥陶纪时开始出现，志留纪时稍有发展，到泥盆纪时才兴盛起来。

2）晚古生代——植物及脊椎动物登上大陆

志留纪末期大规模的加里东运动引起了地表海域广泛收缩，大陆急剧增长，因而生物向陆地大规模进军。泥盆纪时，随着陆地面积的扩大，早期的菌、藻类一旦生长到陆地，经过一段时间的适应，演化成陆生植物的奠基者——裸蕨。它的形体矮小，在类似根、茎的器官上生长着假根和茸毛状表皮突起，起着根的作用。茎可进行光合作用，这是由于发育有原始的维管束和气孔，这表明裸蕨已能在陆地上生长，实现了从“水生”到“陆生”的飞跃。它的繁殖器官——孢子囊生于“茎”的顶端，再加上无叶，故称裸蕨，迄今已发现这类化石达数十种之多。

到泥盆纪晚期，气候由干燥转为湿热，于是植物界演化为高大的乔木，种类也增多，分布范围迅速扩大，为石炭—二叠纪的成煤作用准备了条件。这一时期的植物，一部分用孢子繁殖（如鳞木、芦本），另一部分用种子繁殖（如科达树）。后者即原始的裸子植物，它成为以后向高一级的裸子植物演化的过渡类型。

在晚古生代的海洋中，无脊椎动物以腕足类、珊瑚和头足类为常见。值得提出的是，在早石炭世开始出现一种属于原生动物门的微体化石——䗴。它虽然是低等的单细胞浮游动物，但有构造较复杂的细小的坚硬壳体，易保存成为化石。䗴在古生代末灭绝，故是石炭—二叠纪的重要标准化石。

晚古生代是脊椎动物演化史上一个重要的时代。泥盆纪开始，鱼类大量发展，故泥盆纪被称为“鱼类时代”。到晚泥盆世，有一种生活在陆内水域内的古老鳍鱼类，由于其经常遭受季节性枯水的威胁，它们用胸腹鳍匍匐才移动到岸边陆地上，并用内鼻孔呼吸，等到下一个雨季来临再爬行到河、湖、池、沼中去。它们离开水域登陆成功后，经过漫长岁月的不断变异，最后胸腹鳍终于演变成四肢，原用鳃呼吸变成肺呼吸，某种古老鳍鱼终于变成两栖类。石炭—二叠纪时，两栖类进一步发展，此时有“两栖动物时代”之称。

晚石炭世和二叠纪更高等的脊椎动物——爬行类也开始发展。它能完全脱离水体生活，成为真正的陆生动物。

3）中生代——爬行动物和裸子植物时代

古生代末发生了大规模的海西运动，自然环境的改变使生物界的面貌焕然一新。无脊椎动物发生了较大变化。许多在古生代曾盛极一时或虽有衰落而仍未绝灭的种类，此时却完全灭绝了。软体动物中的菊石类代之兴起，而且发展到顶峰。此外，珊瑚中出现了一些新的类型，并发展成为中生代和现代海洋中的主要造礁生物。从中生代开始脊椎动物中的爬行类成为当时称雄世界的霸主，尤其是躯体庞大、形体各异的恐龙类最为繁盛，它们不仅横行于大陆，而且还占领了天空和水域。中生代有生活于陆地以肉食为主的霸王龙，飞翔在天空的翼龙及生活在海洋中的鱼龙，故中生代被称为爬行动物时代或恐龙时代。最大的恐龙是生活在沼泽的食草类恐龙，如发现于我国四川的马门溪龙身长 22m，推测其体重上百吨。

三叠纪晚期开始出现了原始的哺乳动物，其形体小，种类少。与此同时还出现了与哺乳动物相似的高等爬行动物。

爬行类除向哺乳类演化外，同时也向鸟类演化。1861 年发现于德国巴伐利亚晚侏罗世石灰岩中的始祖鸟化石就是从爬行类向鸟类进化的过渡动物化石。这种鸟除具有许多鸟的典型特征（如羽毛、胸骨等）外，还保留不少爬行动物的特征（牙齿、脊椎骨的长尾、翼爪等），可见它是从爬行动物演化而来的。

鸟类经白垩纪的演化，至新生代才演化成现代鸟。

晚古生代时期地球上大量出现种子植物，按其种子的裸露或包被，分为裸子植物和被子植物两大类。到中生代早期，尤其到晚三叠世，裸子植物已在植物界中占统治地位，现在常见的松、柏、杉、苏铁、银杏等的祖先，当时已广泛分布，它们是中生代的重要造煤植物。到了晚白垩世被子植物开始代替裸子植物而渐居统治地位。

4）新生代——被子植物、哺乳动物和人类的出现

中生代后期和新生代，地壳又发生了剧烈的运动——阿尔卑斯运动，古环境发生了相当大的改变，如南半球古生代时期较完整的冈瓦纳古陆逐步分裂；北半球的古地中海（特提斯海），到新生代逐渐消失，形成高大的山系。此时地球的气候变得干燥炎热，喜阴湿的蕨类和裸子植物大量死亡，而晚白垩世出现的被子植物不怕干旱，适应性较强，到新生代进一步发展，代替了裸子植物，成为陆地上主要的植物群。

由于自然环境的巨变，爬行动物中身躯庞大曾称霸一时的恐龙类，此时已全部灭绝。繁盛起来的是能适应不同环境的哺乳动物，成为新生代的主宰。古近纪初期出现了食草哺乳动物的祖先——安氏兽。从此所有哺乳动物各科均已出现，其中象类、犀类、马类等在新生代地层中系统地保存了它们演化的遗骸。新生代哺乳动物的演化，最终导致第四纪人类的出现。

地球表面自从海陆分野以后，海陆的位置和其轮廓经历着不断变化。可以说，没有一个地区是永恒的陆地，也没有一个地区是永恒的海洋。地表任何一个地区，经过漫长的地质时期就不可避免地显示出“沧海桑田”的变迁，这种变化将必然导致古地理、古气候的变化和生物的快速进化。

名 词 解 释

1. 岩石圈；2. 大气圈；3. 生物圈；4. 水圈；5. 绝对年代；6. 相对年代；7. 古生代；8. 中生代；9. 前寒武纪；10. 地层年代表

思　考　题

1. 宇宙大爆炸和星云假说能给我们哪些启示?
2. 如何测定地球的年龄?
3. 怎样知道地球在不同演化时期发生的大事?
4. 恐龙为什么会灭绝? 谈谈你的理解。

第二篇

自然资源

自然资源是指人类可以直接从自然界获得，并用于生产和生活的物质与能量。自然资源包括土地资源、水资源、矿产资源、海洋资源、气候资源、生物资源（草地、森林、物种）、能源等。

各种自然资源性质不同，有的是不可再生资源，如各种矿产资源，它们需要经过漫长的地质年代和具备一定的条件才能形成，对于短暂的人类历史来说，可以认为是不可再生的。有的属于可再生资源，主要是各种生物资源，如果其生长发育的环境不被破坏或污染，就能够不断地更新生长和繁殖。还有一些资源，如水资源、土地资源、气候资源，只要利用合理，保护得当，它们是能够循环再现和不断更新的，也属于可再生资源。自然资源的形成和分布具有一定的规律性和不均衡性。各种自然资源之间常相互影响、相互制约。自然资源的数量是有限的，但其生产潜力却可不断地扩大和提高。

自然资源是人类文明和社会进步的物质基础。尽管当前是数字经济时代，但数字经济不是从天上掉下来的概念，而是地球上活生生的经济。人的最基本需求衣、食、住、行都离不开物质，在经济生活中的数字都需要物质载体。物质仍然是第一性的，因而自然资源仍然是经济基础。

随着人口的增长和工农业生产的日益现代化，人类对资源的需求无论数量和品种都在不断地增加。特别是20世纪50年代以来，科学技术突飞猛进，人类对资源的开发利用也达到了一个新的阶段。人类对自然资源的无节制开发，导致某些资源的短缺和环境的恶化。例如，过度砍伐，森林减少、植被破坏，进一步造成水土流失、土地沙化，加上交通、城市占地，更造成了耕地大量减少。

土地、森林、淡水、矿产资源的短缺已有共识。现在人们还认为大气资源是无尽的，实际上大气污染已不容乐观；人们认为阳光资源是无尽的，其实臭氧层的破坏已使强辐射伤害了人类。从人类的需要来看，所有资源都是有限的，都需要节约、保护和合理利用。习近平总书记指出："节约资源是保护生态环境的根本之策。扬汤止沸不如釜底抽薪，在保护生态环境问题上尤其要确立这个观点。大部分对生态环境造成破坏的原因是来自对资源的过度开发、粗放型使用。如果竭泽而渔，最后必然是什么鱼也没有了。因此，必须从资源使用这个源头抓起[①]。"另外，人类开发新资源的力量也是无穷的。

在人类历史上，人与自然的关系经历了天命论、决定论、或然论、征服论等多种认识阶段与相应的处理方式之后，才进入现代的协调论。工业时代人们认为自己是自然的主人，对资源采取了耗竭式的占有和使用方式。进入现代，人们才悟出，人类必须与自然协调发展，才能保持经济持续发展。道教"天人合一"思想代表了我国古代朴素的协调理论。

合理开发利用和保护自然资源，已经成为当今社会面临的重大课题之一。对于不可再生资源，主要是如何节约、综合利用和寻找新的替代品；对于可再生资源，则是如何保护和促进更新，以及如何利用的问题。本篇将简要介绍我国各类自然资源的特征及现状。

---

① 习近平在十八届中央政治局第六次集体学习时的讲话（2013年5月24日）。

第7章　土地资源

7.1　土地的概念、特性和功能

7.1.1　土地的概念

土地是地球陆地由气候、地貌、岩石、土壤、植被和水文等各种自然要素组成的自然历史综合体，并包含人类活动的成果。

一般说来，土地是地球的特定部分，但是究竟是地球的哪个部分，哪些因素属于土地的范围，长期以来存在着不同的理解。主要有如下四种观点：①土地即土壤，亦即地球陆地表面疏松的、有肥力的、可以生长植物的表层部分；②土地即陆地及其水面，亦即地球表面除海洋外的陆地及其江河、湖泊、水库、池塘等陆地水面；③土地即地球的纯陆地部分，不包括陆地的水面；④土地即地球表面，亦即地球的陆地部分和海洋部分都包括在内。

上述四种观点中，第一种观点过于狭窄。土壤是土地的组成部分之一，并不是土地的全部。土地的非土壤部分，不具有肥力，不能生长植物，但仍具有土地的基本功能，不能排除在土地之外。第四种观点又过于宽阔。陆地和海洋是地球的两个不同部分，具有不同的功能。地球的海洋部分不具有土地的一系列功能，因此不应包括在土地范围之内。第二种观点是比较确切的。陆地中的水面是经常变化的，它只是陆地的附属物，广义的土地应该包括陆地中的水面。第三种观点认为土地是陆地中不包括水面的部分，这是狭义的土地概念，只在某些特定的场合适用。

土地作为一种自然综合体，在现实经济活动中，绝大部分土地都经过人类开发、改造与长期使用，投入了大量的人类劳动及其成果。可见，现实的土地已不仅仅是一种单纯的自然综合体，更是一种由各项自然因素并综合了人类劳动成果构成的自然-经济综合体。

7.1.2　土地的特性

土地的基本特性包括自然特性和经济特性。土地的自然特性是土地自然属性的反映，是土地固有的，与人类对土地的利用与否没有必然的联系；土地的经济特性是在人类对土地利用过程中产生的，在人类诞生以前，这些特性并不存在。

7.1.2.1　土地的自然特性

（1）位置固定性。土地的空间位置是固定的，不能移动。虽然在地球发展史上，曾出现过大规模“沧海桑田”的变迁，但这需要很长很长的时间，它对目前陆地位置的影响，即使在几十年、几百年间也是微不足道的，没有很大的实际意义。从人类的生产活动看，虽然部分土地表层可移动，但是从整体上看其数量极其有限，因而也没有很大实际意义。所有这些变化都不能从根本上改变土地位置固定性的特点。土地位置的固定性，要求人们因地制宜地利用各种土地。

（2）面积有限性。人类可以改良土地，提高土地质量，改变土地形态，但不能扩大（或缩小）土地面积。人类围湖或填海造地等，只是对地球表层土地形态或用途的改变。土地面积有限，迫使人们必须节约地、集约地利用土地资源。

（3）质量差异性与可变性。土地自身条件（地质、地貌、土壤、植被、水分等）及相应的气候条件（光照、温度、雨量等）的差异，造成土地的巨大自然差异性。这种差异性不仅存在于一个国家或一个地区的范围之内，即使在更小的地域内也同样存在，而且随着人类对土地利用强度的提高和利用范围的扩大，这种差异性会逐步扩大，而不是趋于缩小。土地的各种条件在时间上也是变化的，存在着土地质量的可变性。土地的自然差异与可变性，要求人们因地制宜地合理利用各种土地资源，确定土地利用的合理结构与方式，以取得土地利用的最佳综合效益。

（4）功能永久性。在合理使用和保护的条件下，农用土地的肥力可以不断提高，非农用土地可以反复利用，永无尽期，这已为人类发展的长期历史所充分证明。土地的这一自然特性，对人类合理利用和保护土地提出了客观的要求与可能。

7.1.2.2　土地的经济特性

（1）土地供给的稀缺性。当人类出现以后，特别是由于人口不断增加和社会经济文化的发展，人类对土地的需求不断扩大，而可供人类利用的土地又是有限的，因而产生了土地供给的稀缺性，且日益增强。土地供给的稀缺性，不仅仅表现在土地供给总量与土地需求总量的矛盾上，还表现在土地位置固定性和质量差异性导致某些地区（城镇地区和经济文化发达、人口密集地区）和某种用途（如耕地）的土地成为一种稀缺性资源。

（2）土地利用方式的相对分散性。因为土地位置的固定性，对土地只能就地分别加以利用。农业（种植业）生产中，必须要有足够的耕地，分散在广大面积的土地上，才能生产足够人们需要的农产品。即使在非农产业中，土地利用方式可以相对集中，但由于土地的固定性，不能将其重叠起来利用，也只能分别加以利用，因而相对来说其也是分散的。

（3）土地利用方向变更的困难性。土地有多种用途，当土地一经投入某项用途后，欲改变其利用方向，一般来说比较困难。首先，受土地的自然条件制约，当土地不具备某项用途的自然条件，而硬要更改成此项用途，势必会产生很大问题。其次，在工农业生产上随意变更土地利用方向，往往会造成巨大经济损失。

（4）土地报酬的递减可能性。当在技术不变的条件下，对土地投入超过一定限度，就可能会产生报酬（效益）递减的现象，所以在利用土地增加投入时，必须寻找在一定技术、经济条件下投资的适合度，以便提高土地利用的经济效果。

（5）土地用途的多样性。由于土地是人类社会重要的生产资料，又是人类赖以生存的空间，所以它除可作为农、林、牧、渔等第一性生产资料外，还作为工厂、城市、交通等建设用地，或者作为旅游用地等，而且可按年代条件的改变，改变土地利用，如过去的军事要塞、帝王行宫而今变为旅游景点就是如此。

（6）土地的增值性。土地是一定区域自然因素和人类劳动形成的自然历史的综合体，所以它在社会上的经济价值和价格往往随着人类劳动的不断投入而不断增值。例如，一个自然状态山体，由于人类修建公路设施、水利设施、旅游设施，该山即可根据人类劳动投入的情况改变其价格及价值。

（7）土地利用后果的社会性。土地是自然生态系统的基础因子，土地互相连接在一起，不能移动和分割。因此，每块土地利用的后果，不仅影响本区域内的自然生态环境和经济效益，而且必然影响邻近地区甚至整个国家和社会的生态环境和社会效益，产生巨大的社会后果。例如，在一块土地上建设一座有污染的工厂，就会给周围地区带来环境污染。

7.1.3　土地的功能

（1）养育功能。土地的一定深度和高度内，附着许多滋生万物的养育能力，如土壤中含有各种营养物质及水分、空气等，这些是地球上一切生物生长、繁殖的基本条件。没有这些环境条件及其功能，地球上的生物也就不能生长繁育，人类也无法生存和发展。

（2）承载功能。土地由于其物理特性，具有承载万物的功能，成为人类进行房屋、道路等建设的地基，成为人类进行一切生活和生产活动的场所和空间。

（3）资源（非生物）功能。人类要进行物质资料的生产，除需要生物资源外，还需要大量非生物资源，如建筑材料、矿产资源和动力资源等。这些自然资源都蕴藏于土地之中。没有土地，没有这些丰富的自然资源，人类同样无法生存和发展。

（4）美学功能。当某些土地具有地貌特殊、水流异常、气候宜人及罕见的动植物、独特的建筑物等时，其常可成为人们观赏、旅游度假的好场所。从根本上说，各类土地都具有一定的美学价值。

（5）生态功能。土地有多种状态和用途，如林地生长着茂密的森林，草地被一望无垠的牧草覆盖，农田里有各种各样的农作物。这些绿色植物，在保持水土、涵养水源、净化空气、调节气候等方面发挥着巨大作用，而且在保持地球生物多样性等方面发挥着无可替代的作用。

（6）资产功能。土地资产是指国家、企业和个人等将其占用的土地资源作为其财产或作为其财务的权利。土地的资产功能是指土地可以作为财产使用，具有交换的功能。所有权人可以将其拥有的土地或土地产权视作财产变卖获取收益，而他人取得土地这种财产则需要付出一定的经济代价或成本，土地的使用可为土地使用者带来一定的经济效益。

7.2　土地的类型

一般意义上的土地类型，是根据土地综合体的自然属性划分的类型，而广义的土地类型，还应包括土地的利用类型与权属类型。

7.2.1　土地的自然类型

一般意义的土地类型是指陆地表面有规律分布、面积大小不同、自然性质相对均一的单元土地。其含义如下。

（1）每一块相对均一的土地单元均有一定的外貌形态（包括地貌、植被或土壤类型）作为这一土地单元的标志，因而也称为景观单元。

（2）每一块相对均一的土地单元均有相近似的成因及相近似的土地性质，如地形坡度、土壤、岩性、水文条件等。

7.2.1.1　土地自然类型划分的原则

（1）综合性原则。土地是一个综合体，其分类就必然要根据全部组成要素相互作用所形成的综合特征，而不是只考虑其中个别要素的特征。

（2）主导因素原则。由于各自然要素在土地这一自然综合体中的作用是不均衡的，因此在综合分析中常能找到一个起决定作用的、其变化能引起其他因素变化的主导因素，该因素作为分类的主要指标。由于不同区域土地的分异特点不相同，因此起决定作用的主导因素也往往随地而异。一般说来，在山地和丘陵地区，地形变化对水热条件的重新分配有重要影响，从而导致植被和土壤也相应发生变化。因此，在这些地区划分土地自然类型时，地貌通常可作为主导因素。而在平原地区，当微地形起伏的观测比较困难时，如果植被的分异比较明显，它在很大程度上可反映地形的微起伏、土壤质地或水分状况，那么就可以将植被作为主导标志。

（3）生产性原则。土地自然类型研究具有鲜明的实践性，即主要为土地的生产利用服务。进行土地分类时，在不违反一般原则的前提下，分类指标的确定应尽量照顾到它的服务目标。由于各地的土地利用状况不同，选用的分类指标也不尽相同。

7.2.1.2　土地自然类型划分的方案

在土地组成要素中，气候条件以及植被、土壤和水文等要素，较明显地体现了地带性分异规律，因此在一个较大地域范围内进行土地分类，尤其是高级土地单位进行分类时，必须对这类要素的地带性分异规律给予足够的重视。

地质（岩石）和地貌条件，则比较明显地体现非地带性即地方性分异规律。因此，在较小地域范围内进行土地分类，尤其是对低级土地单位进行分类时，应更多地重视这些要素。

我国 1979 年以来着手编制 1∶100 万土地类型图，其中的土地（自然）类型的划分，采用了土地纲、土地类、土地型三级划分方案（表 7.1）。

表 7.1　我国 1∶100 万土地类型图分类系统（土地纲和土地类）

土地纲	土地类
湿润赤道带（A）	岛礁（A1）
湿润热带（B）	岛礁（B1）；滩涂（B2）；低湿河湖洼地（B3）；海积平原（B4）；冲积平原（B5）；沟谷河川与平坝地（B6）；台阶地（B7）；丘陵地（B8）；低山地（B9）；中山地（B10）
湿润南亚热带（C）	滩涂（C1）；低湿河湖洼地（C2）；海积平地（C3）；冲积平地（C4）；沟谷河川与平坝地（C5）；岗台地（C6）；丘陵地（C7）；低山地（C8）中山地（C9）
湿润中亚热带（D）	滩涂（D1）；低湿河湖洼地（D2）；海积平地（D3）；冲积平地（D4）；沟谷河川与平坝地（D5）；岗台地（D6）；丘陵地（D7）；低山地（D8）；中山地（D9）；高山地（D10）；极高山地（D11）
湿润北亚热带（E）	滩涂（E1）；低湿河湖洼地（E2）；海积平原（E3）；冲积平原（E4）；沟谷河川地（E5）；岗台地（E6）；丘陵地（E7）；低山地（E8）；中山地（E9）；高山地（E10）
湿润半湿润暖温带（F）	滩涂地（F1）；低湿河湖洼地（F2）；海积平地（F3）；冲积平原（F4）；冲积洪积倾斜平地（F5）；沙地（F6）；沟谷河川地（F7）；岗台地（F8）；丘陵地（F9）；低山地（F10）；中山地（F11）；高山地（F12）

续表

土地纲	土地类
湿润半湿润温带（G）	低湿河湖洼地（G1）；盐碱低平地（G2）；草甸低平地（G3）；冲积平地（G4）；冲积高平地（G5）；沙地（G6）；沟谷地（G7）；丘陵地（G8）；低山地（G9）；熔岩高原（G10）；中山地（G11）；高山地（G12）
湿润寒温带（H）	低湿洼地（H1）；低平地（H2）；针叶林灰化土低山地（H3）
黄土高原（I）	黄土冲积平地（I1）；黄土川地（I2）；黄土台地（I3）；黄土塬地（I5）；黄土梁地（I6）；黄土峁地（I7）；黄土丘陵地（I10）；低山地（I11）；中山地（I12）
半干旱温带草原（J）	低湿滩地（J1）；盐碱滩地（J2）；沟谷地（J3）；干滩地（J4）；沙地（J5）；平地（J6）；岗坡地（J7）；丘陵地（J8）；低山地（J9）；中山地（J10）
干旱温带暖温带荒漠（K）	滩地（K1）；绿洲（K2）；土质平地（K3）；戈壁（K4）；沙漠（K5）；低山丘陵（K6）；中山地（K7）；高山地（K8）；极高山地（K9）
青藏高原（L）	河湖滩地及低洼地（L1）；平谷地（L2）；平地（L3）；台地（L4）；低山地（L5）；高山地（L6）；极高山地（L7）

（1）土地纲：主要依据气候条件组合特征的地区差异划分（青藏高原和黄土高原例外，其主要依据大地貌条件），共分为12个土地纲。

（2）土地类：主要根据引起土地类型分异的大（中）地貌因素，将各土地纲又分成若干类，主要的类型有：高山、中山、低山、丘陵、高平地（岗、台地）、平地（川地、沟谷地）、低湿地（沼泽、滩涂）等。

（3）土地型：主要依据次一级土地类型分异的植被亚型或群系组、土壤亚类划分。

按综合性原则，土地（自然）类型应根据土地综合体的自然属性及其组合进行划分，各个土地单元的内部应保持一定相似性。鉴于气候地带分异的规模往往比较大，较低级别的分类系统应力求与地貌、土壤、植被类型相一致，低级别分类单位则以中小地形条件及土壤的属、植被群系以下单位为依据。土地（自然）类型的划分要注意前述几项原则的结合。应在综合分析土地资源各自然要素的基础上，找出影响土地资源自然生产力的主导因素，将其作为不同级别土地类型的主要划分指标。

7.2.2　土地利用类型

土地利用类型是按土地的用途和利用方式进行分类，它是土地利用现状的空间分布特征的反映。土地利用类型是在一定的自然环境条件和社会经济条件下所形成的，是人类社会利用和改造自然的结果。

7.2.2.1　土地利用类型划分的原则

（1）应根据土地利用现状的特征。土地利用现状是人类长期利用、改造土地资源的结果，是划分土地利用类型的一项综合性指标。

（2）反映土地利用的地域性。土地利用现状及土地利用结构受到各地区的自然、社会经济及技术条件的影响，具有明显的地区差异，所以在划分土地类型时，一定要体现各地区土地利用的特点，揭示土地利用的分布规律。为保持全国统一性，以便其能为各地所接受，尽管各个地区的分类单元可以有所增减，以反映本地区土地利用方面的特色，但无论是增还是减，都不要打乱全国统一的编码顺序及其代表的地类。

（3）具有实用性。土地利用类型的划分要体现出为生产服务。分类体系力求通俗易懂、层次简明，分类要明确，说明要正确，以便为群众掌握和应用。

（4）具有一定层次等级的系统性。分类中应正确归并相似性，区别差异性，从大到小或从高级到低级逐级细分，形成一个上下联系、逻辑分明的土地利用的分类系统。在确定多级分类体系时，要求做到：①先从大类分起，而后逐级细分；②同一级的类型要有同一分类标准；③分类层次不能混杂；④同一个地类，只能在一个大类中出现，不可在另一个大类中并存。

7.2.2.2 土地利用类型划分的方案

土地利用分类系统是根据现有的土地用途、经营特点、利用方式和覆盖特点，划分成的不同层次的类型结构体系。目前国内外采用的体系，有两级制，也有三级制。我国的土地利用分类偏重农业用地；而一些发达国家的土地利用分类则侧重城市用地分类，农业用地次之。

根据中国科学院地理科学与资源研究所主持编制的中国 1∶100 万土地利用图，制定了三级土地利用分类系统，第一级根据国民经济各部门用地构成划分 10 个类型，第二级主要根据土地经营方式划分出 42 个类型，第三级主要根据农作物熟制或农作物组合、林种、草场类型等划出 35 个类型。

我国 1∶100 万土地利用图中一级、二级类型的划分见表 7.2。

表 7.2 我国 1∶100 万土地利用图分类系统（一级与二级类型）

一级类型	二级类型
1. 耕地	（1）水田；（2）水浇地；（3）旱地；（4）菜地
2. 园地	（1）果园；（2）茶园；（3）桑园；（4）热带作物；（5）基塘
3. 林地	（1）用材林；（2）经济林；（3）疏林地；（4）薪炭林及灌丛；（5）防护林地
4. 牧草地	（1）人工改良草地；（2）天然草地
5. 水域和湿地	（1）河流；（2）运河、灌排总干渠；（3）湖泊；（4）水库；（5）滩涂；（6）珊瑚礁；（7）养殖场；（8）沼泽地；（9）芦苇地
6. 城镇用地	（1）大城市；（2）中小城市；（3）城镇
7. 工矿用地	（1）工矿区；（2）盐场
8. 交通用地	（1）铁路；（2）公路；（3）海港；（4）机场
9. 特殊用地	（1）自然保护区；（2）旅游地
10. 其他土地（难以利用土地）	（1）冰川、永久雪地；（2）沙地；（3）沙漠；（4）戈壁；（5）盐碱地；（6）裸露地

7.3 土地资源的评价

土地资源的评价，主要是为了某一特定目的对一定区域内的土地资源按照一定的评价准则和技术方法对其特性进行评判的过程。由于土地质量具有多面性，不同的用途对土地质量鉴定的侧重面不同，甚至差别很大。例如，为工程建设服务，就着重对土地的承载力进行鉴定；为农业生产服务，则主要对土地的生产能力进行鉴别。因此，土地资源评价必须针对具体的服务目的。由于土地服务的方面很多，因此土地资源的评价至少应包括土地的农业评价、土地的城市建设评价、土地的交通建设评价等。

7.3.1 土地资源的农业评价

土地资源的农业评价是国内外进行研究和实践最多的一类评价，也是较复杂的一类评价。按照其评价的目的与内容，主要有土地生产潜力评价和土地适宜性评价。

7.3.1.1 土地生产潜力评价

土地生产潜力一般是指土地资源在一定的利用条件下，某种用途所要求的全部条件最佳时，其所能达到的生产力。土地资源作为工业利用或商业利用时的生产潜力无法估计，这是因为进行这些利用时其达到最大生产力时的最佳条件难以确定。从理论上说，当某块土地的实际生产水平接近潜在的生产力，那么植物（作物）生长的各种条件已接近该植物（作物）要求的理想状态。

土地生产潜力的研究工作以美国开展最早。美国农业部在 20 世纪 30 年代便提出了土地生产潜力的分级方案，在这一分级系统中，按一般农作物生产、林木和牧草植物生长的情况进行土地生产潜力的归类分级。以某种方式长期利用，又不会导致土地退化为前提，将土地分成八个潜力级。从一级到八级，土地在利用时受到的限制程度逐级增加。其中，一到四级土地在良好管理下可生产适宜的作物，包括农作物、饲料作物、牧草及林木。五级土地适宜一定的植物，但不适宜农作物，五级和六级中某些土地也能生产水果、种植观赏植物。如果在这些级别的土地上大大加强水土保持措施和高度的经营管理，则可栽培大田作物和蔬菜，但在一般情况下，即使高度集约经营也只适于放牧。七级土地适于有限放牧和森林。八级土地只适于野生动物活动，若没有重大的改造措施，经营农作物、放牧和造林都得不偿失。

7.3.1.2 土地适宜性评价

土地适宜性，是指一定地段的土地对特定、持续用途的适宜程度。土地适宜性的评价是在土地潜力评价的基础上，联系某种作物、牲畜或树木等具体生产对象的适生条件来进行的。根据特定用途的适宜性，可对一定地段的土地进行评价和分级，确定土地对一定用途适宜与否，以及适宜程度高低。

根据联合国粮食及农业组织 1976 年提出的《土地评价纲要》，土地适宜性评价采用四级分类体系。

（1）土地适宜性纲。反映土地适宜性的种类，可分为适宜的和不适宜的两个纲。

（2）土地适宜性级。反映土地适宜性的程度，是在土地适宜性纲内再按高低顺序进行分类。例如，在适宜性纲内又分高度适宜级、中度适宜级、勉强（或临界）适宜级。

（3）土地适宜性亚级。根据级内限制因素的种类进行划分，如水分亏缺、侵蚀危险等。

（4）土地适宜性单元。它反映亚级之内所需经营管理方面的次要差别。不同单元之间在其生产和经营条件方面均有细微差别，而同一单元在生产利用、改良措施的难易程度或规模上有着极为相似的一致性。

7.3.2 土地资源的城市建设评价

服务于城市规划与建设，其评价内容除土地的工程性质之外，还包括气候及进行绿化的生境条件等。城市用地的主体是工程建设场地。

7.3.2.1　建设场地成分

（1）岩土地基。不仅决定场地的工程特征，也决定场地的使用条件（如使用起来是否方便、处理时的费用等）。

（2）水分。包括地表水和地下水，决定场地的工程特性和使用条件。

（3）地形。地形是决定场地利用条件的重要成分（如建筑物的走向、平面设计和布局、道路、管网、土石方工程等）。

（4）不良地质现象与灾害。地质灾害是决定场地经济等级及使用条件的重要成分。

7.3.2.2　建设场地分类与分区

（1）特性分区。对各种场地成分的一般性质、成因及质量进行分类，并作为分区的直接依据。

（2）适宜性分区。从突出土地开发及利用能力、岩土体的工程可建设性出发，对地质条件和特点及场地的宏观质量等级做出评价。

（3）稳定性（或危险性）分区。从突出各种地质灾害对工程建设影响的程度与耗费，对工程建设稳定性状态做出区划与评价。

7.3.3　土地资源的交通建设评价

土地资源的交通建设评价主要服务于铁路、公路、飞机场、运河、码头等建设，主要评价土地的工程性质。例如，从岩性、土质、水文条件等方面评价土地的承载能力；从坡度、起伏与破碎程度等方面评价地面的工程量；从崩塌、滑坡、泻溜、泥石流、风沙等方面评价工程限制因素等。

7.4　我国土地资源

7.4.1　土地资源利用现状

7.4.1.1　土地利用结构

根据《2017 中国生态环境状况公报》，截至 2016 年底，全国共有农用地 64512.66 万 hm^2，其中耕地 13492.10 万 hm^2（20.24 亿亩①），园地 1426.63 万 hm^2，林地 25290.81 万 hm^2，牧草地 21935.92 万 hm^2；建设用地 3909.51 万 hm^2，其中城镇村及工矿用地 3179.47 万 hm^2；未利用土地 27577.83 万 hm^2（图 7.1）。

因人口基数大，我国是一个土地资源相对贫乏的国家，特别是耕地资源表现尤为显著，人均占有耕地为世界人均耕地面积最少的几个国家之一，而且耕地后备资源严重不足，难以利用土地所占比例远高于世界平均水平。

① 1 亩≈666.67m^2。

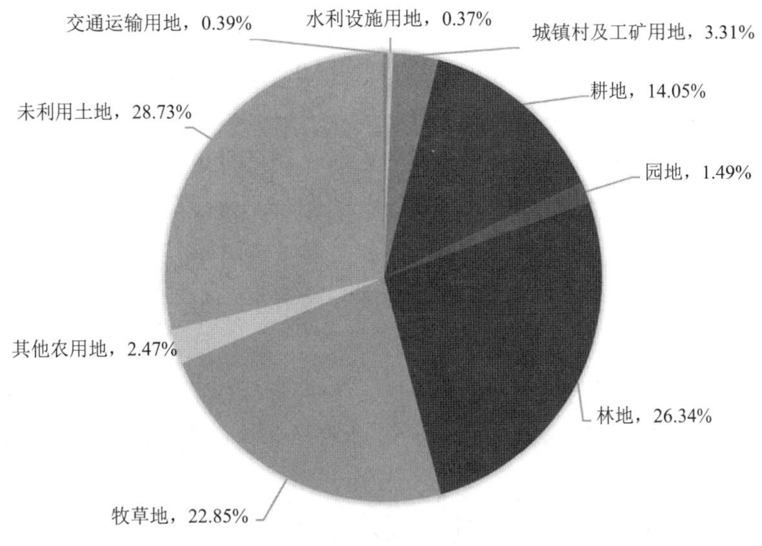

图 7.1 2016 年全国土地利用现状结构图

7.4.1.2 土地利用地域分布特征

（1）东西区域差异。以大兴安岭—张家口—兰州—青藏高原东南边缘一线，为农牧交错的过渡地带。此线以东是我国耕地最集中的农业区，粮食产量占全国的90%以上，同时也是全国重要的用材林、经济林区及淡水养殖区。此线以西为干旱、半干旱及高寒地区，是全国主要的草地牧业区，又是难以利用土地的主要分布区，开发利用条件甚差。

（2）南北区域差异。东部以秦岭—淮河为界，分为南方与北方地区。北方区（东北、华北及黄土高原）土地占全国土地总面积的 19.9%，耕地占全国耕地总面积的 46.6%，是我国的旱作农业区。南方区（长江中下游平原、东南丘陵、华南及西南地区）土地占全国的 25.1%，耕地占全国耕地面积的 42.1%，尤其水田占全国的 91.4%，是我国水稻集中种植区。

西部以祁连山—阿尔金山—昆仑山为界，分为西北和青藏区。西北区（新疆、内蒙古及甘肃西部、宁夏北部和陕西北部）土地占全国的 31.9%，其中，耕地占全国总耕地面积 10.5%，牧草地占全国的 38.9%，是全国主要的干旱草原和荒漠草原牧区。青藏区（青海、西藏和四川西部、云南西部）土地占全国的 23.1%，其中，耕地占全国耕地的 1.1%，而牧草地占 41.0%，以高原草地和高山草地为主，是全国高寒牧区。

7.4.2 土地资源基本特点

（1）土地资源绝对数量大，但人均数量少。我国陆地面积约 960 万 km^2，居世界第三位。但人均土地面积仅 0.68 hm^2，仅为世界人均值（1.67 hm^2）的 40.72%。

（2）山地多，平地少，干旱地区面积大。形成了大量沙漠、戈壁、裸地、石山、高寒荒漠及重盐碱地等难以利用的土地。

（3）耕地资源不足。我国耕地面积 1.35 亿 hm^2（2017 年），人均 0.097 hm^2，约为世界平均的 50%。另据统计，我国耕地总数及人均数，近些年呈明显的下降趋势。

（4）草地面积较大，约为 2.19 亿 hm^2（2017 年），占全国土地面积的 22.84%（约为耕地的 2 倍），但大部分草地质量较低下，因而草地畜牧业在我国畜牧业生产中的比例也很小。

（5）土地退化问题严重。例如，水土流失面积达 273.69 万 km^2（2018 年），其中，水力侵蚀面积为 115.09 万 km^2，占水土流失总面积的 42.05%，风力侵蚀面积为 158.60 万 km^2，占水土流失总面积的 57.95%。按侵蚀强度分轻度、中度、强度、极强度、剧烈，分级面积分别为 168.25 万 km^2、46.99 万 km^2、21.03 万 km^2、16.74 万 km^2、20.68 万 km^2，分别占水土流失总面积的 61. 47%、17.17%、7.68%、6.12%、7.56%。

名词解释

1. 土地资源；2. 土地的自然特性；3. 土地的经济特性；4. 土地类型；5. 土地纲；6. 土地类；7. 土地利用类型；8. 土地资源评价；9. 土地适宜性评价；10. 土地的城市建设评价

思考题

1. 什么是土地，土地的特性有哪些?
2. 土地有哪些功能?
3. 土地自然类型划分的原则有哪些?
4. 土地资源的农业评价包括哪些内容?
5. 我国土地资源利用现状与基本特点有哪些?

第8章 水 资 源

8.1 概 述

8.1.1 水是宝贵的自然资源

人类的生存离不开水，生命就是从水中起源的，而且依赖于水分才能维持。水既是人体组成的基础物质，又是新陈代谢的主要介质。成年人体内水分占人体总重的60%～70%。

在温度适宜、湿度适宜、没有过多运动，且身体健康的情况下，人体每天需要2.5kg左右的水来补充皮肤蒸发、呼吸、粪便和排尿等渠道的损失。如果人每天不能及时补充水，就会发生各种生理问题，如血液浓缩、血液循环受阻等。在不进食的情况下，人的机体依靠自身储存的营养物质或消耗机体组织可以维持约一个月；但在不饮水的情况下，人的机体最多维持不超过一周。人的机体失水超过10%就威胁健康，如机体失水达到20%时，人就有生命危险，由此可见水对生命有重要意义。除此之外，人们在生活与生产的多个领域都需要大量的水，如餐饮、运输、农业灌溉、建筑施工等。水还可以用于发电、水产、旅游和环境改造等。总之，水是人类宝贵的自然资源，对人类生活很重要。可以说，没有水就没有生命，也就没有社会的繁荣和兴旺。

8.1.2 水圈与水循环

水是地球上广泛分布的物质之一。在自然界，它是以气态、液态和固态三种形式存在于地球表层的水圈之中。地球上的水圈具体包括了海洋、河流、冰川融化水、地下水、湖泊、大气降水、土壤水和生物水等。这些子系统紧密联系、相互作用，并不断相互交换而形成一个有机整体。实际上，水圈就是地球表层水体构成的连续圈层。

目前，全球总储水量估计为13.8亿km^3，其中，咸水和淡水分别约占97.4%和2.6%。需要强调的是地球淡水总量偏少，仅有约3600万km^3，而且这些淡水中，约72.2%的部分以固态形式储存于地球的两极和高山上，而约27.8%的部分为液态水，具体包括河水、湖泊淡水、沼泽水和地下淡水等。因此，除冰川和冰帽外，人类可利用的实际淡水总量不足全球总贮水量的1%。这部分淡水与人类的关系最为密切，具有经济利用价值，并在一定时间、空间范围内以有限的数量存在。因此，水是需要节约和合理利用的。地球上水的分布和储量见表8.1。

表 8.1　地球上各种水的分布和储量

	储库	储量/km³	误差/%
海洋、大气	表层海洋	1.3 亿	30
	深层海洋	12 亿	8
	海洋上空大气	1.0 万	20
	陆地上空大气	3000	10
陆地	积雪（年最大量）	2.7 万	20
	河流	1900	20
	淡水湖	11 万	20
	咸水湖	9.5 万	10
	土壤含水量	5.4 万	90
	水库	1.1 万	40
	冻土水	21 万	100
	湿地	1.4 万	20
	可更新地下水	63 万	70
	不可更新地下水	2200 万	80
	冰川和冰帽	2600 万	10
	生物水	940	30

资料来源：Abbott 等（2019）。

水循环是指地球上各种形态的水在太阳辐射、重力等作用下通过蒸发、水汽输送、凝结降水、下渗及径流等环节，不断地发生相态转换和周而复始运动的过程。水循环具有热量输送和调节气候，并形成可再生水资源的作用。水属于可更新的自然资源，处在不断的循环之中，从海洋与陆地表面蒸发、蒸腾变成水蒸气，又冷凝为液态或固态水降落到海面和地面，落在陆地的部分汇流到河流和湖泊中，最后重新回归海洋，如此循环不已。发生在海洋与大陆之间的水分交换称大循环，海洋或大陆内部的水分交换称为小循环。从图 8.1 可以看出全球水循环具有以下特点。

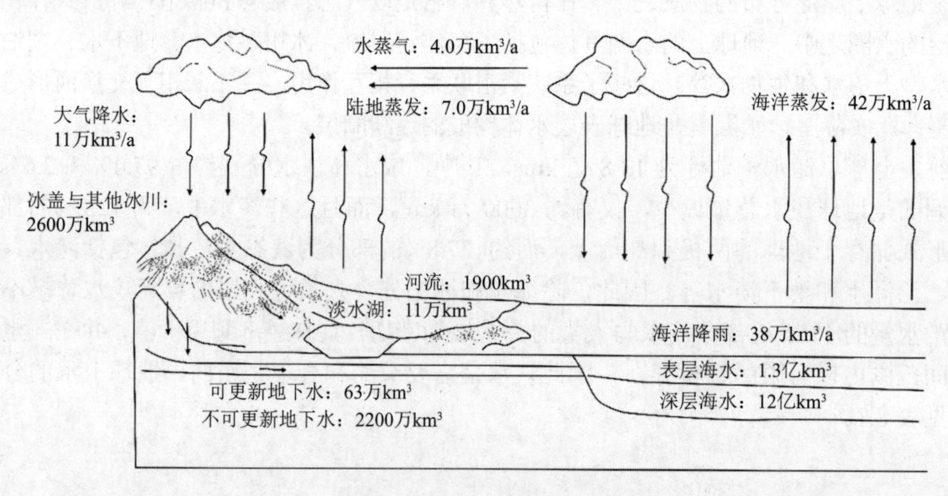

图 8.1　地球上各种水的储量和分布

资料来源：据 Abbott 等（2019）修改

（1）全球每年水分的总蒸发量与总降水量相等，均为 49 万 km^3。

（2）全球海洋的总蒸发量约为 42 万 km^3，海洋总降水量约为 38 万 km^3，二者之差为 4 万 km^3，这部分水以水蒸气的形式向陆地迁移。

（3）陆地上的降水量（约 11 万 km^3）比蒸发量（约 7 万 km^3）多 4 万 km^3，它有一部分渗入地下补给地下水，一部分暂存于湖泊中，一部分被植物吸收，其余部分最后以河流的形式回归海洋，从而完成了海陆之间的水量平衡。

8.1.3　水的特殊物理性质

（1）沸点较高。据水分子结构，氢键作用使水在常温下呈液态，因而地球上才会出现海洋、湖泊和河流。

（2）蒸发热大。在所有液体中，水的蒸发热最大，这表明蒸发一点点水就需要大量热能。水的这种特性可以使太阳照射到地球上的热能在全球得以分散，起到均衡地球上各地气温的作用。大量的太阳能以热的形式储存在被蒸发的海水中，然后转移到较冷的陆地上空，凝结成降水而释放热量。水的蒸发热高，也有利于生物维持体温，仅需蒸发少量水分即可满足散热要求。

（3）热容高。水是热容最高的物质之一，即用给定的热量加热一定重量的水时，其温度升高不多。水的这种性质导致水的升温和降温过程都比其他物质慢得多，制止了气温的大幅度变动，从而保护了生命机体免受气温突变的伤害，同时也有利于热电站和工业过程排热。

（4）反常膨胀。水温为 4℃时，水的密度最大，低于 4℃，因体积膨胀，其密度变小，使冰浮于水面成为可能。湖面结冰时，大多数生物仍可在底部的水中生活。

（5）良好的溶剂。水是最好的溶剂之一，能溶解各种物质，这种性质一方面使水常用作清洗剂，另一方面又使水很容易被污染，并且污染会在一定区域内不断扩大。

8.2　全球水资源利用概况及我国水资源特点

水资源是指对人类有直接或间接使用价值的各种水体或各种形态的水。水资源有以下特点：①流动性，即地表水、土壤水、大气水之间能够相互转化，某一地区的水受到污染，或多或少都会导致其他地方的水受到污染；②可再生性，但这并不代表水资源是取之不尽的，可再生性表示某一地区的水资源消耗可以从其他地区得到补充，但总量是减少的，且当消耗速度远大于再生速度时，人类会面临更严重的缺水问题，这也是水资源有限性的表现；③多用途性，水的用途广泛，可用于灌溉、发电、供水、航运、养殖、旅游、净化水环境等各方面；④利与害的两重性，水资源的利用不仅在于增加供水量，满足需水要求，而且还存在治理洪涝、旱灾、渍害的问题，即包括兴水利和除水害两方面。⑤时空变化的不均匀性，水资源时间变化上的不均匀性，表现为水资源量年际、年内变化幅度大。区域年降水量因水汽条件等多种因素影响呈随机变化，使得丰、枯年水资源量相差悬殊，丰、枯年交替出现，或者连旱、连涝持续出现都是可能的。

水资源利用是指通过水资源开发为各类用户提供符合质量要求的地表水和地下水的过

程。人类对水资源的利用可分为两大类：第一类是人类从水源地取走其所需的水量，以满足人民生活和工农业生产的需要。取水后水量有所消耗、水质有所变化，但水量可能在其他地点得到补充和恢复；第二类是取用水能，如水力发电、发展水运、水产和水上游乐、维持生态平衡等，这种利用不需要从水源引走水量，但需要河流、湖泊、河口保持一定的水位、流量和水质。本节主要讨论第一类形式。

8.2.1 世界水资源利用现状

人类早期对水资源的利用，主要集中在农业、航运、水产养殖和水能利用等方面，而用于工业和城市生活的水量很少。直到20世纪初，工业和城市生活用水仍只占总用水量的12%左右。随着世界人口的高速增长及工农业生产的发展，水资源的消耗量越来越大，世界用水量也逐年增长。根据2020年《世界水发展报告》，在过去100年时间内，全球用水量增长了6倍，并且由于人口增加、经济发展和消费方式转变等因素，全球用水量仍以每年约1%的速度稳定增长。

地球上由于各个地区的发展不同，不同地区的用水结构有所差异。表8.2列举了世界各大洲2010年实际和2050年预估工业用水量情况。由该表可知，发达地区如北美洲和中美洲，其在2010年的用水量为229 km^3，该工业用水量占该地区总用水量的比例相对高（约35%），而相对不发达地区如非洲，其在2010年的工业用水量仅为18 km^3，其占该地区总用水量约8%。另外，随着世界的发展，世界用水量结构也不断发生变化。据统计，2010年世界工业用水量约为838 km^3，其占世界总用水量的比例约为18%。而随着世界的发展，该比例也在逐步变化。专家预估到2050年，世界工业用水量为1381 km^3，其占世界总用水量的比例提升至约24%。

表8.2 各大洲的工业用水量

区域	2010年（实际）/km^3	占总用水量比例/%	2050年（预估）/km^3	占总用水量比例/%
非洲	18	8	64	18
亚洲	316	10	760	19
北美洲和中美洲	229	35	182	27
南美洲	31	19	47	21
欧洲	241	54	325	58
大洋洲	2	5	3	7
世界	838	18	1381	24

资料来源：2020年《世界水发展报告》。

在工业用水中，主要是能源部门的冷却用水量大。在热电厂，生产1000 kW·h电，需用水200～500 m^3；而核电站需水量又是热电厂的两倍。目前，每年能源部门的冷却用水量已经达到全球淡水资源的10%。

随着科技的发展，除了工业用水情况发生变化，农业用水情况也不断发生变化。据2020年《世界水发展报告》，1990年全球农业用水量约为2300 km^3，2005年上升为2500 km^3，2010年为2769 km^3。虽然近20年全球农业用水的总量在增加，但农业用水的耗水比例却有所下降，1950年农业用水占世界总用水量的78.2%，而最近农业用水占世界总用水量的占比下降至 69%左右。

世界上许多地区都面临水资源短缺的问题。目前，约占世界人口总数 40%的 80 个国家和地区约 15 亿人口淡水不足，其中 26 个国家约 3 亿人极度缺水。更可怕的是，预计到 2025 年，世界上将会有 30 亿人面临缺水，40 个国家和地区淡水严重不足（龚静怡，2005）。联合国有关组织曾发出警告：不要认为水是无穷无尽的天授之物；事实上，世界的水荒正在不断威胁着人类的生活。

需要注意的是，统计得到的淡水资源总量不可能全部为人们所利用，而且世界淡水资源在全球的分布是不均匀的，人们居住的地理位置与水的分布也不相称。按地区分布，巴西、俄罗斯、加拿大、中国、美国、印度尼西亚、印度、哥伦比亚和刚果 9 个国家的淡水资源占了世界淡水资源的 60%。

可供人类使用的水资源不会增加，甚至会因人为污染等因素使得水质量变差，水资源量减少。目前，发展中国家 80%～90%的废水没有专门收集和处理，就直接排放到大自然，这导致可供使用的世界水资源问题的进一步加剧。相应地，水资源供应与需求之间的矛盾将日趋突出，尤其在工业和人口集中的城市更是如此。

除了水资源短缺问题，水资源的分布不均也引发其他次生灾害。据统计，2001～2018 年全球约 74%的自然灾害与水有关，在过去 20 年中，仅由水灾和旱灾造成的死亡总人数超过 16.6 万，而水灾和旱灾影响了 30 多亿人，以及造成近 7000 亿美元的经济损失。

8.2.2 我国水资源概况及其特点

8.2.2.1 我国水资源概况

我国江河众多，流域面积超过 50 km^2 的河流共有 45203 条，流域面积大于 100 km^2 的河流有 22909 条，流域面积在 1000 km^2 以上的有 2221 条。绝大多数河流分布在我国东部气候湿润、多雨的季风区，西北内陆气候干燥、少雨、河流很少，有面积广大的无流区。

我国湖泊众多，面积在 1 km^2 以上的湖泊有 2865 个，总面积 7.8 万 km^2。2018 年，根据常年监测的 56 个湖泊数据的统计，湖泊年末蓄水总量为 1416.3 亿 m^3。

我国是世界上中低纬度地带冰川资源最多的国家之一，共有 0.01 km^2 以上的冰川 48571 条，其主要集中分布在西部地区。冰川总面积为 51800 m^2，占全国国土面积的 0.54%，总贮量为 4300～4700 km^3。

据最新统计数据，我国年平均降水量为 651.3 mm（《2019 年中国水资源公报》），年平均河川径流量为 27993.3 亿 m^3，折合年径流深为 295.7 mm。我国河川径流量主要由降水补给，而由冰川融雪水补给的只有 500 亿 m^3 左右。

根据分析计算，我国水资源总量为 29041.0 亿 m^3，其中，地表水和地下水资源量分别为 27993.3 亿 m^3 和 8191.5 亿 m^3，地下水与地表水资源不重复量为 1047.7 亿 m^3。全国水资源总量占降水总量 47.1%，平均单位面积产水量为 30.7 万 m^3/km^2（《2019 年中国水资源公报》）。

8.2.2.2 我国水资源特点

（1）降水在空间上分布的不均一性。总体上，我国降水量由东南沿海向西北内陆递减。例如，东南沿海地区降雨充沛，其降水量可达 1600～2000 mm/a，长江流域降水量为 1000～

1500 mm/a，而华北和东北地区降水量一般在 400～800 mm/a。我国西北内陆地区降水很少，降水量一般在 100～200 mm/a。个别地区，如新疆塔里木盆地的降水量还不到 50 mm/a，而且有些地方几乎终年无雨。降水在空间上分布的不均一性导致水资源在空间分布上的不均一性。按降水量的多少，全国可分为下列五个降水量带。

多雨带：年降水量超过 1600 mm，气候湿润，包括广东、福建、台湾和浙江大部、江西和湖南山地、广西南部和云南西南部。

湿润带：年降水量为 800～1600 mm，气候湿润，包括秦岭—淮河以南的广大长江中、下游地区，以及云贵川和广西大部地区。

半湿润带：年降水量为 400～800 mm，气候半湿润半干旱，包括黄淮海平原、东北大部、山西和陕西大部、甘肃东南部、四川西北和西藏东部。

半干旱带：年降水量为 200～400 mm，气候干燥，包括东北西部、内蒙古、宁夏和甘肃大部，以及新疆西部和北部。

干旱带：年降水量少于 200 mm，年径流深度不足 1.0 mm，有的地区为无流区，包括内蒙古、宁夏和甘肃的沙漠，青海的柴达木盆地，新疆的塔里木盆地和准噶尔盆地。

（2）降水在时间上分布的不均一。受到季风气候的影响，我国降水量的季节性变化明显，年际变化也很大，并且有少水年和多水年的持续出现。我国大部分地区是冬季和春季少雨，而夏季和秋季多雨。

（3）蒸发在空间上的不均一性。我国干旱和半干旱地区，由于降水稀少，蒸发旺盛，蒸发能力大大超过供水能力。在西部内陆沙漠和草原地区，年蒸发能力可达到 1600～2000 mm，该地区为我国蒸发能力最强的地区。而在东北大小兴安岭、长白山、千山丘陵区和三江平原，气温低、湿度大，因此，年蒸发量仅 600～1000 mm。

（4）地表径流分布的不均匀性和季节性。我国地表径流在地区分布上的不均匀性较为严重。东部地区由于降水量大，水系发育且径流量大，一般为常年性地表水体；而西北干旱、半干旱地区则多发育季节性河流且径流量小。径流的季节性分配一般具有夏季丰水、冬季枯水、春秋过渡的特点，而且年际变化北方大于南方。

（5）不同地区地下水补给来源的差异性。例如，我国长江中下游平原、东北平原和黄淮海平原的地下水补给以降雨为主；而在西北内陆盆地则主要以河川径流补给为主。南方山丘区地下水补给量大，一般为 20 万～25 万 m^3/（km^2·a）；而东北西部、内蒙古和西北地区一般小于 5 万 m^3/（km^2·a）。

8.2.2.3　我国水资源主要问题

（1）我国水资源人均和亩均水量少。我国水资源总量为约 2.9 万亿 m^3，其中河川径流量为约 2.8 万亿 m^3。但我国人均水资源量只有约 2200 m^3，仅为世界人均水资源量的 1/4。亩均水资源量也只有 1700 m^3，相当于世界亩均水资源量平均数的 3/4 左右。因此，虽然我国水资源总量不少，但人均和亩均水量并不丰富。

（2）水资源在地区分布上不均匀，水土资源组合不平衡。我国水资源的地区（空间）分布不均匀，与耕地、人口的地区分布也不相适应。北方耕地面积占全国的 64%，其用水却只占总水量的 18%。南方耕地面积占全国的 36%，其用水却占总水量的 82%。因此，生产力布局和水土资源不相匹配，供需矛盾尖锐，缺口很大。

（3）水量年内及年际变化大，水旱灾害频繁。我国位于东亚季风区，降水和径流的年内分配很不均匀，其年际变化也大，少水年和多水年持续出现，平均约每三年发生一次较严重的水旱灾害。

（4）水土流失严重，许多河流含沙量大。目前，我国水土流失面积约 150 万 km^2，其中黄土高原是水土流失最严重的地区，面积达 45.4 万 km^2，占黄土高原总面积的 71%，涉及 138 个县。全国每年进入河流的悬移质泥沙约 35 亿 t，结果造成水库淤积严重，而且许多河流的含沙量大，如黄河平均含沙量为 36.9 kg/m^3，居世界大河之首。

（5）北方地区地表水资源相对匮乏，地下水是主要水资源，但过量开采已经相当严重，地下水枯竭现象严重。

（6）我国各地对水资源利用很不平衡。我国水资源利用程度偏低，工业和城市用水浪费现象严重。除北京、天津、大连、青岛等城市水重复利用率可达 70%外，大批城市水资源的重复利用率仅有 30%～50%，有的城市更低，而发达国家已达到 75%以上。

8.3　地下水资源

8.3.1　地下水的基本概念

广义的地下水是指赋存于地面以下岩土空隙中的水，包括包气带水及饱水带水，而狭义的地下水仅指赋存于饱水带岩土空隙中的水。

地表以下一定深度，岩石中的空隙被重力水充满，形成地下水面，地下水面以上称为包气带，地下水面以下称为饱水带。包气带自上而下可分为土壤水带、中间带和毛细水带。包气带顶部植物根系发育与微生物活动的地带为土壤层，其中含有土壤水；包气带底部由地下水面支持的毛细水构成毛细水带。

包气带是饱水带与大气圈、地表水圈联系的必经通道。饱水带通过包气带获得大气降水和地表水的补给，又通过包气带蒸发与蒸腾排泄到大气圈。包气带水来源于大气降水的入渗，地表水体的渗漏，由地下水面通过毛细上升输送的水分，以及地下水蒸发形成的气态水。

饱水带岩石空隙全部为液态水所充满。饱水带的水体是连续分布的，能够传递静水压力，在水头差的作用下，可以发生连续运动。

岩层根据其渗透性可分为透水层与不透水层。透水层是渗透性好，能让水透过的岩层，饱含水的透水层通常称为含水层，它能够透过并给出相当数量的水。不透水层又称隔水层，它不能透过与给出水，或者透过与给出的水量微不足道。透水与不透水是相对的，两者之间没有固定的定量区分界限。

8.3.2　地下水资源的特征

8.3.2.1　地下水资源的优越性

地下水资源是水资源的一个重要组成部分。地下水与大气水、地表水在水文循环过程中相互转化，因此，一个地区的水资源是一个密切联系的有机整体。与地表水相比，地下水资源具有以下优越性。

（1）空间分布广泛。地表水的分布局限于稀疏的水文网，地下水则在广阔的范围里普遍分布。地下水在空间赋存上弥补了地表水分布的不均匀性，使自然界的水资源能够被人类利用得更加充分。

（2）变化稳定。在季风气候作用下，我国河流流量季节性及年际变化明显，地下水的变化相对稳定。

（3）时间上具有调节性。地表水循环迅速，其流量与水位在时间上变化显著，干旱半干旱地区的地表水往往在急需用水的旱季断流，为了利用它往往需要筑坝建库以进行时间上的调节。流动于岩土空隙中的地下水，受到含水介质的阻滞，循环速度比地表水缓慢得多；再加上有利的地质构造又能够储存地下水。因此，地下含水系统实际上是具有天然调节功能的地下水库。这种时间上的调节性，对于干旱地区与干旱年份的供水来说尤为可贵。

（4）水质洁净，不易受污染。只有水质符合一定要求的水才是可利用的资源。地表水容易受到污染使水质恶化，水温变化大，有时还可能结冰。地下水在入渗与渗流过程中，由于岩层的过滤，水质比较洁净，水温恒定，不容易被污染。

（5）便于利用和管理。利用地表水一般需进行水质处理，往往需要在某些地段修建水工建筑物以导流引水或蓄水调节，然后再用管道输送到用水地段。因此，利用地表水的一次性投资大，一个地区的各用水单位需要统筹修建供水工程设施。地下水分布广，且含水层发挥着输送水的作用，利用时不需要修建集中的水工设施，一般也不需铺设引水管道，不需要处理水质。用户可以通过打井从含水层直接抽取需用的水，一次性投资低，且可随需水量增加而逐步增加水井。

8.3.2.2　地下水资源的系统性

地表水可以直接观察，其系统性很容易被人们理解。降水落到地表，汇入细小的支流，逐级汇入较大的支流，最终汇入干流，这就形成一个水系。一个水系占有某一流域。地表水资源总是按水系进行计算，并按水系进行规划使用的。

地下水资源也是按系统形成与分布的，这个系统就是含水系统。存在于同一含水系统中的水是个统一的整体，在含水系统的任一部分注入或排出水量，其影响均将波及整个含水系统。某一个含水系统可以长期持续作为供水水源利用的地下水资源，原则上等于它所获得的补给量。不论在同一个含水系统中打井的地下水用户有多少，所能开采的地下水量的总和原则上不应超过此系统的补给量。这就是说，应当以含水系统为单元，统一评价及规划利用地下水资源。

由于地下水含水系统存在于地下，其不像地表水系那样可能直接观察到，人们往往不自觉地忽略地下水资源发育与分布的系统性，而以集中采水的水源地为计算单元；地下水往往只是含水系统的一个部分，有时又跨越若干含水系统。对处于同一含水系统的若干水源地分别求算其可开采利用水量，会造成水量重复计算。按这样的水量各自为政地开采地下水，必然超过含水系统的补给量，而造成区域性地下水位持续下降。

8.3.2.3　地下水资源的可调节性

地表水在雨季流量增大，旱季显著减少，有时甚至完全断流，这就难以保证稳定均衡地供水。为此人们修建水库，将一部分丰水季节与年份的地表水储存起来，以供枯水季节与年份之用，从时间上调节水量。

地下含水系统是具有时间上调节水量功能的天然“地下水库”，它不依靠修坝筑库储存水量，而是利用有利的地质构造储存水，或者利用含水介质滞留水，更多情况下则是两者兼有。含水系统的储存水量可维持枯水季节或年份的供水，并在丰水季节或年份得到补偿。

含水系统的调节能力取决于它滞蓄水量的能力。例如，包气带中局部隔水层上的上层滞水，由于其含水层规模小，一般只能在雨季与融冻期后的短时间内季节性地滞水。潜水（第一个稳定隔水层之上的饱和带水）的含水层通常厚度不大，储存水量有限，一般只具有年内或隔年调节能力，遇到连续干旱缺水，供水往往难以保证。承压水（两个稳定隔水层之间的地下水）含水层的厚度通常较大，地质构造也有利于储存水量，常具多年调节功能。

不同介质的含水系统的蓄水能力也不同。孔隙含水系统分布于地势低下的部位，介质的渗透性通常不是很大，贮滞水量多，调节能力较好。岩溶含水系统含水介质渗透性极强，滞留地下水的能力差，只有当其具备有利于蓄水的较大规模的地质构造（如向斜、单斜断块等）时，才有较强的蓄水能力与调节能力。

8.3.2.4　地下水资源的可恢复性

地下水是可再生资源，具有可恢复性。地下水资源的再生是通过水文循环实现的。地下水从大气水与地表水获得补给，向大气与地表水排泄。在水文循环过程中水量不断再生，水质也不断更新。含水系统与外界水的循环交替程度不同，地下水资源的可恢复性也不同。地下水资源的再生能力既取决于可能补给源水量的大小，又取决于含水系统接受补给的条件（如地形、岩性、构造等），后者中最重要的是地下水赋存条件与含水介质的渗透能力。显然，一个地区的降水量从根本上决定着地下水可能获得的补给量的大小，从而宏观上决定着一个地区地下水资源状况。

如上所述，一个含水系统能够长期持续供应的水量，原则上等于其从外界获得的补给量。因此，从供水角度出发，地下水资源的可恢复性是其长期持续供水的保证。即使是规模巨大、储存水量十分丰富的含水系统，如果赋存其中的水不具有可恢复性，则储存水量将逐渐被消耗，最终供水无以为继，造成地下水资源的枯竭。

8.4　热 水 资 源

热水是指高于当地年平均气温的地下水。广义地说，热水属于矿水范畴。热水除具有矿水的一般用途外，还可以作为热能被人类利用。

8.4.1　热水的形成条件

热水多形成于热流值或地温梯度高于区域背景值的地热异常区。大气降水通过岩石孔隙或裂隙渗入地下深处，在地温梯度作用下或受熔融岩体加热，成为具有较高温度的地下水（图 8.2）。地下水在循环过程中与围岩发生溶滤作用，使不同成分发生混合、置换作用，使微量元素、重金属元素富集，使地下水中含有某些特殊化学组分或某些气体成分或具有较高矿物质含量。

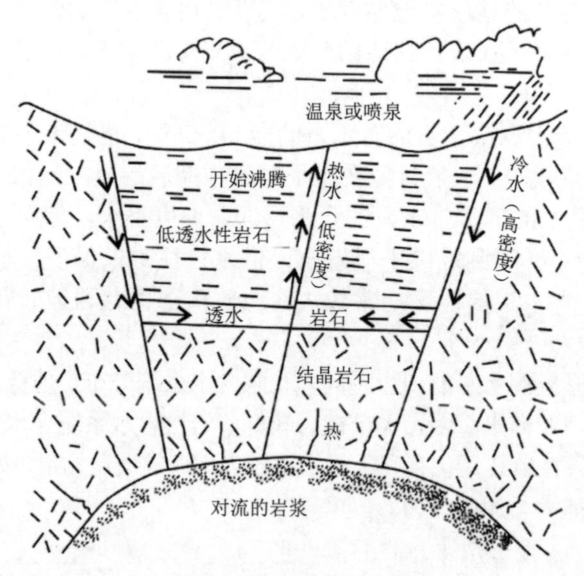

图 8.2　热水形成示意图

热水的形成一般需具备以下四个条件。

（1）热储：具备渗透性良好的孔隙、裂隙岩层或断裂系统，使热水或蒸汽可以富集。

（2）通道：指地下热水（汽）在静水压力作用下上涌的构造通道。

（3）盖层：由不透水层组成，直接覆盖于热储之上，起保温隔热作用，能阻碍地球内部热能向地表散失。

（4）热源：热源是热水形成的首要条件。

8.4.2　我国热水资源的分布特征

热水资源的一种常见形式为温泉。对于温泉的定义，不同学者持有不同观点。例如，一些学者认为涌出的泉水比当地的年平均温度要高，即为温泉。还有一些学者把温度低于 20℃的泉水称为冷泉；温度在 20～37℃的泉水，称为温泉；温度在 37℃以上的泉水，称为热泉；温度超过 43℃的泉水，称为高热泉；温度超过了当地的沸点的泉水，称为沸泉。国家通用的温泉定义是：高于 25℃，而且不含有对人体有害物质的地下涌出热水。调查和统计结果（陈墨香和汪集旸，1994a，1994b）表明，我国现有大于 25℃的温泉为 2200 处，其中 25～40℃的温泉为 859 处，40～60℃的温泉为 807 处，60～80℃的温泉为 398 处，大于 80℃的温泉为 136 处，分别占全国温泉总数的 39%、37%、18%和 6%。全国温泉放热总量为 10190×10^{13} J/a。以上各温级温泉的放热量分别为 3198×10^{13} J/a、2149×10^{13}J/a、2886×10^{13} J/a 和 1957×10^{13} J/a，分别占全国温泉放热总量的 31.4%、21.1%、28.3%和 19.2%。全国温泉水每年挟带的热量折合成标准煤为 354 万 t。表 8.3 列举出了中国各地区温泉及地热井统计结果。

表8.3　中国各地区温泉及地热井统计　　（单位：个）

地区	温泉数	地热井数	地区	温泉数	地热井数
北京	3	300	天津	0	251
河北	25	200	山西	7	220
内蒙古	6	1	辽宁	36	10
吉林	6	5	黑龙江	0	18
江苏	5		上海	0	
浙江	6		安徽	18	
福建	172	94	江西	82	22
山东	17	100	河南	23	300
湖北	53		湖南	130	76
广东	282	15	广西	35	10
海南	35	60	四川	305	3
贵州	72	40	云南	822	230
西藏	306	60	陕西	14	186
甘肃	14	3	青海	44	10
宁夏	2	2	新疆	62	8
港澳台	128	15			

注：表中温泉数与地热井数取自文冬光等（2010）。综上所述，我国温泉分布无论从其数量、密度和放热量，还是从大于80℃的温泉数，均以我国西南部的西藏南部、四川西部和云南西部地区及东部的台湾为最，水热活动也最为强烈，这是我国沸泉、沸喷泉、间歇喷泉和水热爆炸等高温热显示的集中分布区。以福建、广东、海南为主体的我国东南沿海地区是我国另一温泉广布和密集的地带，这些地方大于80℃的温泉较多，温度虽未达到沸点，无沸泉出现，但相对于我国大陆东部的其他地区来说，仍是水热活动较活跃的地区。西北地区温泉稀少，华北、东北地区除胶东半岛和辽东半岛外，温泉也不多，水热活动亦不强烈。云南东南部、贵州南部和广西西部之间的地区基本上为温泉空白区。我国温泉分布这种呈明显的地域性或分带性的特点，与我国地质构造格局、地热背景和区域水文地质条件有着密切的关系。

名词解释

1. 水圈；2. 地下水；3. 透水层；4. 不透水层；5. 热水；6. 热储；7. 温泉；8. 水资源；9. 水循环；10. 水资源利用

思考题

1. 简述水循环的主要作用。
2. 水资源有哪些特点？
3. 世界上的水量有多少，主要有哪些水体？
4. 我国水资源的主要问题有哪些？
5. 全球水循环具有哪些特点？
6. 简述水的物理性质。

第9章　矿产资源

9.1　概　　述

矿产是指分布在地表或埋藏在地壳中能被人类利用的有用元素、矿物和岩石，它们绝大多数为固态，少数为液态和气态。按工业用途的不同，大致可分为四大类：①金属矿产，如铁、铜、金等；②非金属矿产，如金刚石、花岗石、萤石等；③能源矿产（燃料矿产），如煤、石油、天然气等；④水气矿产，如地下水、矿泉水、二氧化碳气体等。本章仅介绍我国的金属矿产和非金属矿产。

随着科学技术的进步，过去一些无用的元素、矿物或岩石逐渐变成了有用的矿产，因而人类所能利用的矿产种类是不断增加的。目前世界已知的矿产约有200种，其中80多种应用较广泛。截至2018年底，已发现173种矿产，矿产地有两万多处，其中，能源矿产13种，金属矿产59种，非金属矿产95种，水气矿产6种。我国是世界上少数几个矿种齐全、矿产资源总量丰富的大国之一。煤炭、钢铁、十余种有色金属、水泥、玻璃等主要矿产品产量居世界前列，是世界最大矿产品生产国。

我国已探明的矿产资源总量约占世界的12%。仅次于美国和俄罗斯，居世界第3位，但人均占有量低，仅为世界平均水平的58%，列世界第53位。

矿产资源是人类最基本的生产资料之一。或许，在当今时代，很少有人认识到我们对矿产的依赖已经达到何等的程度！我们每家每户的电灯、电视、动力、各种运输工具、通信工具等，都离不开矿产资源。矿产资源是国民经济建设与社会发展的物质基础。现阶段我国95%以上的能源、80%以上的工业原料、70%以上的农业生产资料来源于矿产资源，30%以上的农业用水和饮用水来自属于矿产资源范畴的地下水。矿产资源的持续稳定供应，是现代经济与社会发展的重要保障。

矿产资源的开发和利用与人类社会发展紧密联系，相互促进。例如，根据人类对矿产的利用情况，人类社会分为石器时代、金石并用时代、铜器时代、铁器时代等。工业时代的兴起，极大地加快了人类对矿产的需求，全世界在第二次世界大战前后的短短一段时间里采掘和消耗的矿产资源比任何时候都要多。如今，一个国家拥有丰富的矿产资源并能够加以利用，往往意味着该国已加入世界工业强国的行列之中。

当前国际资源地质科学发展的一个趋向是加强研究和开发利用稀有和稀土金属矿产资源，另一个趋向是非金属矿产日益受到重视。20世纪70年代以来，非金属矿产的开采速度、产值、产量已超过了金属矿产。近年统计资料也表明，美、日、德等工业发达国家非金属产品的人均消费量已达到8.9 t，而金属只为0.9 t，这是否意味着人类社会正在步入新的石器时代？

我国矿产资源有如下特点。

（1）资源丰富，但开发利用程度不尽相同。据不完全统计，我国探明储量居世界第一位的矿种大致有钨、钼、钒、铌、稀土金属（尤其是重稀土）、锌、锡、锑、铋、锂、钛、硫、萤石、硼、石膏、重晶石、菱镁矿、石墨等；居世界第二位的有煤、铅、银等；居世界第三位的有锰、镍、铜、汞、滑石、石棉；另外，钴、铝、砷、石盐、明矾石、硅灰石、石灰岩、高岭土、黏土、玉石、大理石、花岗石等矿产储量或天然埋藏量均居世界前列。但目前开发利用较好，具有国际优势的矿种是钨、锑 、煤、矾、汞、稀土（尤其是重稀土），这些矿种成为重要的创汇矿产。而铁、锰、铜、钴、铌、钽等矿产虽然储量不少，但矿石质量、选冶性能、矿区分布等方面的不足严重制约其开发利用。

（2）许多大宗矿产贫矿多，富矿少。我国 80%以上的锰矿、70%以上的钼矿、90%以上的磷矿及 80%以上的铝土矿都属于贫矿类矿床。

（3）单一矿种少，共生、伴生矿多。我国矿产资源通常都是多种有用组分、多种元素相互共生、伴生的。据统计，约 1/4 的铁矿中含稀土、钒、钛、锡、钼等金属，约 1/4 的钼矿储量、2/5 的金矿储量都是伴生矿的储量。按现在的生产技术指标进行的抽样估算表明，各类矿山伴生组分的潜在资源价值占总潜在资源价值的 35%～40%。据此特点，在开发矿产时要注意综合利用。

（4）中小型矿床占绝大多数，大型超大型矿床为数甚少，但集中了这些矿产的绝大多数储量。因此在开发上，要求大、中、小矿兼顾。我国已探明的 2 万多个矿床，多为中小型矿床，大型矿床只有 800 多个，具有明显的大矿少、中小型矿多的特点。

（5）分布面广同时又呈区域性集中。50%以上的铁矿集中在鞍山本溪、冀东、攀西三大矿区；70%的煤矿集中在山西、内蒙古、陕西一带；50%以上的锡矿集中在云南、广西；30%的铜矿集中在长江中下游地区；特别是，占世界重稀土储量 80%以上的重稀土矿集中在我国南岭地区。我国的煤炭储量中，山西占 1/4，内蒙古占 1/5，而南方很少。石油也存在北多南少的状况，大庆、辽河、华北、胜利等几大油田都集中在北方，有色金属则是南多北少，如钨、锰、镍、铅、锌矿等。这种资源分布与生产力布局的不相匹配，长期形成了北煤南调、西煤东运的局面，大大增加了矿产开发成本。

（6）我国矿产资源各地开发程度不同。从经济地带来看，东部沿海目前资源优势并不显著，但在技术、经济、交通等有利条件支撑下，矿产资源开发程度较高，从资源潜力转化为经济实力的可能性较大。中部地区拥有全国 50%以上的石油、铁、锰、锌、锡等，60%～80%的铜、锡、金、银、锑、铝土矿、煤、天然气、钼、磷、石墨，90%以上的芒硝、铂和稀土等重要矿产，这一地区矿产资源成为决定建设布局的关键。西部地区已探明储量有限，但地域广阔，未知因素显然比东、中部地区多，矿产资源潜力很大。

人类为了生存和过上更加舒适安逸的生活，需要不断从地球上获取大量的矿产资源，这种无休止的需求，使得有些矿产资源正在被迅速耗尽。我们知道，矿产的形成需要在一定的条件下，经过漫长的地质成矿作用，所以从某种意义上说，矿产资源是一种不可再生资源。因此我们要认真贯彻执行《中华人民共和国矿产资源法》，合理开发利用矿产资源，实现资源、环境与经济、社会的协调发展。

9.2 矿床的概念和分类

调查研究地壳中各种矿产的物质成分、赋存状态、形成条件、分布规律等，是矿产地质工作的基本任务，但要完成这一任务，又必须以矿床为主攻对象，围绕着矿床的工业评价进行，最后向国家提供出赋存于其中的矿产的工业储量。

9.2.1　有关矿床的基本概念

（1）矿床。矿床是在一定地质作用下形成的在质和量上适合当前开采利用水平要求的有用矿物、岩石的聚集地段。

（2）矿体和围岩。矿床由矿体和围岩两个部分组成。矿体是矿床的核心部分，是有一定的几何形态、规模和产状的主要由矿石聚集而成的地质体。一个矿床可由一个矿体也可由大小不等的多个矿体组成。矿体存在于围岩中，围岩有两重含义，一是指侵入体周围的岩石，二是指矿体周围的岩石，矿床学中主要指后者。

（3）矿石与脉石。矿体又由矿石和脉石两部分组成。其中，能提取有用矿物的矿物集合体称为矿石，另外部分称为脉石，如矿体所含的围岩角砾或低矿化围岩残体等。

（4）矿石矿物和脉石矿物。这是组成矿石的两个组成部分。矿石矿物是指矿石中的有用矿物，包括具有经济价值的金属矿物和非金属矿物；脉石矿物是指与矿石矿物相伴生的、当前还不能利用或不被利用的矿物。

（5）品位。品位是指矿石中金属或有用组分的含量，一般用质量分数（%）来表示。它是衡量矿石质量的主要技术经济指标。金属矿的品位一般用其所含金属元素的质量分数来表示；贵重金属的品位一般用每吨矿石所含金属元素的克数即 g/t（10^{-6} 或 ppm）来表示；原生金刚石矿石的品位，以 mg/t（或每吨的克拉[①]数，记作 c/t）表示；砂矿的品位一般以 g/m^3 或 kg/m^3 表示；大多数非金属矿物原料的品位，以其中有用矿物或化合物的质量分数来表示，如云母、石棉、钾盐、明矾石等。

矿石品位是衡量矿石质量好坏的最主要指标。在矿床勘查工作中，为合理地评价矿床的工业价值，矿石的品位通常用边界品位和工业品位两个指标来综合表示。

（6）储量。储量是指矿床规模。储量也有相应的要求。富矿的要求可小一点，贫矿则要求有足够大的规模。例如，大型富铁矿，要求矿石量大于 0.2 亿 t，而大型的一般铁矿，要求其矿石量大于 1 亿 t。

（7）矿石与岩石的区别与联系。矿石和岩石都是矿物的集合体，不同之处是，矿石是质（品位）和量（储量）上能满足当时开采利用水平要求的有用矿物的集合体，当前尚不能利用或品位达不到要求的矿物集合体，则为普通岩石，矿石是特殊的岩石。矿物的有用和无用、品位要求的高低、储量的大小，都是随时间和技术经济条件而变化的，因此矿床的范畴是相对的、变化的、总的趋势是不断扩大的，许多过去不是矿床的，随着科学技术的进步，陆续成了可开采利用的矿床，原本的矿山废石也可能转化为矿石。

9.2.2　矿床的工业分类

矿床的分类方法很多，有按矿床工业用途、矿床形态产状、成矿物质来源、矿床产出环境、岩石组合及矿床成因等因素分类的不同分类方法。本书仅介绍矿床的工业分类（表 9.1）。

---

① 1 克拉（c）= 200 mg

表 9.1　矿床的工业类型

工业类型	矿种
金属矿床	1. 黑色金属：铁 Fe、锰 Mn、铬 Cr、钛 Ti、钒 V 2. 有色金属：铜 Cu、铅 Pb、锌 Zn、铝 Al、镁 Mg、镍 Ni、钴 Co、钨 W、锡 Sn、钼 Mo、铋 Bi、锑 Sb、汞 Hg 3. 贵重金属：铂族金属（铂 Pt、钯 Pd、铑 Rh、铱 Ir、钌 Ru、锇 Os）、金 Au、银 Ag 4. 稀有金属：钽 Ta、铌 Nb、铍 Be、锂 Li、锆 Zr、铯 Cs、铷 Rb、锶 Sr、铈 Ce 族元素（轻稀土）、钇 Y 族元素（重稀土） 5. 分散元素（绝大多数不构成独矿物）：锗 Ge、镓 Ga、铟 In、铊 Tl、镉 Cd、铼 Re、硒 Se、碲 Te
非金属矿床	1. 冶金辅助原料 a. 熔剂：萤石、方解石、白云石、长石等；b. 耐火材料：石墨、石棉、菱镁矿、耐火黏土、滑石等 2. 化工、农业原料 a. 化工原料：石盐、钾盐、自然硫、黄铁矿、重晶石、天然碱等；b. 农业原料：明矾石、硝石、硼酸盐、磷灰石 3. 特种非金属 a. 技术原料：云母、萤石、金刚石、刚玉、石榴子石；b. 压电原料：压电石英、电气石等；c.光学原料：光学萤石、冰洲石、水晶等 4. 美术工艺原料 a. 宝石、金刚石、红宝石、蓝宝石、黄玉等；b. 彩石：玛瑙、蛋白石、碧玉、孔雀石、寿山石、琥珀 5. 建筑材料 a. 建筑板材：花岗石、大理石等；b. 水泥原料：石灰岩、黄土、黏土、石膏、铝矾土；c. 玻璃原料：石英砂、白云母、石灰岩、长石等；d. 陶瓷原料：高岭土、塑性黏土、长石、石英等；e. 铸石原料：辉绿岩、玄武岩、白云岩、角闪岩；f. 隔音、隔热原料：浮石、硅藻土、蛭石等；g. 建筑石料：石料、砂、砾
能源矿床	1. 固体燃料：泥炭、烟煤-无烟煤、油页岩、可燃冰等 2. 流体能源：石油、天然气、地热、非常规油气资源（煤层气、致密油、页岩气、天然气水合物） 3. 放射性金属：铀 U、钍 Th、镭 Ra
水气矿床	1. 地下水 2. 矿泉水 3. 二氧化碳气体 4. 硫化氢气体 5. 氦气 6. 氡气

9.3　金属矿产资源

金属矿产是指能够供工业上提取金属原料的有用矿物和岩石。按其物质成分、性质和用途的不同，可将其分为黑色金属矿产（钢铁及其合金金属矿产）、有色金属矿产、贵金属矿产、稀有金属、分散元素矿产等几类。

我国是世界上金属矿产最为丰富的国家之一，在认识、开发和利用过程中，为人类文明做出了巨大贡献。中华人民共和国成立以后，对金属矿产的普查勘探曾经是我国矿产地质工作的主要任务。目前，除金、银等少数矿产外，全国金属矿产地质工作多处于稳步发展之中。

9.3.1　铁

铁在地壳中的平均含量为 4.75%，仅次于氧、硅、铝而居第四位。人类已知的自然界含铁矿物有 300 多种，但在工业上被利用的仅有少数几种，如磁铁矿（含铁量 72.4%）、赤铁矿（含铁量 70%）、褐铁矿（含铁量 48%～63%）、菱铁矿（含铁量 48.3%）等。

采冶工业上对铁矿石质量标定主要有两方面：①铁的含量，并以此分为富矿（含铁量 35%以上）和贫矿（含铁量 25%～35%）；②有害杂质（如磷、硫、砷等）的含量。炼铁过程中，除铁矿石外，还需要加入焦炭和石灰石，将空气或氧吹入炉底，将焦炭燃烧成一氧化碳，一氧化碳将铁矿石中的氧移走，而将矿石还原为金属铁。石灰石使矿石中的硅、铝和其他杂质进入炉渣。生铁是含碳量大于 2.11%的铁碳合金，熟铁由生铁制成，并可以锻铸，具有延展性。要生产比较纯的熟铁，就要把生铁送入搅炼炉，在搅动中使其中的杂质结渣去除。钢由铁与碳合成，其中含碳量一般少于 2.0%。

铁是工业发展的基础，是衡量一个国家工业发展程度的标志之一。世界铁的总储量约为 1700 亿 t，2006 年起每年开采量超过 15 亿 t。自 1996 年钢产量突破 1 亿 t 开始，中国已经连续 25 年保持世界钢产量第一。特别是近 10 年来，中国钢产量始终保持世界钢铁产量的一半以上。

我国铁矿原矿总储量达 210 亿 t（截至 2019 年），居世界第四位，但是富矿石所占比例很小，只有 1.6%的矿山为矿石品级且达到高品级，其平均品位仅为 34.29%，较全球平均品位低 10.45%。富矿石仅有 8 亿～9 亿 t，因此需要从国外进口部分富铁矿石。截至 2019 年底，全国已探明储量的矿区多达 1834 处，分布于 29 个省（自治区、直辖市），其中储量超 50 亿 t 的省份有辽宁、四川及河北，其合计保有储量达 227.5 亿 t，其次为储量超 10 亿 t 的北京、山西、内蒙古、山东、河南、湖北、云南、安徽，其铁矿储量约占全国铁矿总储量的 34.71%。我国铁矿分布主要集中在以下五个地区，即鞍山-本溪、冀东-北京、攀枝花-西昌、五台-岚县、宁芜-庐枞地区。

9.3.2　钨

钨占地壳总重量的 0.001%，在所有元素中居第 39 位。已知的含钨矿物有 18 种，其中有经济价值的主要是黑钨矿（锰和铁的钨酸盐）、白钨矿（钨酸钙）。钨矿床最低开采品位一般要求含 WO_3 不小于 0.2%。

钨是人类已知最耐高温的金属（熔点高达 3410℃），是制造耐高温合金和硬质合金钢的最重要原料。

我国钨矿资源的特点是：①资源丰富储量居世界之首，截至 2018 年底储量达 1071.57 万 t，产量全球排名第一，占世界钨矿总产量的 82.4%。②在全国 24 个以上的省（自治区、直辖市）都发现了钨矿，但约 60%的储量集中在江西、湖南，约 30%的储量分布于河南、广西、福建；2016 年初，江西朱溪钨矿新查明三氧化钨资源量为 286.48 万 t，是目前世界上最大的钨矿。③除黑钨矿、白钨矿矿石外，由二者组成的混合矿石也比较常见。④除钨外，我国钨矿还常共生有锡、钼、铋、铜、铅、锌、锑、金、银、铍、铌、铼、钪，以及硫、砷、萤石、水晶等各种矿产。⑤矿床类型齐全，钨矿成因理论的研究方面居世界先进水平。

9.3.3　铜

铜占地壳总重量的 0.007%，在所有元素中居第 26 位。人类已知自然界的含铜矿物有 170

多种，其中有经济价值的主要是黄铜矿、斑铜矿、辉铜矿、铜蓝、黝铜矿、孔雀石、蓝铜矿、赤铜矿、自然铜等。铜矿床工业要求含铜量最低不少于0.4%。矿床中往往伴生锌、铅、镍、钴、金、银及黄铁矿、硒等，评价时要注意综合利用。

铜具有良好的导电性、导热性、延展性、抗张性，并可和其他金属制成合金。例如，历史上遗留下来的三铜——青铜、白铜、黄铜，以及现代的铜锌镍合金、铜铍合金等属之。铜在电气、机器制造、交通、化工、国防、冶金及轻工业等领域应用广泛。

根据2020年统计数据，世界上铜的储量约为8.7亿t，我国铜储量约居世界第七位，查明资源量达1.1443亿t。国家已建设的铜矿区有900多个，其中大型矿区近30个。我国铜矿主要分布在江西和云南，其次是西藏、甘肃、安徽、湖北、山西等，这些地区的铜矿储量约占全国铜矿总储量的70%。

9.3.4　铅和锌

铅和锌的地球化学性质十分相近，故在地壳里经常密切共生。铅占地壳总重量的0.001 6%，在所有元素中居第35位；锌占地壳总重量的0.008%，在所有元素中居25位。人类已知自然界有经济价值的铅矿物主要是方铅矿，其次是脆硫铅矿、白铅矿、铅钒等；有经济价值的锌矿物主要是闪锌矿，其次是红锌矿、菱锌矿、水锌矿、异极矿等。一般铅的最低工业品位为0.7%～1%，锌为1%～2%。铅、锌矿床中常富集银、镉、铟、镓、硒等，可综合利用。

铅在国防、颜料、玻璃、医药等工业部门及X射线技术、核能技术及印刷技术等方面均有广泛用途。锌在机器制造、运输、无线电、玻璃、颜料等工业部门及镀铁、照相、铸造等技术方面均有广泛用途。

截至2018年，我国探明铅储量为1700万t，居世界第二位，锌储量为4300万t，居世界第二位。各省区都分布有铅锌资源，但探明储量最多的是云南和内蒙古，其次是西藏、新疆、广东、湖南、四川、青海、甘肃、广西。全国铅锌矿区有700多个，其中大、中型矿区170多个。

9.3.5　金

金的克拉克值为5.0×10^{-7}，在所有元素中居第74位。人类已知自然界的含金矿物约70种，其中有经济价值的主要是自然金（其中常含银4%～5%）、金银矿（含金50%～80%，含银15%～50%）、银金矿、方金锑矿、含金的各种碲化物等。

由于人类对黄金需求量的不断增长，黄金的货币价值越来越突出。从20世纪70年代末开始，随着风靡全球的黄金热，一大批大型和超大型金矿被发现。2010年以来，世界金矿储量维持在50000 t以上。据美国地质调查局的统计数据，截至2018年底，世界黄金储量约为54000 t，以澳大利亚最多，达10000 t，其他依次为俄罗斯（5300 t）、南非（3200 t）、美国（3000 t）、印度尼西亚（2600 t）、巴西（2400 t）、秘鲁（2100 t）等。

世界黄金总产量近几年一直在持续增长，年递增率在16%左右。南非黄金生产因成本高产量上升不大，而澳大利亚、巴西、美国等国近几年黄金产量增加很快。据世界黄金协会（World Gold Council，WGC）的统计数据，2017～2019年世界黄金产量保持在3500 t左右，2019年世界黄金总产量为3463 t，以我国最多，达420 t，连续13年位居全球第一，其他依次为澳大利亚（330 t）、俄罗斯（310 t）、美国（200 t）等。

黄金储备是指一个国家的中央银行和政府机构集中掌握的黄金。在国际机构支付中，黄金是支付和清算的主要手段。因此，一个国家的黄金储备是衡量国家财力的标志。截至2019年底，全球十大黄金储备国依次为美国、德国、意大利、法国、中国、俄罗斯、瑞士、日本、印度、荷兰。我国已成为世界第一大黄金生产国，也是黄金消费大国，2020年初，我国黄金储备规模近1970 t，而美国作为目前全球最大的黄金储备国，储备量近8200 t，约占世界黄金总储量的1/4。

金是全人类最早发现和利用的金属之一，它具有高度的化学稳定性、良好的导电性、导热性和延展性，主要用作货币、首饰和工业原料。据统计，到2019年底，各国中央银行和三大国际货币组织（世界贸易组织、国际货币基金组织和世界银行）储备占总储量的14.9%，首饰用金占48.4%，用于工业生产的占7.5%，私人投资的占29.2%。

金的常见伴生物除银外，还有黄铁矿、铜矿物及砷化物等。黄铁矿一般对金的加工处理影响不大，铜矿物会使氰化法提金遇到困难，常需要焙烧或富集和熔化，砷化物常使矿石的加工处理难度增大，从而使成本提高。大多数矿石是用氰化法和汞齐法处理的。

金矿石的品位变化较大。原生金矿一般最低工业品位为3.5 g/t，砂金矿为0.3 g/m^3。成本上涨就需要利用较富品位的矿石，而金价上涨则可能开发和重新开发那些品位较低的矿床。

我国一贯重视黄金的开发利用，1975年国家重申了发展黄金生产的指标。20世纪80年代以来，全国形成了一支工种配套、具有先进技术水平约6万人的金矿地质队伍。据不完全统计，全国已探明储量的矿区约1260处，包括金矿床和金矿点4200多处，采金的县达400多个。近年来，我国黄金的勘探及开采有了大幅度提高，矿床分布及新类型的发现都有突破，截至2019年底，我国金矿的地质储量略有上升，达到2000 t，居世界第八位。

我国金矿资源的特点主要是：①原生金矿主要分布在山东、河南、陕西、河北等地，约占全国原生金总储量的80%；砂金矿主要分布于黑龙江，其次为四川、陕西、内蒙古、吉林等地，约占全国砂金总储量的81%。整体上中国黄金资源在地域分布上是很不均衡的，中东部地区是中国探明金矿资源、储量相对集中的地区。我国前十大黄金储量地区分别为山东、甘肃、江西、云南、四川、河南、内蒙古、陕西、黑龙江、贵州，这10个地区黄金资源储量占全国黄金总储量的68.58%。伴生金储量占全国金矿总储量的28%，主要集中于江西、甘肃、安徽、湖北、湖南五省，约占伴生金储量的67%，在我国金矿资源中占有重要地位。②单个矿床规模以小型和矿点为主，占全国总数的89%，中、大型矿较少，但是探明资源量约占金矿资源储量的80%以上。③能单独开采利用的金矿储量只占总储量的72.1%，伴生金占27.9%，而且其中91.7%已被矿山开采利用。④在矿床类型方面以原生金矿（包括石英脉型、交代蚀变岩型等）和伴生金矿为主（占总储量的97%），砂金矿较少（仅占总储量的3%）。⑤在成矿时代方面分布广泛，从新太古代到新生代几乎均有分布，但以中生代（占80%）为主，其次是新生代，占10%左右。

9.4　非金属矿产资源

非金属矿产是指除金属矿产和能源矿产外的所有具有工业价值、可供开采利用的天然矿物与岩石。人类历史上最早利用的矿产是非金属矿产，但自六七千年以前人类发现和利用了金属矿产，人类历史进入金属时代以后，金属矿产的开采利用就一直在社会生活中处于优先地位。然而，自 20 世纪 50 年代起，随着科学的进步、工业的发达、人类生活水平的提高，人们对非金属矿产的开发利用得到迅速的发展。非金属材料代替金属材料的领域正在不断扩大，人们的衣、食、住、行的改善和现代化在很大程度上将依赖非金属矿产资源的开发利用。非金属矿产开发利用程度也是国家经济发展成熟的标志，因此各国都重视非金属矿产资源的开发利用。本节简要介绍非金属矿产特征和几种常见的非金属矿产。

相对于金属矿产来说，非金属矿产具有以下主要特征：①种类繁多，分布广泛。目前自然界已被工业利用的非金属矿物 150 种、岩石 50 种。截至 2019 年底，我国已探明储量的非金属矿产有 95 种，产地 10000 多处，目前已开发利用的约 80 种。其中，石膏、膨润土、芒硝、萤石、菱镁矿、石墨等矿产储量位居世界之首；滑石、重晶石、硅藻土、硅灰石、叶蜡石、硫铁矿等矿产储量居世界第二位；明矾石、硼砂、高岭土、海泡石、黏土、珍珠岩、石棉、岩盐等矿产资源远景居世界前列。②开采方便，加工简单，价格低廉。大多数非金属矿产分布在地表、近地表，埋藏不深，容易开发，适合露天开采。大多数非金属矿产不需要冶炼或精加工就可以成为原料或成品。非金属矿产易采、易选、易加工，所以一般生产成本较低，价格较便宜，有利于广泛地开发利用。③用途广，用量大。非金属矿产的应用范围几乎遍及国民经济的各个领域，如用作建材、农肥、农药、冶金熔剂、耐火材料、化工原料、陶瓷和玻璃原料、研磨材料、填料、美术工艺原料、涂料、光学材料、电器材料等。其中用量最大的要数建筑材料矿产，它占非金属矿产总产量的 90%，占总产值的 60%。

9.4.1　花岗石

花岗石是指具有装饰性、成块性，并能锯板、磨平、抛光或雕刻成所需形状的各种硅酸盐质的岩浆岩和变质岩，由于其得天独厚的物理性质和美丽的花纹，其是当今建筑业中上等材料，有岩石之王的美称。例如，各类花岗岩、闪长岩、辉长岩、辉绿岩、正长岩、凝灰岩、玄武岩、混合岩、片麻岩等。矿物成分主要是石英、长石、角闪石、辉石、橄榄石、云母等。岩石呈块状构造、粒状结构、致密坚硬，颗粒分布均匀。花岗石石材质量要求有：①具有较好的装饰性能，如颜色花纹要美观和谐，无色线，硫化物矿物含量小于 4%，光泽度一般大于 45°；②良好的加工性能。切割、抛光性能好；③有较强机械物理性能；④具有较好的绝缘性和低放射性，放射性元素有效浓度小于 0.74 Bq/g；⑤具有良好的抗风化能力（吸水率小于 0.5%、膨胀系数小于 8×10^{-6}）；⑥有一定的块度（裂纹少）。花岗岩的优良特性使其在当今石材市场上备受青睐。

我国花岗石资源丰富，分布广泛，埋藏量居世界前列，著名品种有白虎涧、南口红、崂山红、长清花、柳阜红、泰安绿、济南青、平邑红、官道墨、田中石、古山红、峰白石、厦门白、玛瑙星、岑溪红等 50 余种。

9.4.2　大理石

与花岗石一样，大理石也是一个商业名词，它因产于云南大理点苍山而得名。大理石在我国古籍中又有点苍石、榆石、天竺石、文石、文玉石、白玉石、屏石、贡石、凤凰石、云石等雅称。在岩石学中，大理岩是一种碳酸盐矿物含量大于 50%的变质岩石。在商业上，凡是达到饰面石材、工艺石材要求的碳酸盐类，碳酸-硅酸盐类岩石，通称为大理石。包括大理岩、白云质大理岩、蛇纹石大理岩、白云岩、白云质石灰岩、石灰岩、竹叶状石灰岩、角砾状石灰岩。大理石的主要矿物成分是方解石和白云石。我国是世界上盛产大理石的国家之一，其品种齐全，分布广泛，资源丰富，埋藏量居世界前列。色泽艳丽、花纹繁缛、质地坚实、细腻、滑润、光洁，是我国大理石的重要特色。人们根据自己所在地区的地质技术和美术工艺特色而命名的大理石品种已超过 1000 种，其中著名的有点苍玉、汉白玉、螺丝转、桃红、曲阳玉、紫豆瓣、丹东绿、竹叶青、杭灰、秋景、雪野、双峰黑、蜀白玉、纹脂奶油等。

9.4.3 黏土

黏土是很多矿物的总称。按可塑性分为软质黏土（可塑性黏土）、半软质黏土、硬质黏土；按耐火度可分为耐火黏土（耐火度大于 1580℃）、难熔黏土（耐火度为 1350～1580℃）、易熔黏土（耐火度小于 1350℃）；按矿物成分可分为高岭石黏土、蒙脱石黏土、伊利石黏土、海泡石黏土、凹凸棒石黏土等；按用途可分为陶瓷黏土、水泥黏土、砖瓦黏土等。

陶瓷黏土是生产陶器和瓷器所用黏土的总称。陶土，其矿物成分主要有高岭石、水白云母、蒙脱石、石英、长石等。其色不纯，颗粒大小颇不一致，常含砂粒、粉砂及其他黏土质。江苏宜兴丁蜀镇为我国最大的陶土产地，素有陶都之称。瓷土，在地质学界有三种认识：①瓷土是生产瓷器所需黏土的总称，凡是符合工业要求、能制瓷器的黏土，统称为瓷土；②瓷土与瓷石在本质上是一种资源，在未捣碎之时称为瓷石，在加工之后，制成瓷器之前称为瓷土；③瓷土即高岭土，高岭土即瓷土。高岭土因产于江西浮梁县高岭村而得名，现属景德镇市管辖，全世界至今通用的高岭土一名即发源于此。质纯的高岭土色白，含杂质者呈灰、黄灰、蓝灰、浅土黄等色。其矿物成分主要是高岭石，其次为蒙脱石、水云母等。由于高岭土质软，干燥时容易用手指捏成粉末，密度为 2.58～2.60 g/cm^3，熔点高达 1700℃，具有良好的可塑性、绝缘性和很高的化学稳定性，焙烧后呈白色，因而是陶瓷工业最重要的原料。此外，造纸、橡胶、塑料、耐火材料等工业生产也要用到高岭土。迄今全国已有 21 个省（自治区、直辖市）找到了高岭土资源，探明储量以广东最多，其占全国高岭土总储量的 30.9%，其次为陕西、福建、江西等地。

膨润土又称膨土岩或斑脱岩，是一种以蒙脱石为主要矿物成分的黏土。它具有强烈的吸水性，吸水后体积膨大 10～30 倍，还具有很强的离子交换性，良好的黏结力和耐火性。工业上大量利用膨润土制作钻探泥浆、球团黏结剂、铸砂黏结剂、石墨坩埚的黏结剂及调和剂、陶瓷原料、砂浆等。

海泡石又名镁石棉、硝螵石，通常为致密、光滑的土状集合体，其色白、灰或浅黄，光泽暗淡，性柔软，密度为 2.2 g/cm^3，海泡石黏土具有耐高温、耐盐碱、吸附、脱色、高黏度、膨润等特性，在食品、医药、军工、冶金、煤炭、石油、地质勘探等行业得到了广泛的应用。

凹凸棒石黏土，外观呈青灰、灰白色，质地细腻，湿润时有黏结性与可塑性，干燥后质轻，收缩少，吸附能力强，常用它生产具有高触变性能和抗盐碱能力的钻探泥浆，也广泛用于油类、脂类、蜡类、树脂类、酿造类产品和其他许多工业品的提纯，以及作杀虫剂、土壤消毒剂的载体。

9.4.4 萤石、硫、沸石

萤石，又名氟石，冶金工业中常用作熔剂，玻璃、陶瓷、水泥等工业上也用萤石，化工上其是提取氢氟酸的主要原料。氢氟酸制成化学制品（氟化钠、酸性氟化氨等），被用于冷却剂、喷雾驱动剂。无色透明、没有裂隙及包体的萤石晶体，由于对光线有良好的均质性、低的折射率、弱的分散性，以及对红外线或紫外线有很高的滤光性，常被用作重要的光学原料，被称为光学萤石。2018年我国萤石查明资源量为2.57亿t，居世界第二。

硫，俗称硫黄，占地壳总质量的0.048%，在所有元素中居第16位。人类已知自然界有经济价值的含硫矿物有黄铁矿、白铁矿、磁黄铁矿、自然硫等。其最大用途是制取硫酸，也用于制作肥料、农药、医药。

沸石亦称泡沸石，为地壳里沸石族矿物的总称。已知天然沸石约40种，常见的有斜发沸石、丝光沸石、菱沸石、方沸石、浊沸石等。其独特的晶体结构和性能，使它成了著名的分子筛。这种分子筛具有很好的吸附、分离、离子交换等特性，而且耐热、耐酸、抗辐射、成本低，因而在工农业生产中有着广泛的用途。

9.4.5 氮、磷、钾

氮占地壳总重量的0.03%，在所有元素中居第18位。人类已知自然界的含氮矿物有硝石、钠硝石、钙硝石、镁硝石等。目前所用的氮主要取自空气中。氮是生命的基础，是组成人体的重要元素之一。农作物同样也离不开氮，它与磷、钾合称农肥三要素。

磷占地壳总重量的0.11%，在所有元素中居第12位。人类已知自然界的含磷矿物约120种，其中有经济价值的主要是磷灰石。在我国磷矿资源里，大块的磷灰石并不常见，磷矿石多为结晶程度较差的磷灰石所组成的磷块岩。农业上，其大量用于制造磷肥，工业上作为化工原料制造黄磷、红磷、磷酸、五氧化二磷、磷酸铵、磷酸钙、磷酸钠等，广泛用于医药、农药、电镀、染料、食品、油脂、营养剂、饲料、肥皂、洗涤剂等。迄今全国有26个省（自治区、直辖市）发现了磷矿，截至2018年底，我国磷矿探明储量居世界第二位，磷矿石年产量世界第一，达到了全球产量的一半。云南晋宁、贵州开阳、湖北荆襄、四川什邡、湖南石门为我国目前的五大磷矿基地，其中云南晋宁与美国的佛罗里达、俄罗斯的柯拉、非洲的摩洛哥被称为世界四大磷矿基地。

钾占地壳总重量2.47%，在所有元素中居第7位。人类已知自然界的含钾矿物有30种以上，其中有经济价值的主要是钾盐、光卤石、钾盐镁矾、杂卤石、钾镁矾、无水钾镁矾、软钾镁矾、硝石等。海洋也含有丰富的钾。此外，在缺乏钾盐资源的国家，明矾石、钾长石、伊利石、海绿石、金云母，以及其他含钾矿物或岩石中的钾，都可以提取出来利用。世界上90%以上的钾盐用作农肥，钾肥施放于农田，可促使农作物茎秆粗壮坚韧，促进开花结实，并增强抗寒、抗旱、抗病虫害的能力。我国钾盐资源相当匮乏，仅分布在青海（柴达木盆地的察尔汗盐湖）、云南、江西、四川、西藏和新疆等地。

9.4.6 盐、石膏

盐与人类生存、健康息息相关。井盐、湖盐、海盐，是自然界三大盐源。地壳里出产的盐外观如石头，故有石盐、岩盐、矿盐之称。盐常呈疏松或致密的集合体，除块状外，还有珍珠状、钟乳状等。迄今全国已有 200 多个盐矿区，位于 20 个省（自治区、直辖市），探明储量居世界前列。除海盐外，石盐探明储量较多的是青海、湖北、江苏、四川、云南、江西等地区。

石膏主要有二水石膏和硬石膏（不含水）。单晶多呈厚板状，集合体以块状为主，并有纤维石膏、雪花石膏、土状石膏等品种。色白、硬度小，是一种重要的工业技术原料，大约 70%的石膏用于建筑材料工业。当其用作水泥的缓凝剂时，可提高水泥的抗化学性和稳定性，制成的石膏板和石膏墙粉，具有良好的耐火、隔热和保温特点。墙涂上石膏墙粉后，墙面不收缩，不龟裂，其基底结合力强，涂抹方便，是一种新型的建筑材料。石膏在农业上用来制造硫酸铵以生产肥料，可起固氨保氨、降低土壤碱性的作用，并使对作物毒害很大的碳酸钠和碳酸氢钠转化为对作物危害小的硫酸。据江苏部分地区试验，施加石膏后可使水稻增产 6%～15%，碱地棉花增产 30%～40%，花生增加 45%左右。石膏适用于灰化土壤，特别对干旱地区盐渍土更为有利。我国已探明各类石膏储量居世界之首，主要分布于 23 个省（自治区、直辖市），其中储量最丰富的是山东，其占全国的 65%，其次是内蒙古、青海、湖南、湖北等地。

9.4.7 石棉、石墨、滑石、蛭石、硅藻土、浮石（岩）

石棉，我国古称石麻，按其物质成分分为蛇纹石石棉、角闪石石棉、水镁石石棉三类。蛇纹石石棉又称温石棉，其劈分性、抗张性、可纺性、耐热性、绝缘性都比较好，目前开采利用的 90%以上都是蛇纹石石棉，其制品已超过 3000 种，广泛用于各种工农业生产部门。蓝石棉是一种蓝色的碱性角闪石石棉，它除具有一般石棉所存在的特性外，还有很高的机械强度和更优良的抗酸性、防腐蚀、防化学毒物、净化原子或放射性微粒污染空气等特性，是现代重要战略资源之一，曾被列入特种非金属矿产，常用来生产过滤器材和防腐、防毒面具，但由于石棉纤维可以引发多种疾病，2017 年世界卫生组织已将其列为一类致癌物。

石墨，是碳的同素异形体，熔点高达 3800～4200℃，是人类已知的最耐高温的天然物质，也是最耐高温的矿产。其色黑，硬度低（莫氏硬度为 1～2），质软，具有优良的润滑性、可塑性和耐腐蚀性。其虽是非金属，却有金属光泽，其薄片具有挠性，并有金属物质那样的传热性和导电性，甚至可以与金属材料相焊接。它是现代工业的重要原材料，铸造、冶金、机械、电气、化工、核能、航天、军工、橡胶等领域均广为用之。我国已有 22 个以上的省（自治区、直辖市）找到了石墨资源，2018 年底，我国石墨探明储量为 7300 万 t，居世界第一位。

滑石，硬度最低，富有滑腻感，广泛用于陶瓷、造纸、油漆、橡胶、建材、化工等工业。迄今全国已有 15 个以上的省（自治区、直辖市）拥有滑石资源，截至 2018 年，查明资源量为 2.88 亿 t，居世界第二位，主要分布在辽宁、山东、广西、江西、青海，占全国储量的 90%以上。

蛭石，是自然界含水的铁镁铝硅酸盐矿物，常为片状、鳞片状集合体。高温下，蛭石厚度可增大 40 倍，体积可膨大 6～15 倍，并可漂浮在水面上。膨胀后的蛭石有远胜于石棉的很高的绝热、防火性能，优良的隔音性能，质轻，能吸收较多的水分，大量用于建筑材料工业。世界上的主要产地有中国、南非、澳大利亚、津巴布韦和美国。

硅藻土，薄如纸页，是自然界硅藻遗体及其他微小生物的硅质部分堆积而成的固结不甚紧密的硅质岩石。由于它的孔隙度高达 70%～90%，吸附性强，熔点高至 1610～1750℃，有优良的绝热耐高温、隔音、抗腐蚀能力，因而它是现代工业的一种重要材料，用途在 300 种以上。截至 2018 年底，全国已有硅藻土矿床（点）约 360 处，查明资源量为 5.11 亿 t，仅次于美国。而在各省（自治区、直辖市），吉林最多，其储量占全国储量的54.8%，其次为云南、山东等地。

浮石，又称浮岩，是一种多孔的玻璃质酸性喷出岩。质轻，能浮在水面上，具有很强的保温、隔热、隔音能力。音乐厅、礼堂等建筑中需大量使用浮石，化学工业用浮石作为过滤器、干燥器、催化剂。太阳能吸热材料、橡胶的填料、陶瓷、釉彩、珐琅的拼料、磨料等方面的生产，也都要用浮石作原材料，我国浮石的产地主要在黑龙江和吉林。

9.5 地质药物

地质药物是指中医学上以古生物化石、天然矿物、岩石为原料加工而成的药物。

我国在秦汉时代已利用矿物、岩石、化石作药物了，如在《神农本草经》就载有地质药物43种，之后，南北朝齐末梁初期的陶弘景、唐朝的苏敬和陈藏器、明朝的李时珍等都有关于地质药物的论述。现已知我国地质药物资源大约有413种，其主要种类见表9.2。

表9.2 地质药物分类简表

类型	地质药物名（矿物、岩石或化石名称）
汞类	水银（水银）、朱砂（辰砂）
铅类	黑锡（方铅矿）、密陀僧（铅黄）
铁类	皂矾（水绿矾）、磁石（磁铁矿）、代赭石（赤铁矿）、禹余粮（褐铁矿）、自然铜（黄铁矿）、蛇含石（褐铁矿结核）、滑石（滑石）
铜类	胆矾（胆矾）、绿青（孔雀石）、扁青（蓝铜矿）、紫铜矿（斑铜矿）
砷类	雄黄（雄黄）、雌黄（雌黄）、砒霜（砷华）
钙类	长石（硬石膏）、理石（纤维状石膏）、黄石（方解石）、软石膏（石碑）、龙骨（古哺乳类动物骨）、龙齿（古哺乳类动物牙齿）、石灰（石灰岩）、钟乳石（钟乳石）、花蕊石（含蛇纹石大理岩）、石燕（石燕）、白垩（白垩）、鹅管石（珊瑚）、寒水石（南方用方解石，北方用红石膏）
钠类	食盐（岩盐）、芒硝（芒硝）、玄明粉（无水芒硝）、月石（硼砂）
铝类	赤石脂（多水高岭土）、白石脂（高岭土）、明矾（明矾石）、甘土（蒙脱石）、金礞石（云母片岩）
硅类	滑石（滑石）、青礞石（绿泥石片岩）、白石英（石英）、云母（白云母）、阳起石（阳起石石棉）、海浮石（浮石）、不灰木（角闪石石棉）、金精石（蛭石或黑云母）、玛瑙（玛瑙）、玉屑（软玉）
其他	金箔（黄金）、银箔（白银）、硫黄（自然硫）、琥珀（琥珀）、无名异（软锰矿）、炉甘石（菱锌矿）、锡矿（锡石）、紫石英（萤石）、石脑油（石油）、黄土（黄土）、麦饭石（粗面岩）

不同的地质药物，含有不同的元素，它们对人体健康起着重要的作用。有些甚至是人体不可缺少的，如人们每天必吃的食盐。大多数地质药物要经过提炼加工后才能口服或外敷，少数可以直接煎服，如石膏、麦饭石等。

麦饭石是一种药用岩石，属于火山岩类，因其外观像饭团，故此得名。据李时珍《本草纲目》的记载，此药可用来治疗各种皮肤病、疽肿等疾症。现今则用它来过滤浴池用水，或者直接用来生产饮料及入药。地质学家认为麦饭石是含有稀土元素、呈斑状或似斑状结构、经过蚀变或风化作用的钙碱性的中酸性浅成岩、超浅成岩或其他火成岩，如二长斑岩、石英闪长斑岩、云母二长岩，甚至闪长岩、花岗岩等。在评价其质量时应注意其稀土元素含量、有害杂质存在形式及其含量，以及其是否遭受污染等。如果麦饭石含有适量的稀土元素、无有害元素、未受污染，则其属上品，可内饮、外敷、美容。我国麦饭石资源极为丰富，比较著名的产地有山东蒙阴、内蒙古奈曼旗、天津蓟州区等地，又以内蒙古、山东石质最佳。

矿物饲料或称微量元素添加剂，就是以地壳中的膨润土、高岭土、沸石等为原料制成的，以其喂养家禽，可以刺激其的消化系统，改变其食欲，从而提高其产量。

中药的质量和品级取决于产地，即强调其产出的地质环境。因为产于不同地质环境的同种地质药物，其中的微量元素成分及其含量可以相差甚远，其药物效果也就优劣不一。在特定地质环境中产出的中药材称为地道药材。例如，地道的朱砂产于湖南西部的辰州（今沅陵县境内），故称辰砂；戎盐以青海盐湖所产，为佳品，故称大青盐等。

目前，对地质药物的真正功能尚不太清楚，其中起作用的因素亦未完全查明，地质药物资源遭受污染的程度尤其需要调查研究，这些都有待医学家和地球科学家共同努力，为开创祖国的医药地学的新局面做出更大贡献。

9.6 宝石和玉石资源

宝石因其质地高雅而被人们视为圣洁之物，又因其珍贵和稀少而被作为权力和财富的象征。人类在开发和利用宝石资源的同时，创造了丰富、灿烂的宝石文化。

9.6.1 宝石和玉石的概念

宝石是指自然界中色泽艳丽、透明、硬度大、耐腐蚀，经琢磨可以制成首饰和工艺品的单矿物晶体，如钻石、红宝石、碧玺、水晶等。现在，人们已经可以用人工的方法合成矿物晶体。这种合成的晶体，如果其物理、化学性质与某种天然宝石相同或基本相同，则称其为合成宝石，如合成红宝石、合成祖母绿、合成水晶等；如果其物理、化学性质与所有天然宝石都不相同，则称其为人造宝石，如立方氧化锆、钇铝榴石、镓铝硫石等。

玉石是指自然界中质地细腻、坚韧、光泽强、颜色美，可用作琢磨、雕刻首饰或工艺品的岩石，如翡翠、绿松石、青金石、虎睛石等。

另外，有一种成因与生物有关的宝玉石——有机宝玉石，如珍珠、珊瑚、琥珀、象牙、煤玉、硅化木等。

常见的宝石、玉石按美观、耐久、稀少三个因素综合考虑，可分为高、中、低三档。高档宝石、玉石通常指钻石、红宝石、优质蓝宝石、祖母绿、金绿宝石（猫眼、变石）和翡翠。中档宝石、玉石常见的有欧泊、海蓝宝石、碧玺、锆石、黄玉、软玉等。低档宝石、玉石常见的有无色水晶、镁铝榴石、芙蓉石、萤石、赤铁矿、东陵石等。

9.6.2 常见宝石

9.6.2.1 钻石

钻石的矿物名称为金刚石，晶体呈八面体、四面体等，莫氏硬度为10，是世界上最硬的矿物。其密度为 3.52 g/cm^3，具有金刚光泽，色散强（转动钻石，在亭部底面上可见到橙色和蓝色的闪光），具亲脂疏水的特性，用手摸后看上去有一层油膜，滴一滴水在其表面，水会聚成一滴水珠。钻石的相对热导率为 70.7～212.0 W/（m·K），因此用热导仪测试钻石，热导仪将闪烁红光并发出响声。钻石象征着纯洁、富贵和永恒，是结婚的信物、四月生辰石及结婚 60 周年的纪念贺品。

世界上最大的宝石金刚石称为库利南，重 3106 c（克拉），体积约为 5 cm×6.5 cm×10 cm，象征着富贵和永恒。它被加工成 9 粒大钻石和 96 粒小钻石，其中最大的一粒叫“非洲之星第Ⅰ”，其镶在英国国王的权杖上（图 9.1）。我国最大的金刚石称为常林钻石，重 158.786 c（克拉），长约为 17.3 mm。

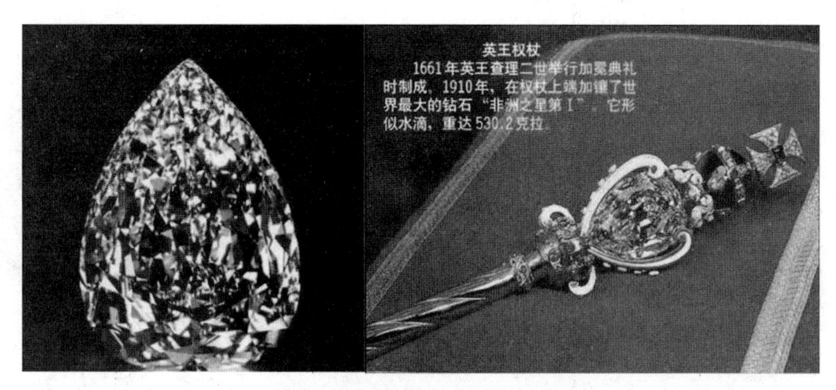

图 9.1　库利南钻石和“非洲之星第Ⅰ”

世界上著名的钻石产地有澳大利亚、博茨瓦纳、俄罗斯、南非、纳米比亚等。

9.6.2.2　红宝石和蓝宝石

红宝石和蓝宝石的矿物名称都是刚玉，其中红色的称为红宝石，其余各种颜色的（如蓝色、绿色、无色等）均称为蓝宝石。它们的完善晶形为六边形桶状，莫氏硬度为 9，密度为 3.99 g/cm^3，强玻璃光泽，具明显的二色性，红宝石为淡橙红—红色，蓝宝石为淡蓝绿色—蓝色。红宝石被视为爱情之石，为七月生辰石。蓝宝石具有成功的含义，为九月生辰石。

红宝石、蓝宝石最著名的产地是缅甸，它所产的鸽血红红宝石是世界珍品（图 9.2）。克什米尔产的蓝宝石颜色最佳，但产量太少（图 9.3）。泰国产的红宝石色偏暗，蓝宝石为黑蓝色或灰蓝色。

图 9.2　拿破仑送给玛丽•路易莎王后的王冠

图 9.3　斯里兰卡之星蓝宝石

9.6.2.3　绿柱石类宝石

凡是透明的绿柱石均可用来做宝石。根据其颜色的不同，可将其分为祖母绿、海蓝宝石、铯绿柱石、金绿柱石及暗褐色绿柱石，但后三种不常见。该类宝石的完整晶形为六方柱，莫氏硬度为7.5，密度为2.67～2.78 g/cm^3，玻璃光泽。祖母绿具有最美丽的翠绿色，这是它最主要的鉴定特征之一。海蓝宝石为天蓝色、淡天蓝色（图9.4）。

祖母绿从史前时期至今，一直是珍贵品种，优质者比钻石还贵（图9.5）。祖母绿具有幸福、幸运的象征，是五月生辰石、结婚55周年纪念物。海蓝宝石以其淡雅的天蓝色赢得人们的喜爱，是近期畅销的宝石品种，被宝石界列为三月生辰石。

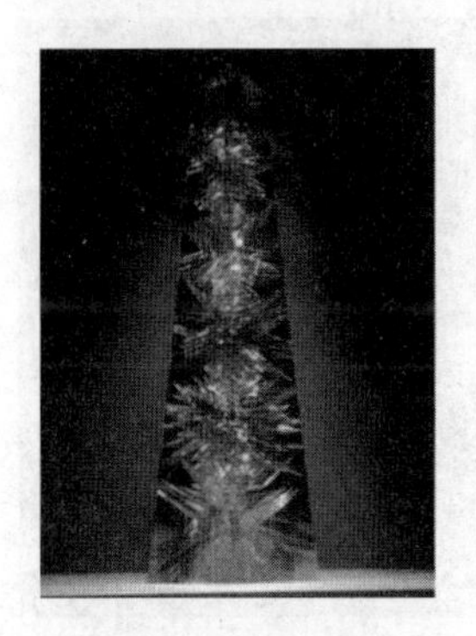

图9.4　世界上最大的切割海蓝宝石——Dom Pedro

图9.5　世界上最大的祖母绿——“上帝的礼物”

9.6.2.4　猫眼石和变石

猫眼石和变石是矿物金绿宝石的两个珍贵品种。其莫氏硬度为8.5，密度3.7 g/cm^3，强玻璃光泽，具较强的二色性，为黄绿色—褐色。猫眼石具有特殊的猫眼效应，即弧面宝石在光线照射下，宝石表面呈现出可以平行移动的丝绢状光带，像猫眼的虹膜（图9.6）。几克拉的优质猫眼石非常珍贵，其价格可与优质的祖母绿或红宝石相当。在伊朗王冠上，镶有重147.7 c（克拉）的黄绿色猫眼石，是稀世珍宝。变石在白昼光及日光灯下为绿色，而在钨丝白炽灯或手电筒光的照射下，会变成红色（图9.7），诗人称它是“白昼里的祖母绿，黑夜里的红宝石”。传说俄国沙皇二世在1830年生日那天，戴了镶有变石的王冠出席典礼，故变石又称为亚历山大石。

猫眼石主要产在斯里兰卡。变石的主要生产国是俄罗斯和斯里兰卡。

图9.6　猫眼石

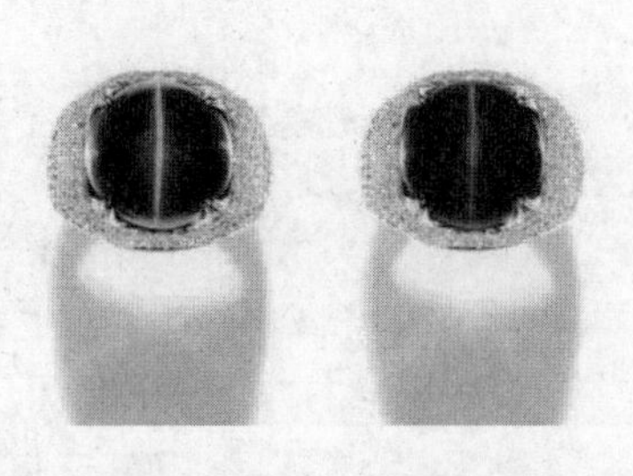

图9.7　变石

9.6.2.5 水晶族（二氧化硅家族）

二氧化硅家族主要有水晶、石英、玛瑙和玉髓等，它们的化学成分都是二氧化硅，但结晶的程度不同。水晶属宝石类，玛瑙和玉髓属玉石类，石英是达不到宝石级的矿物（图9.8）。

图9.8 水晶球、紫水晶、烟水晶及各种颜色的蛋白石

（1）水晶的理想形态是六方柱，两端为六面棱锥，多以晶簇集合体产出。造型精美的晶簇是很好的观赏石。水晶的莫氏硬度为7，密度为2.66 g/cm^3，玻璃光泽，颜色多样。水晶传热比较快，将一块水晶握在手里有冰凉的感觉，如果握的是一块玻璃，那手里只有温感。自然界中常见的水晶主要包括以下几种。

无色水晶：无色透明，毫无裂纹和包裹体等瑕疵。多用来雕琢工艺品，其中较为著名的是水晶球。古代的帝王及达官贵人家中，常在室内摆设水晶球。晶莹透明的水晶球能使人安静，如果让皮肤贴在冰凉的水晶球上，更会令人舒服。世界上最大而又透明无瑕的水晶球，直径达21 cm，现藏于美国华盛顿斯密森博物馆。无色水晶的另一大用途是磨制水晶眼镜。清朝初年，这种眼镜比珠宝还贵。此外，无色水晶也常用来做项链。

紫晶：古代传说中，紫晶中有着神奇的能力，它能使主人幸福和长寿，能够避邪。人们现在喜欢紫晶，主要是因为它美丽的颜色。

烟晶、茶晶和墨晶：这是由烟色过渡到茶色，最后加深变成黑色的一系列水晶。这类水晶的主要用途是磨制平光眼镜片，其价格远高于玻璃镜片。

发晶和鬃晶：是指包含有纤维状、草束状、放射状等形状的矿物包裹体的无色透明水晶。其中包裹体细如发丝者称为发晶，粗如鬃毛者称鬃晶。被包裹的矿物多为棕红色的金红石、黑色或彩色的电气石、绿色的角闪石、白色的石棉和像绿绢一样闪光的阳起石等，这些包裹体使水晶显得非常美丽。如果其中的包裹体排列成花状或某种图案，这块水晶就更名贵。这类水晶无须多加工，即可作为装饰品。

闪光水晶：是指晶体中含有云母片和赤铁矿而呈现出红黄至淡黄色，并闪耀着这些包裹体矿物亮光的水晶。

水胆水晶：这种水晶晶体内含有较大的流体包裹体。转动晶体时，其中一些包裹体也会转动；摇动晶体时，有些大块晶体还能听到水的响声。含原生包裹体的水胆水晶是水晶中的珍品。

星光石英和石英猫眼：这种水晶晶体中含有显微金红石或其他纤维状矿物包裹体。其加工成弧面型宝石后，呈现出六道放射状星光者，称为星光石英；呈现出一条可以平行移动的丝绢状光带者，则称为石英猫眼。

（2）玛瑙是二氧化硅的胶体溶液在天然岩石的空洞或裂隙中一层层或一圈圈地沉淀而成的。由于每层（圈）所含的微量杂质不同，其呈现不同的颜色和奇异的花纹。现今鲜艳悦目的玛瑙，其颜色多经过人工处理。玛瑙主要被用来雕刻工艺品。

（3）欧泊是蛋白石的集合体，属玉石类，也属于二氧化硅家族。其最大特点是具有绚丽夺目的变幻色彩，可分为白欧泊、黑欧泊和火欧泊。白欧泊的底色为无色或浅色，以底色洁白，变彩鲜艳者最佳。黑欧泊的底色为黑色或暗绿等深色，以黑色者最佳，价格在欧泊中最高。火欧泊半透明至透明，有着黄至橙红的颜色，基本无变彩，档次最低，价格大大低于前两类。欧泊是一种珍贵的宝石，优质者价格仅次于高档宝石。它象征着安乐，为十月生辰石。目前世界主要生产国是澳大利亚、墨西哥和美国。

9.6.3 常见玉石

9.6.3.1 翡翠

翡翠是玉石之王（图 9.9）。它是以硬玉矿物为主的辉石类矿物集合体，有的在浅色的底子上伴有红色的或绿色的色团，颜色之美犹如古代赤色羽毛的翡鸟和绿色羽毛的翠鸟，所以称之为翡翠。翡翠的莫氏硬度为 6.5～7，密度为 3.25～3.4 g/cm^3，呈玻璃-珍珠光泽。它的颜色很多，其中以绿色最为珍贵。翡翠的透明度，俗称水或水头，水头好就是透明度高。水头是衡量翡翠质地好坏的主要标准。目前优质翡翠主要产于缅甸。

图 9.9 慈禧太后的“翡翠龙簪”和宋美龄的“麻花镯”

9.6.3.2 软玉

世界软玉产地较多，但以中国新疆和田县产的和田玉应用历史最久，质量最佳，故苏联地质学家费尔斯曼称软玉为中国玉（图 9.10）。软玉是闪石类矿物的集合体，莫氏硬度 6～6.5，密度 2.9～3.1 g/cm^3。软玉的质地十分细腻、光泽滋润、柔和，光洁如脂，略具透明感，坚韧、不易碎裂，颜色较均一。软玉主要有白玉、青玉和青白玉、碧玉、墨玉和黄玉。

9.6.3.3 独山玉

独山玉因产于我国河南南阳市郊独山而得名。独山玉成分复杂（为斜长岩或辉长岩的蚀变产物），色彩丰富，莫氏硬度为 6～6.5，密度为 2.73～3.18 g/cm^3，为玻璃光泽或油脂光泽（图 9.11）。

图 9.10 和田玉制作的西汉皇后之玺 （现收藏于陕西历史博物馆）

图 9.11 由独山玉制作的光阴

9.6.3.4 蛇纹石玉

蛇纹石玉由纤维状蛇纹石组成，莫氏硬度为 2.5～5.5，密度为 2.44～2.8 g/cm^3，蜡状光泽，呈半透明—微透明。它质地十分细腻，手摸有滑感。世界上蛇纹石玉产地多，一般以产地命名。我国辽宁岫岩产的岫玉是我国最好的蛇纹石玉，也是我国四大名玉之一（图 9.12）。

图 9.12 蛇纹石玉原石及制作的玉石摆件

9.6.4 常见有机宝石

9.6.4.1 珍珠

珍珠产于蚌壳内，当外界的细小异物进入蚌壳体内，接触到外套膜时，外套膜受刺激便分泌出珍珠质将异物一层一层包裹起来，形成珍珠。珍珠由角质和文石组成，具有特有的柔和又带虹彩晕色的珍珠光泽。这种光泽非常惹人喜爱，从而使珍珠成为贵重装饰品（图 9.13）。珍珠还有医疗、保健和美容的作用，《中华人民共和国药典》《中药大辞典》均指明，珍珠具有安神定惊、明目去翳、解毒生肌等功效，现代研究还表明珍珠在提高人体免疫力、延缓衰老、祛斑美白、补充钙质等方面都具有独特的作用。它是健康、长寿和富贵的象征，被国际宝石界列为六月生辰石。

图 9.13　牡蛎中的珍珠及颜色、分布

珍珠有天然珠和养殖珠两大类，两类的价格相差悬殊。一般在密度为 2.71 g/cm^3 的重液中，80%的天然珠会上浮，90%的养殖珠会下沉。珍珠的颜色很多，以白色稍带玫瑰红色为最佳，蓝黑色带金属光泽的为特佳品，黄色则很少人喜欢。

珍珠中的文石可溶于酸、碱中，所以珍珠饰品不宜接触香水、酒精、发乳、醋等物质。人的汗液是酸性的，夏天佩戴珍珠饰品后，应及时用清水将其冲洗干净，放在通风处晾干，避免暴晒。

9.6.4.2　琥珀

琥珀是松柏科植物的树脂，因地质作用被掩埋到地下并经石化而成。它密度低（1.1～1.16 g/cm^3），硬度小（莫氏硬度为 2～3），性脆，溶于有机溶剂，多呈黄色、橙黄色或暗红色。最珍贵的是含昆虫的琥珀。中国抚顺的琥珀为黄色—金黄色，其中包有昆虫，十分珍贵（图 9.14、图 9.15）。

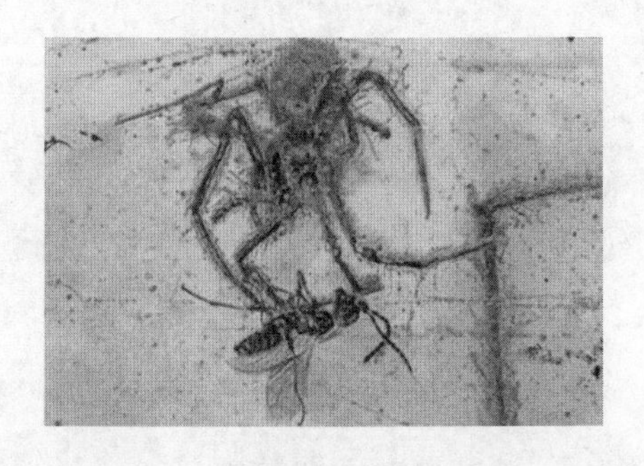

图 9.14　掠食者

图 9.15　人类首次发现保存在琥珀中的非鸟恐龙

名词解释

1. 矿产；2. 矿床；3. 矿石与脉石；4. 品位；5. 储量；6. 金属矿产资源；7. 非金属矿产资源；8. 能源矿产；9. 水气矿产；10. 地质药物；11. 宝石和玉石

思考题

1. 我国矿产资源的特点。
2. 矿产资源按用途不同有哪些类型？
3. 中国金属矿产资源概况及资源分布特征。
4. 非金属矿产资源的类型及用途。
5. 简述宝石的主要类型。

第 10 章　海 洋 资 源

10.1　概　　述

海洋是生命的摇篮。它哺育了地球上的生命和人类，人类的未来仍然寄希望于海洋。随着陆地上资源和能源的日益枯竭，丰富的海洋资源和能源将是未来人类社会生活的原料基地和生产基地，海洋将为人类的生存、发展提供新的空间。世界上各个国家都很重视海洋资源的开发和海洋产业的发展，联合国环境与发展大会通过的《21 世纪议程》指出，海洋是全球生命支持系统的一个基本组成部分，也是一种有助于实现可持续发展的宝贵财富。2012 年 11 月，党的十八大报告中正式提出“提高海洋资源开发能力，发展海洋经济，保护海洋生态环境，坚决维护国家海洋权益，建设海洋强国”，这表明“海洋强国”的战略目标已被纳入国家发展战略中，海洋上升至前所未有的战略高度。

海洋资源包括生物资源、油气资源、固体矿物资源、海水资源、海洋能源、海洋旅游资源和海洋空间资源等。各种海洋资源的开发活动分别形成了不同的海洋产业。传统海洋产业主要有海洋捕捞业、海洋运输业和海水制盐业等；新兴海洋产业主要有海水养殖业、海洋油气工业、海滨旅游业、海水直接利用业、海洋药物和食品工业等；未来海洋产业有海洋能利用、深海采矿业、海洋信息业、海水综合利用和海洋空间利用等。

中国近海介于亚洲大陆与太平洋之间，可划分为五大海区，即渤海、黄海、东海、南海及台湾东侧的太平洋海区。它们相互连通，呈一个北东—南西向的弧形，环绕着亚洲大陆东南部。北面和南面与中国大陆、中南半岛和马来西亚半岛相接，东面以朝鲜半岛、九州岛、琉球群岛、台湾岛及菲律宾群岛与太平洋为邻，南抵大巽他群岛。东太平洋海区具有大洋特征，大陆架窄，距岸不远即为水深超过 3000 m 的深海盆。

中国拥有 18000 多千米绵长曲折的海岸线，根据《联合国海洋法公约》中 200 海里专属经济区制度和大陆架制度的规定，中国拥有总面积约 300 万 km^2 的管辖海域。沿海岛屿 6500 多个，4 亿多人口生活在沿海地区；沿海地区工农业总产值占全国总产值的 60%左右。

海洋产业已成为中国经济的重要产业之一，经过多年发展现已初具规模。2018 年全国海洋生产总值 83415 亿元，比上年增长 6.7%，全国涉海就业人员 3684 万人。其中，海洋第一产业生产总值 3640 亿元，第二产业生产总值 30858 亿元，第三产业生产总值 48916 亿元，海洋第一、第二、第三产业生产总值占海洋生产总值的比例分别为 4.4%、37.0%、58.6%。当前我国海洋产业发展势头凶猛，呈现出海洋经济布局进一步优化、海洋经济结构调整加快、海洋科技创新与应用新成效不断、海洋管理与公共服务能力提升迅速、海洋经济对外开放不断拓展等新态势。同时，我国海洋经济发展依然存在不平衡、不协调等问题，如发展布局有待优化，产业结构调整压力加大，部分产业产能过剩，自主创新和成果转化能力薄弱等。一个时期以来由于海洋经济规模的快速扩大，海洋环境承载压力不断加大，海洋生态退化，海洋灾害和安全生产风险日益突出，这些都是我国在经济发展新常态下海洋经济需要面对和亟待解决的问题。在建设海洋强国战略的指引下，我国海洋产业进一步展现出广阔发展空间和发展前景。

10.2 海洋矿产资源

已经探明海底富集着大量固体矿床，包括多金属结核、铁锰结壳、多金属硫化物等，初步估计储量约有3万亿t。海底油气资源丰富。目前全球已开采的石油，约有34%来自海洋。大陆边缘往往和陆地一样蕴藏着各种金属和非金属原生矿、砂矿、石油、天然气和甲烷水合物、磷钙土等矿床。

10.2.1 石油、天然气、可燃冰

海洋开发史上重要的一章是海洋油气的开发。海底蕴藏了丰富的石油和天然气资源。据《油气杂志》的统计，截至2006年1月，全球海洋石油资源量约1350亿t，探明约380亿t；海洋天然气资源约140万亿m^3，探明储量约40万亿m^3。随着海洋油气成藏理论的发展与海洋油气勘探技术的进步，海洋油气资源总量还会进一步增加。近年来，深海和超深海油气资源勘探不断取得突破，深水、超深水域油气资源潜力可观。

目前世界上有50多个国家从事海洋油气资源的勘探和开发。经过几十年的发展，当今海上石油开发已形成三湾、两海、两湖的生产格局。“三湾”即波斯湾、墨西哥湾和几内亚湾；“两海”即北海和南海；“两湖”即里海和马拉开波湖。其中，波斯湾的沙特阿拉伯、卡塔尔和阿联酋，里海沿岸的哈萨克斯坦、阿塞拜疆和伊朗，北海沿岸的英国和挪威，还有美国、墨西哥、委内瑞拉、尼日利亚等，都是世界重要的海上石油生产国。2018年我国海洋天然气产量达到154亿m^3，海洋原油产量为4807万t。

我国陆架区海域辽阔，面积达200万km^2，其中沉积盆地近90万km^2，共有大、中型新生代含油气盆地20多个。估计近海域石油资源量约240亿t，天然气总资源量可达14万亿m^3。我国目前发现了渤海湾盆地、南黄海盆地、北黄海盆地、东海盆地、珠江口盆地、北部湾盆地、莺歌海盆地、台湾西部盆地、琼东南盆地等十余个大型中新生代含油气盆地和400多个含油气构造，现已勘探证实具有工业价值的油气田40多个。南沙海域油气资源有望成为“第二个波斯湾”。

海上油气勘探开发具有技术高度密集、投资大、难度大、风险大等特点。与世界海上石油业相比较，我国的海上石油开采起步晚，但成绩喜人。目前，已掌握了海上三维地震等地球物理勘探技术，石油地质资料处理及解释技术达到国际先进水平，海上石油钻井已跨进国际先进行列。据估计，我国海洋石油资源储量占全国石油储量的10%～14%，我国海底天然气资源储量占全国天然气资源储量的25%～34%。

除了海洋油气资源外，海底可燃冰是另一种颇具前景的能源资源。可燃冰是一种被称为天然气水合物的新型矿物，是在低温、高压条件下由碳氢化合物与水分子组成的冰态固体物质。其能量密度高，杂质少，燃烧后几乎无污染，矿层厚，规模大，分布广，资源丰富。据估计，全球可燃冰的储量是现有石油天然气储量的两倍。20世纪日本、苏联、美国均已发现

大面积的可燃冰分布区，中国也在南海和东海发现了可燃冰。据测算，仅中国南海的可燃冰资源量就达 700 亿 t 油当量，约相当于中国陆上油气资源量总数的 1/2。2017 年 5 月 18 日，我国首次在南海神狐海域试采可燃冰成功，揭开了人类利用可燃冰历史新的一页。

10.2.2　多金属结核

海底蕴含了丰富金属矿产资源(图 10.1)，是解决人类未来金属矿产需求的主要目标产地。

多金属结核（亦称锰结核、铁锰结核、锰矿球）是指富含多金属元素，主要是由铁锰氧化物和氢氧化物组成的、粒径在 1～15 cm 的黑褐色球状沉积物团块。

多金属结核主要分布于太平洋、大西洋、印度洋水深大于 4000 m 的洋底（图 10.1），在我国南海海盆也有发现。2013 年 7 月，首次进行试验性应用航行的“蛟龙号”载人潜水器在南海蛟龙海山区下潜，在海底发现大面积多金属结核。

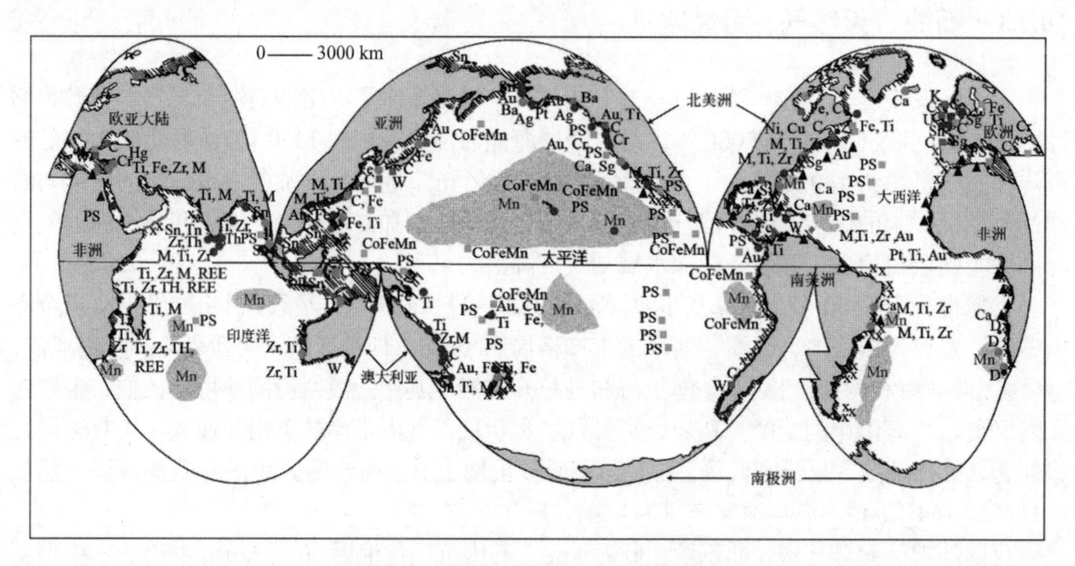

图 10.1　世界大洋金属矿产资源分布

PS. 磷矿 ▲. 海盐 　. 多金属结核　元素符号代表相应的该元素矿床

资料来源：Rona（2003）

据估算，整个大洋底约储存 3 万亿 t 多金属结核且在不断增长之中，其中太平洋中最富，达 1.7 万亿 t。具有工业开采价值的储量为 700 亿 t。若将其金属含量按 Mn 25%、Ni 1.3%、Co 0.22%、Cu 1%计算，则含有 Mn 金属 175 亿 t，Ni 金属 9.1 亿 t，Co 金属 1.5 亿 t，Cu 金属 7 亿 t。多金属结核还以每年 1000 万～1500 万 t 的速度不断地增长，其 Cu、Co、Ni 的年增长量可基本满足目前世界的年需求量。

10.2.3　铁锰结壳

铁锰结壳（亦称锰结壳、富钴结壳等）是在硬质基岩上的富含锰、钴、铂等金属元素的壳状沉积物，主要由铁锰氧化物构成，基岩主要是玄武岩。

现有资料表明，铁锰结壳广泛地分布于世界海洋 2000～6000 m 水深海底的表层，而以生成于 4000～6000 m 水深海底的品质最佳。铁锰结壳总储量估计在 30000 亿 t 以上，其中以北太平洋分布面积最广，约为 17000 亿 t；在我国南海海盆和陆坡区 1500 m 深的一些海山区也有发现。

铁锰结壳中含有 30 多种金属元素，其中最有商业开发价值的是锰、铜、钴、镍等，而这些金属元素恰恰是地球大陆区比较匮乏但在人类生产生活中具有重要意义，因此开发该类结壳可能是人类未来面对这些短缺金属元素的最主要手段。有研究指出，该类结壳中钴的品位最高达 2.5%，为非洲大陆钴矿床的 25 倍，预计从该结壳中提取钴可供全世界用几百年。

10.2.4　海底热液硫化物矿床

海底热液硫化物矿床是由海底热液作用形成的块状硫化物、多金属软泥和多金属沉积物等，富含 Cu、Pb、Zn、Au、Ag、Mn、Fe 等多金属元素，形成的主要矿物有黄铁矿、闪锌矿、黄铜矿、白铁矿、方铅矿和磁黄铁矿等，也有一些热液型黏土矿和非硫化物矿物，如石膏和非晶质石英。海底热液矿床是一种发现于 20 世纪 60 年代的海洋矿产，一般位于 2000～3000 m 水深的大洋中脊区、裂谷带和沿大洋中脊与边缘岛弧区岩浆活动带，如东太平洋洋隆区、西太平洋弧后盆地区、大西洋中脊、印度洋中脊和红海断陷扩张带区。目前全球发现有 200 多个海底热液硫化物矿床，其中超过 10 个在现阶段正在进行勘探开发和利用。

海底热液矿床划分为热液排出前形成的矿床、热液排出时形成的矿床、热液排出后形成的矿床和沉积层内的热液矿床四类。

深海洋脊断裂带裂隙中喷出的高热卤水，渗透到海底表层沉积物中发生反应，可生成多金属硫化物、氧化物和其他盐类，形成所谓多金属软泥。红海海底软泥中平均 Fe 含量为 29%，Zn 含量为 3.8%，Cu 含量为 1.3%，Pb 含量为 0.1%，此外，还有银约 54 g/t，金大约 0.5 g/t。有时 Zn 的富集度可高达 8.9%，Cu 的富集度可达 3.6%，因此也具有很大的经济价值。

10.2.5　滨海砂矿

滨海砂矿主要是指在滨海环境下富集形成的具有工业价值的砂矿。该类矿床具有规模大、品位高、共生或伴生成矿、沉积物松散、矿体埋藏浅、易采易选等优点。

世界金红石总储量 9435 万 t（钛含量），98%为砂矿；钛铁矿总储量 2.46 亿 t，砂矿占 50%；锆石的探明储量 3175 万 t，96%来自滨海砂矿。从开采量占世界总产量的比例看，钛铁矿占 30%、独居石占 80%、金红石占 98%、锆石占 90%、锡石占 70%、金占 5%～10%、金刚石占 5.1%、铂占 3%（吴荣庆，2009）。

中国的滨海砂矿储量十分丰富，近 40 年已发现滨海砂矿 20 多种，其中具有工业价值并探明储量的有 13 种。各类砂矿床 191 个，总探明量达 16 亿 t 以上，世界上所有滨海砂矿的矿物在中国沿海几乎都能找到。具有工业开采价值的主要有钛铁矿、锆石、金红石、独居石、磷钇矿、磁铁矿和砂锡等，主要分布于广东、广西、海南、福建、山东和台湾等地区的海岸地带。

10.3　海洋化学资源

在地球上已发现的百余种元素中，有 80 余种在海洋中存在，其中能够提取的有 60 余种。可以说海洋是巨大的“液体矿床”。

地球上的海水共约 13.2 亿 km^3，其中溶解的无机盐约 3.5%，总量达 5×10^{16} t。如果把它们取出来平铺到陆地上，厚达 150 m，若铺到海面上，厚达 60 m。海水中浓度超过 1.1 mg/L 的金属有 16 种，有些虽然浓度甚低，但总量仍相当可观（翟世奎，2018）。

10.3.1　食盐

海水中的盐类主要是食盐，约占 80%，总储量在 4×10^{16}t 以上（翟世奎，2018）。海水制盐，已有几千年的历史。现在世界上每年由海水生产食盐约 7000 万 t，我国居首位，每年产量可达 2000 万 t 以上，而且产量每年在不断增加。食盐用途很广，被称为“化工之母”。从海水中提取食盐的方法很多，但最便宜的方法是天然晒盐。我国沿海滩涂宽阔，尤其北方气候干燥，蒸发量大，具有良好的晒盐条件。我国现建有盐场 50 多个，盐田面积 40 多万 hm^2，占全国食盐产量的 60%～70%。我国还用晒盐尾卤水提取少量的镁、溴、钾等。我国现建有盐化工厂 30 多座，生产 40 多种盐化工产品。

10.3.2　镁、重水及其他组分

一些发达国家已经大规模从海水中提取镁、溴、氧化钾等物质，提取的重水、芒硝、石膏等也成一定规模。20 世纪 60 年代，海水提取镁技术就十分成熟。美国、英国和日本等国家从海水中提取镁已达镁金属总产量的 97%。日本还发展了利用海水制取溴素的工业。从海水中分离铀、铷、铯、锂等也开始了大量的实验研究。俄罗斯曾报道了从海水中提取金、钼、铀、钾、碘等的方法；美、英、日、德还报道了从海水中提取硼、铷、铯、钠、重水等。

海水中铀的浓度为 3 mg/t，总储量经估算达 45 亿 t，因此海洋是巨大的潜在核能资源产地。在当前人类面临能源危机的情况下，迫切需要从海水中开发铀资源，现在许多国家都在进行海水提铀的实验研究。英、日、德等贫铀国家在这方面已获初步成功，并计划进行工业生产。日本科学家发现，经过特殊加工工艺处理的丙烯纤维能够有效地吸附海水中的铀，此法比开采铀矿石提取铀法在经济上更为可行。瑞典科学家设想利用海浪冲力从海水中提取铀。美国微生物学家德里克·洛夫莱发现了一种生存于海水中，并且以铀为食的微生物，称其为 GS-15。这种微生物不仅可以净化被铀污染的水源，还能将海水中的铀提取出来。有的国家已着手建立略具规模的海水提铀实验工厂。

海水中含重氢的重水也是重要的核燃料。每升海水含重氢约 3 mg，总量有 42000 亿 t，它拥有的能量约为地球上其他燃料的一亿多倍。按现今的消费水平，10000 亿年也用不完。据计算，一桶海水中能提取的重氢的能量相当于 300 桶汽油。

10.3.3　合理开展综合利用

利用海洋动力，一次抽取海水后，按一定工艺流程，先脱镁、再制盐、提溴、分离钾肥，再提取石膏、硼酸、重水、锂、铷、碘、铀等，这样既可以一次获得多种产品，又可以大大降低成本。淡化后的海水可用于农田灌溉和工农业生产。

10.4　海洋生物资源

海洋中生物种类十分丰富，已知海洋动物有16万～20万种，可分为脊椎动物、无脊椎动物和原索动物等，按生活方式可分为浮游生物、底栖生物和游泳生物等。海洋植物有10万多种，主要为低等植物，如海洋藻类等，高等种子植物仅有100多种，它们是海洋中最重要的初级生产者。海洋真菌不足500种，营腐生和寄生生活，还有种类和数量较多的海洋细菌、海洋微生物和海洋病毒。人类的食物蛋白中有相当一部分来自海洋。海洋生物资源不仅向人类提供大量食物，而且还提供丰富的药物原料和多种工业原料。

10.4.1　渔业资源

我国近海纬度跨度大，浅海水域广，水质肥沃，初级生产力高。天然渔场总面积281万km^2，浅海滩涂养殖面积260万hm^2。渔业年捕捞量约800万t，养殖量约540万t，是海洋渔业大国之一。

中国近海拥有鱼类近2000种，具有经济意义的就有150～200种。最著名的有带鱼、鲐鱼、鲭鱼、鲅鱼、鳓鱼、鳗鱼、鲳鱼、大黄鱼、小黄鱼、鲆鲽鱼、红鱼、鲷鱼、蛇鲻鱼、沙丁鱼、金枪鱼等，而以带鱼、大黄鱼、小黄鱼和软体动物的墨鱼等产量最高，其称为我国沿海四大渔产。

大黄鱼、小黄鱼是暖温性鱼类，在我国沿海产量最高。小黄鱼分布于福建以北至辽南一带海域。冬季鱼群向南洄游，二三月又群集北上产卵，部分进入渤海，待到秋、冬季节，再群集南下越冬。大黄鱼主要分布于琼州海峡以东，往北至黄海南部海州湾一带最为集中。大黄鱼也是洄游性鱼类，东海以春汛为主，南海以秋汛为主。主要渔场在吕泗洋、舟山群岛、温州、三都澳、汕头、珠江口和雷州半岛等海区。带鱼在全国沿海都有分布，但主要在山东半岛、舟山群岛和福建、广东沿海三处。带鱼是一种暖温性近海洄游鱼类，喜生活在盐分较高、透明度较大的海区。每年11月，生活在黄海、渤海和东海的鱼群沿胶州岛-台湾海峡的100 m等深线的弧形地带洄游越冬，形成鱼汛，冬、春季又回到沿海河口附近产卵，也形成汛期。墨鱼是远海中的软体动物，每年四五月到浅海地带产卵，成为捕捞汛期。我国沿海以舟山群岛产量最高。金枪鱼、鲣鱼和旗鱼是热带远海性代表鱼类，主要产于南海。

中国近海冷水性鱼类较少，具有代表性的是鳕鱼，它适栖于水深50～80 m、水温4～10 ℃、底质为泥沙或软泥的水域。其主要分布于黄海中部和北部，也有少数进入渤海。其主要产地在山东的石岛、崆峒岛及辽宁的海洋岛附近海域。

底栖动物种类丰富，有些种类产量也高。其中比较重要的，有属于软体动物的鲍、红螺、玉螺、泥螺、牡蛎、扇贝、文蛤、蚶、贻贝、章鱼等，也有属于甲壳类的对虾、鹰爪虾、白虾、青虾、梭子蟹等，还有属于棘皮类的刺参、梅花参等。对虾是中国近海的特有种，国际上颇负盛名。其分布范围，南至福建、广东，北至河北、辽宁等省沿海，以黄海、渤海产量最高。冬季渤海水温过低，虾群洄游南下至黄海南部较深的水域越冬，至翌年二三月又开始向北洄游，4 月底 5 月初到达渤海和较大河口水域产卵繁殖。

10.4.2　海洋植物

海洋植物主要是藻类。藻类是海洋中的低等水生植物，其可分成两大类：第一类为浮游植物，主要是大量单细胞水生植物，以硅藻和绿藻为主；第二类为近岸大型水生植物，如绿色、褐色和红色的水生植物——海藻和海草等。这些水生植物形成了一条围绕世界海洋的带子，在一定的宽度以内，有些地方的藻类一年会繁殖数百倍。海洋植物每年增长量在 1300 亿～5000 亿 t，在温带和寒带的海洋中生长更繁茂，如同平坦的草原一样，有的和陆地上的森林一样，生长茂密。美国靠太平洋沿岸有一片“海中森林”，其中有一种藻类每年可生长 6000 万 t，罗马尼亚沿岸有一片“水下草原”，每年产量可达 600 万 t。海洋藻类储备的有机植物相当于陆地植物的 4～5 倍。

藻类是最基本的生命物质——脂肪酸的良好供应者，含有 20 多种可溶脂性的和溶水性的维生素，浓度特别高的有维生素 B_{12}。除含有高能量的碳水化合物外，还含有相当多的蛋白质，并且很容易消化。

每年食用、作生产原料、饲料、肥料等用的藻类已超过 100 万 t。利用红藻提取的琼胶已广泛用于科学、技术和医学方面的 30 多个分技术学科,多半用来生产果酱、乳脂、汤、水果汁、水果膏等，琼胶在香水、化妆品制造中是不可缺少的，另可作保鲜剂、防冻剂、染色剂、医用乳剂和乳胶、感光胶片、工业用淀粉等。

利用褐藻提取的褐藻酸或褐藻胶用途更是多方面的，约有 800 种用途，食品工业、制革业、纺织业、造纸业、医药业、建筑材料业等都广泛应用。

我国沿海海生植物也相当丰富，常见的有 200 种以上,其以藻类为主，约 100 多种。藻类大体分为三类，即红藻、绿藻和褐藻。红藻生长在我国中部沿海和南海，常见的有石花菜、鹿角菜和紫菜等。褐藻中最重要的是海带，多生长在温带海域。海洋藻类在人类的生产生活中发挥着越来越重要的作用。

10.4.3　海洋养殖资源

现代海洋养殖业发展非常迅速，养殖面积不断扩大，养殖品种越来越多，养殖技术不断提高，产量增加迅速。它可解决沿海人口就业问题，提高沿海地带人民的生活水平。

海洋养殖业又称海洋农牧业，通过养殖海洋动物和植物，建立海洋农场和海洋牧场。养殖对象主要有对虾、蟹、鳗鱼、鲍、珍珠贝、扇贝、牡蛎、龟、乌贼、海参、香鱼、梭鱼、蛤蜊及其他优良食用鱼类、藻类（海带、紫菜）等。我国海洋养殖年产量达 2031.22 万 t（2018 年数据），2018 年我国海水珍珠产量约 2.78 t，较 2017 年增长 22.47%，是世界珍珠市场的主要供给国。

10.4.4　海洋生物制药

海洋生物是我国传统中草药资源的重要组成部分，《本草纲目》中就已记录海洋中草药

90 多种，目前已达 1000 种左右。现代新型海洋药物研究表明，海洋生物制品在抗癌、抗病毒、抗真菌方面的疗效，比陆地生物药物好得多，从而为海洋生物资源开发开辟了广阔前景。海洋生物制药发展迅速，近年来成为整个海洋经济发展中最亮眼的领域，世界海洋生物医药产业规模已达数百亿美元，我国预计在 2025 年将突破 700 亿元。

10.5 海洋动力资源

10.5.1 波浪能源

波浪能源是一种无污染可再生能源，在目前工业排放 CO_2 引起环境污染和温室效应的情况下，无污染可再生能源的利用显得十分有意义。

波浪的能源可通过水质点在其平衡位置做圆周运动来计算。水质点上下位置的变化决定波浪势能的大小，水质点速度决定其能量的大小。据估算，全球海洋中可利用的波浪能量达 30 亿 kW，我国近海有 1.5 亿 kW，开发潜能为 2300 万～3500 万 kW。

1971～1977 年，日本建造了“海明号”消波发电船。其大小相当于 2000 t 级货船，可装 11 台发电机组，每台容量为 125 kW。挪威相继在卑尔根外海建成两座不同形式的波力电站，装机容量分别为 500 kW 和 350 kW。美国也制作了一个大功率的、外形如环礁的波力发电装置，可发电 1000～2000 kW。

我国近海波能北方小，南方大，秋、冬季功率偏大，春、夏季偏小。我国在 20 世纪 80 年代已制成 BD 型系列航标灯波力发电装置，获国家专利，随后，研制了 BD 系列型航标灯，其通过海上试验，并在各海区推广。1986 年，广东动工兴建两台波能发电装置，其容量分别为 3 kW 和 5 kW。2020 年 6 月，由自然资源部支持的“南海兆瓦级波浪能示范工程建设”项目首台 500 kW 鹰式波浪能发电装置“舟山号”在珠海市大万山岛兆瓦级波浪能示范场正式投入使用，这是目前我国最大的波浪能发电装置。波浪能正在成为一个新的可再生能源利用战场。

10.5.2 潮汐能源

世界潮汐总能量约为数十至数百亿千瓦。我国潮汐资源丰富，理论蕴藏量为 1.1 亿 kW。截至 2015 年 8 月，我国潮汐电站的总装机容量为 4 万多 kW，但我国海岸复杂，资源分布不均。福建、浙江潮差较大，潮汐资源最为丰富，占全国的 81%，其中仅钱塘江口潮汐资源每年即可发电 590 亿 kW·h，其几乎占全国的 1/4，其他河口的潮汐资源也比较丰富（表 10.1）。

表 10.1 全国沿海各地区潮汐动力资源理论蕴藏量统计表

地区	堤长/km	内港面积/km^2	加权平均潮差/m	总能量/[（亿 kW·h）/ a]	潮汐能量比例/%	单位堤长能量/[（亿 kW·h）/km]
浙江	584	3733	3.7	1146	41.6	196
福建	415	3857	3.7	1081	39.4	260
山东	524	3029	1.5	165	6.0	31.5
广东	485	6075	0.95	133	4.8	27.5
辽宁	342	1350	1.95	113	4.3	34.3

续表

地区	堤长/km	内港面积/km²	加权平均潮差/m	总能量/[（亿 kW·h）/ a]	潮汐能量比例/%	单位堤长能量/[（亿 kW·h）/km]
江苏	90	2627	1.24	101	3.6	11.0
河北	1.6	27.5	0.65	2.6	0.01	162.5
台湾	47	131	1.2	5	0.2	10.6
全国	2488.6	20829.5	14.89	2746.6	99.91	733.4

海洋能源中，潮汐能源是已经进入开发、利用的能源。1966 年，法国建成世界上首个具有商业利用价值的潮汐发电站——朗斯电站，装机容量为 24 万 kW，年发电量 5.44 亿 kW·h，朗斯电站也是当时世界上最大的潮汐发电站。2011 年，韩国建成了目前世界上最大的潮汐电站——始华湖电站，装机容量为 25.4 万 kW，年发电量 5.52 亿 kW·h。1968 年，苏联在巴伦支海基斯洛湾建成基斯洛潮汐发电站，装机容量为 800 kW。目前，英国、加拿大、挪威和美国等都已建成各种规模的潮汐发电站。

1980 年，我国在浙江温岭市乐清湾建成江厦潮汐发电站，总装机容量 3000 kW，年发电量 1070 万 kW·h，这是我国迄今为止规模最大的潮汐发电站。1988 年，又在江苏太仓县（现太仓市）浏河口建成我国第一座自动控制的 150 kW 的潮汐发电站。此外，还在福建平潭幸福洋、浙江三门湾和山东乳山等地建造了 8 座潮汐电站。随着技术的日趋完善，潮汐电站的发电成本会进一步降低，而电站提供的电能质量也会越来越高，有利于缓解我国南方火电短缺的局面。

10.5.3 海洋热能

海洋热能是指海洋表层和深层水温的温差所具有的能量。一般认为，温度大于 17℃就可以用来发电。我国南海位于热带，全年表层水温为 5～28℃，比 1000 m 深处高 15℃左右，估计可开发的发电容量约为 20 亿 kW。近年来，海水源热泵技术正在兴起，预计在不久的将来会得到广泛应用。

10.5.4 海流能源

海（洋）流利用潜力大，仅墨西哥湾湾流流量为全球所有河流的 50 倍，黑潮流量相当于全球河流的 20 倍。湾流蕴藏发电量达 2190 亿 kW·h/a，可利用能量为 100 万 kW，黑潮蕴藏能量为 1700 亿 kW·h/a，可开发能源为 40 万 kW。我国海流理论蕴藏量为 0.5 亿～1 亿 kW，舟山群岛区岛屿峙立，海域地形复杂，仅潮流功率达 300 万～400 万 kW。海流能发电技术正在研究中。

10.6 海洋空间资源及旅游资源

10.6.1 海洋空间资源

由于地球人口数量剧增，耕地锐减，住房、城市和工业用地日益紧张，越来越多的国家开始拓展海洋空间资源。荷兰、日本等国土面积相对较小的国家积极拓展海洋空间，围海造地，建造人工岛、海上城市。有的甚至提出建造海底城市计划。

我国也是人多地少的国家，特别是在沿海发达地区，经济发展与土地空间资源的矛盾十分突出。我国目前海洋空间资源开发的目标主要是海洋滩涂。全国滩涂总面积约 217 万 hm^2。滩涂是一个特殊的空间资源，它的用途有建造盐田，开辟养殖场，但更重要的是围涂造地。中华人民共和国成立以来，我国开始了围涂造地和填海造陆活动，目前已经从单纯的农垦方向，转为以城市、工业、旅游用地为主的多功能方向。例如，金山化工总厂、秦山核电站、香港国际机场、杭州萧山国际机场、舟山普陀山机场，都是在这样的“新大陆”上兴建的，还有数以千计的中小型国有企业、乡镇企业也在围填的土地上崛起。

除此之外，近年来我国大力加强港口建设，开发新的港口资源，修建海上桥隧，改善海洋空间结构，提高空间利用率。

10.6.2 海洋旅游资源

旅游业已发展成为我国国民经济支柱产业之一，海洋旅游业更是异军突起，成为整个旅游业中的一支劲旅。我国海岸绵长，海岛众多，自然条件多样，海洋旅游资源丰富多彩。重要的旅游资源包括大连金石滩、秦皇岛北戴河、青岛崂山、莆田湄洲岛、北海银滩、三亚亚龙湾等一批著名的风景区；山海关、蓬莱仙阁、刘公岛、田横岛、琅琊台、马尾船厂、虎门炮台等一大批名胜古迹；大连、青岛、厦门、深圳等几十座美丽的海滨城市；还有海市蜃楼、钱塘涌潮、琼州海底地震废墟等奇特海洋景观。

21 世纪是属于海洋的世纪，随着海洋强国战略的实施，我国人民在党和政府的领导下，充分利用和发挥海洋资源优势，大力发展海洋产业，真正实现从海洋大国向海洋强国的转变。

名 词 解 释

1. 海洋资源；2. 可燃冰；3. 海洋化学资源；4. 海洋生物资源；5. 波浪能源；6. 潮汐能源；7. 海洋热能；8. 海洋空间资源；9. 海洋渔业资源；10. 海洋植物

思 考 题

1. 简述海洋资源的类型。
2. 简述海洋资源与陆地资源的差别与联系。
3. 调研我国海洋资源利用和发展的现状。
4. 简述海洋资源开发利用的利与弊。
5. 调研实现海洋强国的战略路线。

第 11 章　能源和生物资源

11.1　能 源 概 述

11.1.1　人类社会与能源

凡是能够提供某种形式能量的物质或物质的运动，统称为能源。能源是人类社会存在和发展必不可少的物质基础。人类利用能源的历史大致可分为 3 个阶段，即柴草时期、煤炭时期和石油时期。古时候，人类以柴草为燃料，以人力、畜力、水力和风力为动力。产业革命后，工业的大发展扩大了煤炭的作用，蒸汽机械成为主要的动力机械。到 19 世纪电力出现后，社会生产力有很大的提高，从根本上改变了人类社会的面貌。19 世纪中叶，石油资源的发现，开拓了能源利用的新时代，特别是 20 世纪 50 年代，世界石油和天然气的消费量超过了煤炭，成为世界能源供应的主力，对促进世界经济的繁荣和发展起到了重要的作用。当前，世界的能源消费以化石资源为主，我国是以煤炭消费为主，而其他大部分国家则以石油、天然气消费为主。

1987 年联合国环境与发展大会提出人类社会持续发展的概念，即“既满足当代人的需要，又不对后代人满足其需要的能力构成危害的发展”。因此，保护人类赖以生存的自然环境和自然资源成为当今世界共同关心的全球性问题。而目前的环境问题很大部分是能源发展，特别是化石资源的利用引起的。因此，今后世界的能源发展战略是发展多元结构的能源系统和高效、清洁的能源技术。不仅要注意多种资源的开发，减少对化石资源的依赖，而且要注意各种节能新技术的发展。

11.1.2　能源类型

能源种类繁多，而且经过人类不断的开发与研究，更多新型能源已经开始能够满足人类需求。根据不同的划分方式，能源也可分为不同的类型。

（1）按其来源可分为 3 类。第一类是来自地球外部天体的能源（主要是太阳能）。除直接辐射外，还为风能、水能、生物能和矿物能源等的产生提供基础。人类所需能量的绝大部分都直接或间接地来自太阳。正是各种植物通过光合作用把太阳能转变成化学能在植物体内储存下来。煤炭、石油、天然气等化石燃料也是由古代埋在地下的动植物经过漫长的地质年代形成的。它们实质上是由地质历史上生物固定下来的太阳能。此外，水能、风能、波浪能、洋流能等也都是由太阳能转换来的。第二类是地球本身蕴藏着的能量资源，典型的如地热能、原子核能等，主要是储藏于地球内部的地热能和地球上的铀、钍等核裂变能资源及氘、氚、锂等核聚变能资源，温泉和火山爆发喷出的岩浆就是地热的重要表现形式。第三类指地球和月球、太阳等其他天体间有规律地运动所形成的能，如潮汐能。

（2）按能源性质，可分为燃料型能源（煤炭、石油、天然气、泥炭、木材）和非燃料型能源（水能、风能、地热能、海洋能）。人类利用自己体力以外的能源是从用火开始的，最早的燃料是木材，之后发展为使用各种化石燃料，如煤炭、石油、天然气、泥炭等。如今，人们正在利用和开发太阳能、核能、地热能、风能、潮汐能等新能源。当前化石燃料消耗量很大，但地球上这些燃料的储量有限。未来铀和钍将提供世界所需的大部分能量。一旦控制核聚变的技术问题得到解决，人类实际上将获得无尽的能源。

（3）根据消耗后是否造成环境污染可将能源分为污染型能源和清洁型能源，污染型能源包括煤炭、石油等，清洁型能源包括水力、电力、太阳能、风能及核能等。

（4）根据能源使用的类型又可分为常规能源和新型能源。常规能源包括一次能源中的可再生的水力资源和不可再生的煤炭、石油、天然气等资源。新型能源是相对于常规能源而言的，包括太阳能、风能、地热能、海洋能、生物能，以及用于核能发电的核燃料等能源。新型能源能量密度较小，或者品位较低，或者有间歇性，按已有的技术条件转换利用的经济性尚差，还处于研究、发展阶段，只能因地制宜地开发和利用；但新型能源大多数是可再生能源，资源丰富，分布广泛，是未来的主要能源之一。

（5）按能源的形态特征或转换与应用的层次，可分为固体燃料、液体燃料、气体燃料、水能、电能、太阳能、生物质能、风能、核能、海洋能和地热能。其中，前三个类型统称为化石燃料或化石能源。已被人类认识的上述能源，在一定条件下可以转换为人们所需的某种形式的能量。例如，薪柴和煤炭，把它们加热到一定温度，它们能和空气中的氧气化合并放出大量的热能。我们可以用热来取暖、做饭或制冷，也可以用热来产生蒸汽，用蒸汽推动汽轮机，使热能变成机械能；也可以用汽轮机带动发电机，使机械能变成电能；如果把电送到工厂、企业、机关、农牧林区和住户，它又可以转换成机械能、光能或热能。

（6）根据产生的方式可分为一次能源（天然能源）和二次能源（人工能源）。一次能源是指自然界中以天然形式存在并没有经过加工或转换的能量资源，一次能源包括可再生的水力资源和不可再生的煤炭、石油、天然气资源，其中水、石油和天然气三种能源是一次能源的核心，它们成为全球能源的基础；除此以外，太阳能、风能、地热能、海洋能、生物能及核能等可再生能源也被包括在一次能源的范围内。

对一次能源又进一步加以分类。凡是可以不断得到补充或能在较短周期内再产生的能源称为再生能源，反之称为非再生能源。风能、水能、海洋能、潮汐能、太阳能和生物质能等是可再生能源，煤、石油和天然气等是非再生能源。地热能基本上是非再生能源，但从地球内部巨大的蕴藏量来看，其又具有再生的性质。核能的新发展将使核燃料循环而具有增殖的性质。核聚变的能比核裂变的能可高出 5～10 倍，核聚变最合适的燃料重氢（氘）又大量地存在于海水中，可谓“取之不尽，用之不竭”。核能是未来能源系统的支柱之一。

二次能源则是指由一次能源直接或间接转换成其他种类和形式的能量资源，如电力、煤气、汽油、柴油、焦炭、洁净煤、激光和沼气等能源都属于二次能源。

随着全球各国经济发展对能源需求的日益增加，现在许多发达国家越来越重视对可再生能源、环保能源以及新型能源的开发与研究；同时我们也相信随着人类科学技术的不断进步，专家们会不断开发研究出更多新能源来替代现有能源，以满足全球经济发展与人类生存对能源的高度需求，而且我们能够预计地球上还有很多尚未被人类发现的新能源正等待我们去探寻与研究。

11.1.3　新能源

太阳能是一种能量巨大且对环境无污染的能源。太阳能转换和利用方式有光－热转换、光－电转换和光－化学转换。

地热能主要以蒸汽、热水的形式出现，对其开发有取暖和发电两种形式。据科学家的测算，地球内部的总热能量约为全球煤炭储量的1.7亿倍。每年从地球内部经地表散失的热量，相当于1000亿桶石油燃烧产生的热量，开发利用前景令人期待。冰岛国家能源局的数据显示，采暖约占冰岛地热直接利用的77%，冰岛有约90%的家庭在使用地热能供暖。根据规划，未来将实现100%地热供暖。我国的地热资源非常丰富，温泉非常多，较为著名的如陕西临潼、鞍山汤岗子、北京小汤山等。西藏羊八井是最著名的地热田，地表热水温度为87℃，地下达200℃以上，目前已安装了一台6000 kW的汽轮发电机组，可直接将地下的高压蒸汽引出发电。国际上已研制成功并商品化了的双循环发电机，对我国许多温度较低的温泉来说是非常适宜的，可以利用低温低压的普通温泉水来发电。

水能中除河流的天然势能外，海水的潮汐和波浪也可用于发电。据统计，我国水能资源占全球第一位，俄罗斯、巴西、美国、加拿大也拥有丰富的水能资源。法国是利用潮汐发电较为成功的国家，其潮汐发电量已占总量的1%，英国彭特兰海峡于2016年投产了全球最大的潮汐能发电站“MeyGen”，电能最高产量达1.9 GW。

风能是一种古老能源。1891年丹麦建成了世界上第一座风力发电站，此后许多国家都在开展相关研究。我国于2010年超越美国，成为世界上规模最大的风能生产国。我国风能蕴藏量非常可观，10 m高度层的风能资源总储量为32.26亿kW，其中实际可开发利用的风能资源储量达2.53亿kW。

生物能也称生物质能，是自然界中有生命的植物提供的能量，这些植物以生物质为媒介储存太阳能。生物能属再生能源，其来源丰富，人畜粪尿、作物茎叶、城市中含有机质的废物、废渣、下水道污泥等都可以利用。每立方米沼气发热量为20934～25121 kJ，略低于1 kg煤。既开发了能源又清洁了环境，故发达国家均十分重视。我国20世纪50年代后半期即开始研究沼气池，60年代初期开始将其用于住家烹饪和取暖，70年代开始建造工业用沼气池，如果在广大农村能推广使用沼气作为燃料，可以省下大量煤炭、薪柴，同时也利于水土保持和大气污染防治。

11.1.4　我国的能源形势

我国的能源形势可以概括为如下特点：资源丰富，分布不均，优质资源相对短缺，形势严峻。根据国家统计局数据初步测算，2019年能源生产结构中，原煤占比68.8%，原油占比6.9%，天然气占比5.9%，水电、核电、风电等占比18.4%。我国利用核电已有近30年历史，截至2019年6月底，中国大陆在运核电机组为47台，装机容量为4873万kW，位居全球第三，著名的核电站有大亚湾、秦山、海阳等。

11.1.4.1　煤炭资源

我国煤炭资源丰富、煤类齐全、煤品较好，开发条件中等；煤炭资源分布广泛，资源储量相对集中，以大型矿区为主，空间分布体现为北多南少、西多东少的特点。

1）煤炭资源储量巨大

21 世纪以来，我国煤炭资源储量基本保持增长势头（图 11.1）。截至 2015 年底，全国煤炭保有查明资源储量 15663 亿 t，其中，资源量 13223 亿 t，基础储量 2440 亿 t。2015 年全球煤炭探明储量分布中，我国居世界第一（图 11.2）。

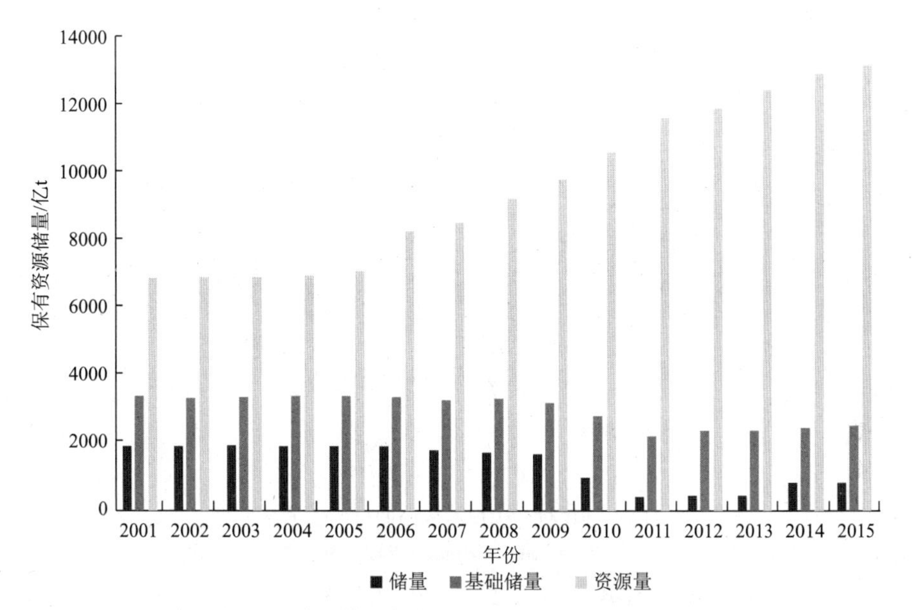

图 11.1　全国煤炭保有资源储量（2001～2015 年）

资料来源：中国地质调查局，2016

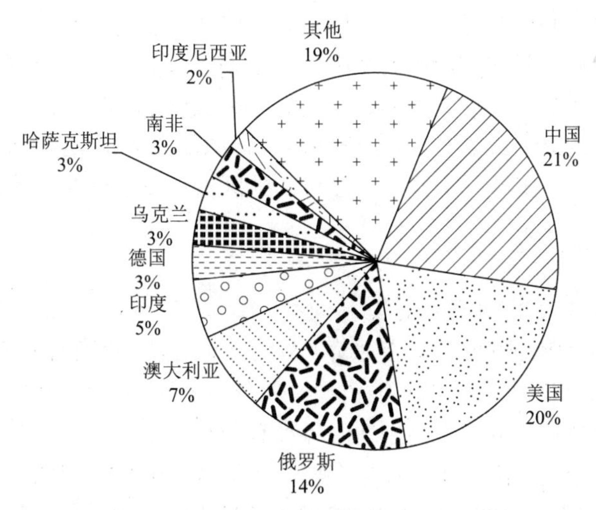

图 11.2　2015 年全球煤炭探明储量分布

资料来源：中国地质调查局，2016

根据 2013 年全国煤炭资源潜力评价最新成果，全国 2000m 以浅煤炭资源总量 5.9 万亿 t，其中，探获煤炭资源储量 2.02 万亿 t，预测资源量 3.88 万亿 t。优等预测资源量 9815 亿 t，良等 11345 亿 t，差等 17650 亿 t。

2）煤炭品种齐全，优质炼焦煤比重较低

我国煤炭煤类齐全，从褐煤到无烟煤各种不同煤化阶段的煤均有赋存，但数量分布不均衡。炼焦煤中高挥发分的气煤和 1/3 焦煤合计超过 50%；作为生产焦炭的强黏结煤（焦煤和肥煤）稀缺，焦煤仅占炼焦煤的 19.24%，肥煤仅占 11.53%，合计不足 1/3；优质的焦煤和肥煤资源更少（图 11.3）。

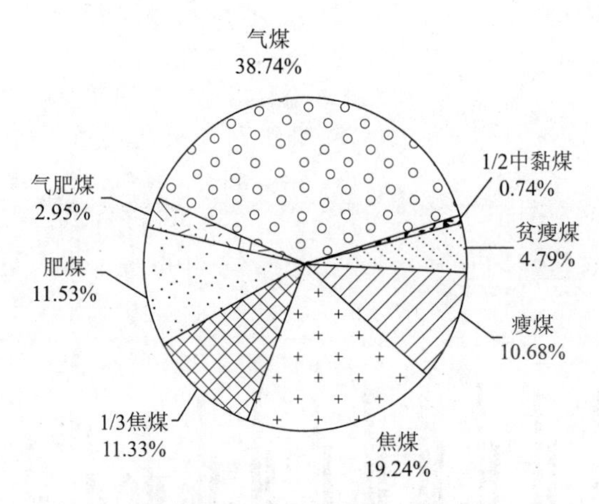

图 11.3　我国炼焦煤保有资源储量的煤类分布图

资料来源：中国地质调查局，2016

3）空间分布相对集中

前已述及，我国煤炭资源分布相对集中，总的分布格局是北多南少，西多东少，在全国形成华北、东北、西南和西北等几个重要煤炭分布地区。昆仑山—秦岭—大别山一线以北的我国北方地区煤炭资源储量约占全国的 90%，且主要分布在太行山—贺兰山地区，占北方地区的 65%左右，形成了包括山西、陕西、宁夏、河南及内蒙古中南部的富煤地区（华北富煤区的中部和西部）。新疆约占北方地区已查明煤炭资源的 20%，是我国另一重要的富煤地区（西北富煤区的西北部）。秦岭—大别山一线以南地区占已发现资源储量的 10%。

11.1.4.2　*石油资源*

1）年代分布广泛，空间分布相对集中

根据国土资源部全国油气资源动态评价（2012 年）结果，我国石油地质资源量 1037 亿 t，可采资源量 264 亿 t。东部和海域的石油资源主要分布在新生界和中生界，西部的叠合盆地，发育多个构造层，石油资源从古生界到新生界都有分布。

石油主要分布在松辽、渤海湾、鄂尔多斯、塔里木、准噶尔和珠江口等盆地，它们的地质资源量分别为 150.5 亿 t、308.6 亿 t、128.5 亿 t、120.7 亿 t、86.9 亿 t 和 23.2 亿 t，合计 818.4 亿 t，分别占全国的 14.5%、29.8%、12.4%、11.6%、8.4%和 2.2%。

2）勘探处于早-中期，六大盆地的探明地质储量合计占近九成

截至 2013 年底，我国在 28 个盆地中共探明石油地质储量 350.68 亿 t（含凝析油 4.24 亿 t），技术可采储量 93.67 亿 t（含凝析油 1.27 亿 t），地质资源量探明率为 33.8%，勘探程度总体上处于早-中期。探明地质储量主要分布在松辽、渤海湾、鄂尔多斯、准噶尔、塔里木、渤海海域 6 个盆地，分别为 76.85 亿 t、111.93 亿 t、46.61 亿 t、24.80 亿 t、22.38 亿 t、29.10 亿

t，合计 311.67 亿 t，分别占全国的 21.9%、31.9%、13.3%、7.1%、6.4%、8.3%。

3）储采比为 12，远低于世界平均水平

据全国矿产资源储量通报，截至 2015 年底，我国石油剩余经济可采储量为 25.69 亿 t，2015 年产量为 2.15 亿 t，储采比为 12。世界石油储采比为 50.3，与世界相比，我国的储采比明显偏低。我国主要含油盆地的储采比均不高，松辽盆地为 14.5，渤海湾盆地为 16.7，鄂尔多斯盆地为 14.8，准噶尔盆地为 22. 8，塔里木盆地为 17.3，渤海海域为 14.4。

11.1.4.3　天然气资源

1）天然气资源较丰富，在世界上占有一席之地

根据国土资源部全国油气资源动态评价（2012 年）结果，我国天然气资源量较丰富，地质资源量 62 万亿 m^3，可采资源量 37 万亿 m^3，占世界的 9%，世界常规天然气可采资源量为 414 万亿 m^3。

我国的天然气资源主要分布在塔里木、鄂尔多斯、四川、松辽和东海 5 个盆地，可采资源量分别为 9.0 万亿 m^3、8.9 万亿 m^3、5.8 万亿 m^3、2.1 万亿 m^3 和 2.5 万亿 m^3，各占全国的 24.2%、23.9%、15.6%、5.7%和 6.6%，合计占全国的 76.0%，其中，西部地区三大盆地合计占比近 2/3。

2）勘探处于早期，近 90%集中分布于七大盆地

截至 2013 年底，我国在 26 个盆地中探明天然气地质储量 11.61 万亿 m^3（含溶解气 1.81 万亿 m^3），技术可采储量 6.20 万亿 m^3（含溶解气 0.56 万亿 m^3）。地质资源量探明率为 18.7%，天然气勘探仍处于早期。

探明天然气地质储量主要分布在鄂尔多斯、四川、塔里木、渤海湾、松辽、柴达木和准噶尔 7 个盆地，分别为 3.3 万亿 m^3、3.2 万亿 m^3、1.6 万亿 m^3、0.88 万亿 m^3、0.72 万亿 m^3、0.38 万亿 m^3 和 0.35 万亿 m^3，合计 10.43 万亿 m^3，各占全国的 28.9%、28.2%、13.9%、7.7%、6.3%、3.3%和 3.1%，合计占全国的 91.4%。

3）储采比为 27，后备资源接替较充足

截至 2015 年底，我国天然气剩余经济可采储量为 3.78 万亿 m^3，2015 年产量为 1380 亿 m^3，储采比为 27，低于世界平均储采比 52.8，但相对于石油，我国天然气具有较快发展的储量基础。

我国主要产气盆地的储采比差异较大，其中，四川盆地最高，为 43.8，准噶尔盆地次之，为 30.5。塔里木、鄂尔多斯、松辽、柴达木和渤海湾盆地的储采比分别为 27.4、25、23.6、18.6 和 18.4。

11.1.4.4　其他能源

截至 2019 年 12 月底，中国大陆已建成 19 座核电站，建设中 3 个，共有 58 台核电机组，其中 47 台机组装料投入运行，11 台在建机组。核电站主要分布在沿海地区，总装机容量约 4000 万 kW，核电年发电量达到 2600 亿 kW·h，占全国发电量的 6%以上。

在我国还有一类能源潜力较大，但其长期以来并未获得足够的重视，即所谓的低热值能源，如油页岩、泥炭、石煤、煤矸石等。以油页岩为例，我国油页岩的分布比较广泛，但其分布不均匀，主要分布于内蒙古、山东、山西、吉林、黑龙江、陕西、辽宁、广东、新疆 9

省（自治区）。由于勘探程度较低，目前仅在 14 个省（自治区、直辖市）计算了探明储量，约 1000 亿 t，其中吉林、辽宁和广东的储量较多，合计约占全国探明储量的 90%以上。有 21 个省（自治区、直辖市）做了储量预测，内蒙古、山东、山西、吉林和黑龙江等省（自治区、直辖市）的预测储量较大。

11.2　煤、石油、天然气、油页岩和天然气水合物

11.2.1　煤

煤是可以燃烧的含有机质的岩石，被列宁赞誉为工业粮食。它的化学组成主要是碳、氢、氧、氮等几种元素。此外，还可能含有硫、磷、砷、氯、汞、氟等有害成分，以及锗、镓、铀、钒等有用元素。

煤是古代植物深埋地下，在一定的温度和压力的条件下，经历漫长的时代和复杂的化学变化而形成的。如果将煤切成纸一样的薄片放到显微镜下，可以看到植物的细胞组织。在煤矿近旁的岩石里，常可见到树枝和树叶的化石。辽宁抚顺煤矿的一些煤块里偶尔夹有杏黄色的琥珀——昆虫和树脂的化石。这些化石都记载了煤的身世和历史。煤的生成过程可以大致概括为：①植物茂密地区沼泽化，植物变为泥炭；②沉积盆地相对下沉，富含泥炭的沼泽地被后期厚层泥、砂、碳酸盐物质覆盖；③泥炭被压缩，其碳质含量逐渐增高，最后变为煤。煤主要形成在古海岸、三角洲及河口等地。

煤的种类很多。根据成煤的原始物质和堆积环境，按成因将煤分为腐殖煤、腐泥煤和残殖煤三大类，考虑到残殖煤也是高等植物形成的，多数学者将残殖煤并入腐殖煤类。依据变质程度的不同，腐殖煤可分为泥炭、褐煤、烟煤和无烟煤四大类。一般民用的煤多为无烟煤。四类腐殖煤的主要特征与区分标志如表 11.1 所示。

表 11.1　四类腐殖煤的主要特征与区分标志

特征与标志	泥炭	褐煤	烟煤	无烟煤
颜色	棕褐色	褐色、黑褐色	黑色	灰黑色
光泽	无	大多无光泽	有一定光泽	金属光泽
外观	有原始植物残体、土状	无原始植物残体、无明显条带	呈条带状	无明显光泽
在沸腾的 KOH 中	棕红—棕黑	褐色	无色	无色
在稀 HNO_3 中	棕红	红色	无色	无色
自然水分	多	较多	较少	少
真密度/（g/cm^3）		1.10～1.40	1.20～1.45	1.35～1.90
硬度	很低	低	较高	高
燃烧现象	有烟	有烟	多烟	无烟

世界煤炭总储量约为 1.055 万亿 t，其中大部分为无烟煤和烟煤（储量 7349.03 亿 t，占比约 70%）。煤炭资源在世界各地分布并不平衡，主要集中在北半球，世界煤炭资源的 70%

分布在北半球 30°N～70°N。全球煤炭储量主要集中在少数几个国家：美国（24%）、俄罗斯（15%）、澳大利亚（14%）和中国（13%）。全球最大的煤田是位于美国东部的阿巴拉契亚煤田，煤田分布在美国东部的九个州内，从东北向西南方向延伸，总长度达到了 1200～1250 km，宽度达到了 50～300 km。更夸张的是，其煤炭厚度在 500～900 m，分布面积达 18 万 km^2、地质总储量 3107 亿 t。

我国煤炭资源也很丰富，总资源量达 5.9 万亿 t。山西省的煤炭储量超过 2000 亿 t，居全国第一；内蒙古居第二位，超过 1900 亿 t。煤炭储量超过 200 亿 t 的省（自治区、直辖市）有陕西、贵州、宁夏、安徽等。

我国地质历史上成煤期比较多，从早古生代开始，即有藻类形成的石煤，具有工业价值的，包括石炭纪、二叠纪、侏罗纪、古近纪等时代的煤田。

11.2.2　石油

石油是产于岩石中以碳氢化合物为主的油状黏稠液体，被誉为工业血液。未经提炼的天然石油称为原油，含碳 84%～87%，含氢 12%～14%，剩下的 1%～2%为硫、氧、氮、磷、钒等元素。

石油一般赋存在古代浅海和湖泊成因的岩石中。这些沉积盆地在漫长的地质年代中，堆积了几百至几千米厚的沉积物，其中有许多动物和植物的遗体。这些生物有机物质经过几百万年的地质变化及一系列的物理化学变化，逐渐转变为无数细小的油珠。油珠再汇成油流，油流则集中迁移到地壳中具有封闭构造的地层中储藏起来，最终形成了规模较大的油田。

石油是个成员众多的大家族。把它送到炼油厂精馏塔中分家，由轻而重分成挥发油、汽油、煤油、柴油和重油，再把重油送到减压加热炉分家，又可分出柴油、润滑油、石蜡和沥青。这些产品分门别类地用作飞机、军舰、轮船、汽车、内燃机、拖拉机、火箭的动力燃料，机械设备的润滑剂等。此外，石油还可用来制造塑料、尼龙、涤纶、腈纶、维尼纶、丙纶、酒精、合成橡胶、油漆、化肥、洗衣粉等 5000 多种化工产品。

石油资源主要分布在中东、拉丁美洲、北美洲、西欧、非洲、东南亚和我国。

全世界已发现的油田有 40000 多个，总石油储量 1368.7 亿 t。全世界可采储量超过 6.85 亿 t 的超巨型油田有 42 个，巨型油田（大于 0.685 亿 t）328 个。英国 BP 公司发布《2020 年世界能源统计报告》：2019 年底全球世界石油探明储量为 2446 亿 t，储采比为 49.9 年。其中沙特阿拉伯储量 409 亿 t，占全球储量 17.2%，储采比 68.9 年；美国储量 82 亿 t，占全球比例 4.0%，储采比 11.1 年；我国储量为 36 亿 t，占全球储量 1.5%，储采比 18.7 年。

波斯湾沿岸的沙特阿拉伯、伊朗、科威特、伊拉克和阿联酋，是世界最大的石油产地和输出地。世界上探明储量最大的油田是沙特阿拉伯的加瓦尔油田，也是世界最大的陆上油田，总储量超过 700 亿桶。我国现已成为世界上主要产油大国。在 20 世纪 50 年代扩大玉门油田时，发现了新疆克拉玛依大油田和青海冷湖油田。1959 年 9 月 26 日，黑龙江荒原的探井喷油了，这年正好是中华人民共和国成立 10 周年，所以把新发现的大油田取名为大庆油田。1963 年，我国的石油达到基本自给，从此甩掉了贫油国的帽子。接着，又相继发现了胜利油田、大港油田、任丘油田、中原油田、渤海油田、南海油田等。大庆油田 2017 年石油产量达到 3400 万 t，位居全国第一。

11.2.3 天然气

天然气是一种蕴藏在地层内的天然气体燃料。它的成因和石油相似，但分布的范围和生成温度范围要比石油广得多。即使在较低温度条件下，地层中的有机物也能在细菌的作用下形成天然气。有的天然气蕴藏在不含石油的岩层里，有的和石油储存在一起。钻探石油时发生的井喷，就是地层中的天然气在高压下向外喷发的缘故。

天然气的主要成分是甲烷，其次是乙烷、丙烷、丁烷，以及少量二氧化碳、硫化氢、氮气、氢气等气体。

天然气性质活泼，易飘散、燃烧，燃烧时无烟无灰，是较为洁净的燃料。天然气还是制造合成氨、乙炔、氢氰酸、甲醇、酒精、合成纤维、炭黑等的重要化工原料。

世界上已查明的天然气储量为 100 万亿 m^3。世界上有天然气田 26000 个，探明储量 142 万亿 m^3，最大的气田是俄罗斯的乌连戈依气田，其储量为 8.1 万亿 m^3。俄罗斯和伊朗两国占世界总储量的一半以上。估计南极大陆天然气的储藏量有 3000 亿 m^3。南极地区的天然气储量为 30000 亿～50000 亿 m^3。

我国是天然气资源丰富的国家。据估计，我国大陆及沿海大陆架拥有天然气总资源量为 3 万亿～4 万亿 m^3。并且已找到十多个气量在 50 亿 m^3 以上的天然气田，其中气量在 100 亿 m^3 以上的中型气田 6 个。1982 年起，中美合作勘探的莺歌海天然气田，已探明天然气地质储量超过 1000 亿 m^3。2019 年，我国常规天然气新增探明地质储量 8090.92 亿 m^3。其中，新增大于 1000 亿 m^3 的盆地有 2 个，为鄂尔多斯盆地和四川盆地。

11.2.4 油页岩

国际上把每吨含油率大于 0.25 桶（相当于含油率 3.5%以上）的页岩称为油页岩，是一种高灰分（大于 33%，煤的灰分小于 33%）可以燃烧的有机岩石，由碳、氢、氧、氮、硫等元素组成。它的颜色有灰白、黄棕、褐、黑灰及黑等多种，一般颜色越浅含油率越高。

像千层糕似的页岩，含天然石油 3.5%～15%，个别高达 20%以上，所以称其为油页岩，又称油母页岩。一般有机质含量在 5%以上才有工业价值。每千克油页岩的发热量为 4186.8～16747.2 kJ，只及煤发热量的 1/5～1/2。含油率和发热量是评价油页岩工业用途的重要工艺指标。

油页岩可以直接燃烧，用于发电，经低温干馏，还可获得汽油、柴油、煤油、润滑油、石蜡、沥青、氨水、硫化沥青等一系列化工原料。我国油页岩储量丰富，具有很大的能源潜力。在没有找到大油田之前，我国 3/4 的石油来自油页岩。

油页岩是由细粒矿物碎屑和低等动物及植物残体腐解的有机质同时沉积形成的。有机质是由藻类等低等生物遗体经凝胶化作用形成的。

按形成油页岩的古地理环境，油页岩分为近海型和内陆湖泊型两个矿床类型。

近海型油页岩往往与石灰岩等共生。矿床分布面积广，矿层层数多，每层厚度从几十厘米到一米多。有的含油率高达 24%。我国广东的茂名油页岩属近海型。

内陆湖泊型油页岩经常与煤共生，矿层较厚，但横向变化大，含油率较低。我国辽宁号称“煤都”的抚顺，含煤地层最厚处达 120 m，上面覆盖着厚达 110 m 的一层湖相褐色、深褐色致密薄层状油页岩，平均含油率大于 5.3%。著名的美国科罗拉多绿河油页岩也属内陆湖泊型。该矿含有机质 13.8%、矿物质 86.2%。

11.2.5　天然气水合物

天然气水合物又称可燃冰（combustible ice），是分布于深海沉积物或陆域的永久冻土中，由天然气与水在高压低温条件下形成的类冰状的结晶物质。因其外观像冰且遇火可燃烧，所以又被称作可燃冰。其资源密度高，全球分布广泛，具有极高的资源价值，因而成为油气工业界长期研究的热点。自 20 世纪 60 年代起，以美国、日本、德国、中国、韩国、印度为代表的一些国家都制订了天然气水合物勘探开发研究计划。迄今，人们已在近海海域与冻土区发现水合物矿点超过 230 处，涌现出一大批天然气水合物热点研究区。

研究发现，1 m^3 的可燃冰（不含杂质）可以分解为 164 m^3 的天然气和 0.8 m^3 的水。可燃冰燃烧过程中仅产生二氧化碳和水，不会留下固态残渣，也不会产生有害气体，具有燃烧值高、清洁无污染、分布广泛、储量巨大等特点。

11.3　核　　能

11.3.1　核能的起源与发展

核能（又称原子能）是原子核结构发生变化时放出的能量。通常包括两个过程释放的能量，即重元素的原子核发生分裂反应（裂变）时和轻元素的原子核发生聚合反应（聚变）时释放的能量，其分别称为裂变能和聚变能。

20 世纪初发现铀核的分裂现象，为人类进入核能时代打开了大门。这一成就最初被用于军事，稍后实现了核能的和平利用。如今，核能已成为一种可以大规模集中利用的能源，可代替化石能源，目前主要用于发电。

自从 1954 年第一座核电站在苏联运行以来，各国竞相发展核电工业。美国是核发电量最多的国家，法国核电占总发电量的比例达 70%，居世界之首。我国自主设计的浙江海盐县秦山核电站和中外合资兴建的广东大亚湾核电站于 20 世纪 90 年代初并网发电。截至 2019 年 12 月底，已建成 19 座核电站，建设中 3 个。

1986 年 4 月，苏联切尔诺贝利核电站发生事故，引起一些人对核电站安全的怀疑，但科学家断言，只要从管理和技术上采取严格的安全措施，事故是可以避免的，而且现在的技术完全能够防止事故的重演。

核能发电量大，利用率高，经济效益好。与火电相比，虽然投资较大，但燃料费用低，核能发电的成本可以比火电低一半左右。核能将成为 21 世纪的主要能源。

当前，科学家们正在研究受控核聚变技术。浩瀚的海洋是核聚变反应的能源宝库，如果把海水中的全部氘用来进行核聚变，其产生的能量足以供人类使用几百万年。

11.3.2　铀矿资源

元素周期表中位列 92 的铀，是德国人 M. H. 克拉普罗兹于 1786 年给它取的名字，意思是纪念那年发现的天王星（Uranus）。1896 年，法国人 H. 贝克勒尔无意中发现铀化物使照相底片感光，断定铀矿石会自动放出眼睛看不见的射线。居里夫妇后来称这种特性为放射性。

科学家也正式利用铀的这一特性，设计了一种能接受放射性射线的仪器去探测铀矿。

铀在岩石中，多以化合物形式出现。自然界中已发现的铀矿物和含铀矿物有 190 种，具有工业开采价值的主要有晶质铀矿、沥青铀矿、钾钒铀矿、硅钙铀矿、钙铀云母等。目前，全球铀资源量超过 1500 万 t。据世界能源资讯服务（World Information Service on Energy）资料，截至 2003 年 1 月 1 日，世界已知常规铀可靠资源回收成本≤130 美元/kg 铀的可回收资源约 316.92 万 t，其中回收成本≤40 美元/kg 的铀资源量约 173.05 万 t，回收成本≤80 美元/kg 的铀资源量约 245.82 万 t。世界铀资源量较多的国家有澳大利亚、哈萨克斯坦、美国、加拿大、南非、纳米比亚、俄罗斯和尼日尔，其铀资源量均在 10 万 t 以上，合计占世界铀资源量的 84.42%。其次为巴西、乌兹别克斯坦、乌克兰、蒙古国和中国等。目前，澳大利亚是全球铀矿储量最丰富的国家之一，也是世界主要的产铀国家。我国从 1955 年起开展铀矿普查勘探工作，目前储量和产量均进入世界前 10 位，并逐步建立了花岗岩型、火山岩型、砂岩型和碳硅泥岩型铀矿成矿模式，其所拥有的储量分别占全国总储量的 38%、22%、19.5%和 16%。丰富了世界铀矿地质理论。

海水中也含有铀，其蕴藏量约 45 亿 t，是陆地上已探明的铀矿储量的 2000 倍，但是浓度极低。20 世纪 60 年代以来，世界上许多国家先后进行了从海水中提取铀的研究，英国是最早从事海水提铀研究的国家，日本在 1984 年建成了年产 10kg 铀的海水提铀模拟厂，是第一个建造海水提铀工厂的国家。目前，世界上已有美、俄、德等近 20 个国家进行海水提铀研究，但至今还没有一个国家实现从海水中大规模采铀。日本是一个贫铀国，铀埋藏量仅有 8000 t，因此日本把目光瞄向海洋。海水提铀的主要方法有吸附法、石灰法、生物处理法、浮选法、超导磁分离法、综合利用法。其中，吸附法作为海水提铀中最有前景的方法受到了国内外科学家的关注，包括各种吸附剂的制备，吸附机理、吸附工艺和海试平台等不断研究，目前在实验室模拟条件下可实现每克吸附剂可吸附几十到几百毫克铀。虽然海水提铀从 20 世纪 60 年代就开始研究，但真实海试实验的结果反映出高效吸附材料制备等一些关键问题仍亟须解决。

1 g 金属铀释放的热能与 3t 煤或 4 桶石油燃烧后放出的热能相等。如果把地球上的铀充分利用起来，其能量相当于煤、石油和天然气的总能量的 10 倍。

11.4 生物资源概述

11.4.1 生物资源的概念

自然界的生物包括植物、动物和微生物。生物资源指生物圈中对人类具有一定价值的植物、动物、微生物以及由它们组成的生物群落，是自然资源的重要组成部分。生物资源是人类赖以生存和发展的基础，它为人类提供生活必需品，在农业方面被广泛利用，同时支撑传统工业的发展，且是维持全球生态平衡的重要因素。生物资源包括基因、物种及生态系统三个层次，是地球上生物多样性的物质体现。

11.4.2 生物资源的类型

自然界中的生物种类繁多、形态各异、分布广泛。对生物资源的分类并没有一个固定的分类系统，依据不同的标准生物资源可划分为不同的类型。

（1）根据自然属性生物资源可分为植物资源、动物资源及微生物资源三大类。

植物资源是指能够提供物质原料满足人类生产和生活需要的可利用植物。地球上的植物资源十分丰富，全球植物种数为 30 万～35 万种。中国地域辽阔、自然条件优越，孕育了丰富的植物资源。据中国生物多样性国情研究数据，中国拥有陆生高等植物 34383 种，约占世界总数的 10%，位居世界第三位，其中很多植物为中国所特有，如银杏、珙桐、银杉、金钱松等，均为中国特有的珍稀濒危野生植物。

动物资源是指在当前社会经济技术条件下人类可以利用或可能利用的动物，包括驯养动物资源、水生动物资源和野生动物资源等。动物资源与人类的经济生活密切相关，不仅能作为食物，还可以提供毛皮、药品、香料等各种工业原料。中国的动物资源十分丰富，现有哺乳动物约 693 种，约占全球哺乳动物总数的 11.8%，居世界第一（蒋志刚等，2017）；现有鸟类 1445 种，约占全球鸟类物种总数的 14%（郑光美，2017）。此外，我国还拥有 100 多种特有的珍稀濒危野生动物，如大熊猫、金丝猴、扬子鳄、朱鹮等。

微生物资源是指对人类具有实际或潜在用途的微生物。与植物资源和动物资源相比，微生物资源种类数量庞大、繁殖速度快、收集与利用的难度高。微生物资源在食品、医学、环境、农业、林业和工业等领域有着十分广泛的用途，与国民健康、食品、生存环境及国家安全紧密相关。为保障微生物资源的战略安全和可持续利用，为国家科技创新、产业发展和社会进步提供支撑，我国于 2002 年开始组建国家微生物资源平台，整合了农业、林业、工业、医学、药学、兽医、海洋、基础研究及教学实验九大领域的模式菌种和具有重要或潜在应用价值的菌种资源。截至 2018 年，平台库藏菌种资源总量达 235070 株，备份 320 余万份。2019 年 6 月国家微生物资源平台优化调整为国家菌种资源库。

（2）根据生物资源的经济价值，生物资源首先被划分为植物资源、动物资源和微生物资源三大类，然后在每一个大类内依据其经济价值再进行进一步的划分，如植物资源包括栽培植物资源、食用植物资源、药用植物资源等。

（3）从研究和实际利用角度，生物资源可分为森林资源、草地资源、栽培作物资源、驯化动物资源、水产资源和遗传基因（种质）资源等。

11.4.3　生物资源保护

生物资源是人类赖以生存的基础。然而，由于受到人类对生物资源的过度开发利用以及环境污染、全球气候变化等影响，生物的生存环境被破坏，很多生物物种消失或濒临灭绝，全球生物多样性受到严重威胁。根据《生物多样性和生态系统服务全球评估报告》，全球物种灭绝的平均速度比过去 1000 万年的平均值还要高几十到几百倍，截至 2016 年有 1000 多种哺乳动物的生存受到威胁，还有超过 40%的两栖动物和 1/3 以上的海洋哺乳动物面临灭绝危险。越来越多的野生动植物被列入世界自然保护联盟濒危物种红色名录，一些中国特有的珍稀物种已经灭绝，如被誉为“长江女神”的白鳍豚于 2007 年被宣布功能性灭绝，被称为“淡水鱼之王”的白鲟近十几年未见踪迹。保护生物资源，保护生物多样性，已成为人类刻不容缓的重要任务。

11.5 森 林 资 源

《中华人民共和国森林法实施条例》明确："森林资源，包括森林、林木、林地以及依托森林、林木、林地生存的野生动物、植物和微生物。"森林与海洋、湿地并称为地球的三大生态系统，是地球陆地最大的生态系统和最主要的生物资源，也是地球陆地能源吸收、转换、存储、交流的最为重要载体，对维系整个地球的生态平衡起着不可替代的作用，更是人类赖以生存和发展的资源和环境。

11.5.1 森林的主要功能

森林资源对人类的重要性表现为经济效益、生态效益及社会效益三方面。

首先，森林为人类提供各种林产品包括木材和其他非木材产品。木材是重要的建设用材，也是某些加工业不可或缺的原材料，可用于建筑家居、车船和飞机制造及制浆造纸等。除木材外，森林还能为人类提供丰富的非木材产品，如食材、药材、油料、香料、染料等，它们的种类及用途不胜枚举。

其次，森林具有重要的生态环境保护功能，包括涵养水源、保持水土、固碳制氧、净化环境、调节气候、防风固沙、保护生物多样性等。

（1）涵养水源。森林涵养水源的功能主要通过林冠层对降雨的再分配、林下灌草层截留雨水和分散林内降雨、枯枝落叶层直接截流降水以及林地土壤层蓄积降水等形式实现。此外，森林能够削弱地表径流，加强地下径流和地下水储量，从而调节径流、削减洪峰。

（2）保持水土。森林通过林冠层、枯枝落叶层对降雨进行截留，阻止了地表径流的强化，减弱了雨水对土壤的冲蚀力。森林能够增加土壤有机质含量，使土壤变得更加疏松，从而吸收、渗透更多的水分，减少水土流失。

（3）固碳制氧。森林是制造氧气的绿色工厂。森林植物通过光合作用和呼吸作用与大气进行二氧化碳和氧气交换，固定二氧化碳，同时释放氧气，从而维持地球大气中二氧化碳和氧气的动态平衡，减缓温室效应，并为人类提供生存的最基本条件。

（4）净化环境。森林的净化环境功能包括阻滞粉尘、降低噪声、吸收污染物质和杀灭病菌等。森林中的植物尤其是树木能阻滞粉尘，降低大气中烟尘、各种重金属粉尘、尘埃的含量。树木的枝干、叶片能起切割、阻挡和改变噪声的作用，使噪声降低。森林还能吸收大气中的某些有毒气体，并能吸收和过滤放射性物质，从而有效降低空气中放射性物质的含量。有些森林植物能分泌出挥发性物质杀死或抑制周围的细菌。

（5）调节气候。森林植物一方面能够通过叶片阻隔、反射和吸收部分阳光直射从而降低太阳辐射，使林下气温降低；另一方面能够通过蒸腾作用增加空气湿度和所在地降水量，从而调节所在地区的小气候。

（6）防风固沙。森林能阻挡风暴、固定沙土。树木组成防风林带，能够降低风速并且削弱风的挟沙能力。树木庞大的根系能够紧固沙粒，使土地免于风蚀。

（7）保护生物多样性。森林为各种生物提供了优越的生存空间，是野生动植物的乐园。森林生态系统的结构复杂、物种繁多，是生物多样性最丰富的区域，在生物多样性保护方面有着不可替代的作用。

最后，森林能够为人类提供游憩场所，满足人们文化、教育和精神方面的社会需求。森林是开展旅游休养的绝佳场所，人们可以在森林中领略美丽的自然景观，从而了解自然，陶冶情操，丰富科学文化素养，感受无限的自然美和生态美。森林拥有多样的生物物种，有利于开展科学研究和科普教育。

11.5.2　我国森林资源概况及发展态势

我国地域广阔，自然条件复杂多样，森林资源十分丰富，其地理分布特点明显，区域分布不平衡。按地带性分布规律，由北至南，森林的主要类型有针叶林、针阔混交林、落叶阔叶林、常绿阔叶林、季雨林和雨林。森林资源大部分集中分布在东北部、西南地区及台湾山地和东南丘陵地区，西北地区的森林资源较少。我国森林资源呈现出总量持续增加、质量稳步提高、生态功能增强的良好发展态势。

（1）森林总量持续增长。依据第九次全国森林资源清查成果——《中国森林资源报告（2014—2018）》，我国森林覆盖率由 40 年前的 12%提高到 22.96%，现有森林面积 2.2 亿 hm^2，森林蓄积量 175.6 亿 m^3。我国森林资源已经保持连续 30 年面积和蓄积量的双增长（图 11.4 和图 11.5）。

（2）森林质量不断提高。我国森林乔木林的每公顷蓄积量现已增加到 94.83 m^3；且天然林稳步增加，人工林快速发展，森林优势树种组具有多样化发展趋势，大量的速生及优质树种出现；林种结构由用材林占绝对优势逐渐转变为防护林占绝对优势的局面。

（3）森林生态功能不断增强。随着森林总量的增加和质量提高，我国森林生态功能显著增强。依据第九次全国森林资源清查结果，全国森林植被年涵养水源量 6289.5 亿 m^3，年固土量 87.48 亿 t，年保肥量 4.62 亿 t，年吸收污染物量 4000 万 t，年滞尘量 61.58 亿 t，年释氧量 10.29 亿 t。

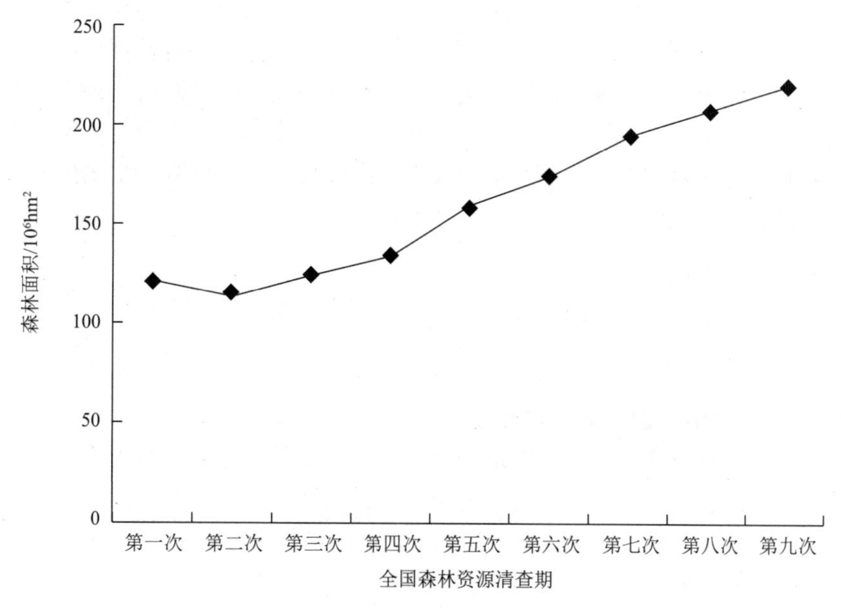

图 11.4　历次资源清查全国森林面积

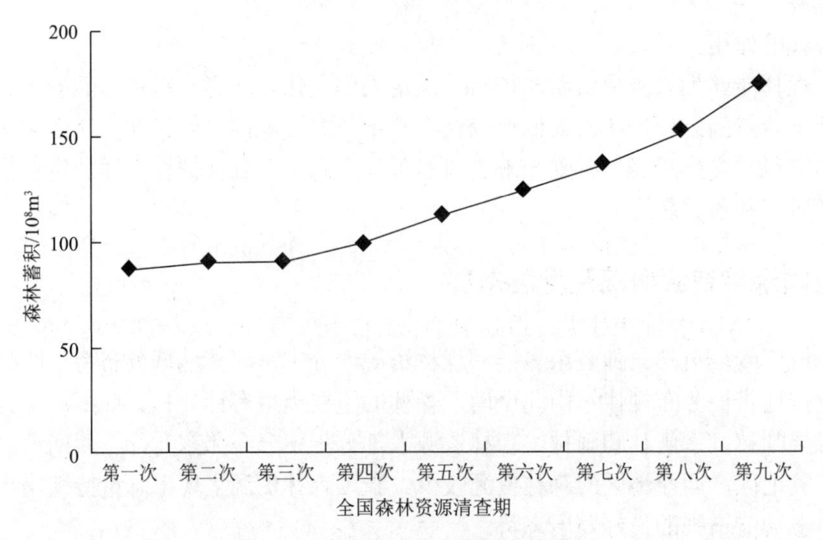

图 11.5　历次资源清查全国森林蓄积

我国森林资源进入了数量增长、质量提升的稳步发展时期，但我国总体上仍然是一个缺绿少林、生态脆弱的国家，森林资源总量相对不足、质量不高、分布不均的问题仍然存在。目前我国的森林覆盖率为 22.96%，还低于全球 30.7%的平均水平，特别是人均森林面积不足世界人均的 1/3，人均森林蓄积量仅为世界人均的 1/6，与世界人均水平相比仍有较大差距。

11.5.3　森林保护

森林资源是重要的自然资源，保护森林就是保护人类赖以生存和发展的家园。《中华人民共和国森林法》明确了天然林采伐限制和保护、森林防火、森林环境保护、林业有害生物防治、生态脆弱地区森林资源的保护修复、森林自然保护地体系建设等一系列重要内容。

为加强森林资源保护与环境治理，2001 年起国务院批准实施天然林保护工程、退耕还林工程、“三北”和长江中下游地区等重点防护林建设工程、京津风沙源治理工程、野生动植物保护和自然保护区建设工程、重点地区速生丰产用材林基地建设工程六大林业重点工程，工程规划范围覆盖了全国 97%以上的县，规划造林任务 0.76 亿 hm^2。这六大工程的实施使得全国森林资源得到快速恢复和保护，既对中国改善生态环境、实现可持续发展起了重要作用，也对维护全球生态安全做出了重大贡献。

11.6　草 地 资 源

草地是指草本植物占优势的植物群落，包括草原、草甸、草丛和草本沼泽等天然植被，以及草本植物（不包括农作物）占优势的栽培群落。草地是陆地生态系统的重要组成部分，是畜牧业的重要生产基地。草地资源是一种重要的自然资源，为人类提供多种产品和服务，包括提供饲草饲料支撑畜牧业发展、固碳制氧、涵养水源、保持水土、防风固沙、净化空气、调节气候、维护生物多样性等，具有重要的经济、生态和社会功能。

11.6.1　草地的分类

根据《中国草地类型分类的划分标准和中国草地类型分类系统》（1988 年），我国草地依据水热条件和植被类型可划分为 18 类，分别为温性草甸草原类、温性草原类、温性荒漠草原类、高寒草甸草原类、高寒草原类、高寒荒漠草原类、温性草原化荒漠类、温性荒漠类、高寒荒漠类、暖性草丛类、暖性灌草丛类、热性草丛类、热性灌草丛类、干热稀树灌草丛类、低地草甸类、山地草甸类、高寒草甸类和沼泽类。依据《2016 年全国草原监测报告》，18 类草地中，高寒草甸草原类面积最大，占我国草原总面积的 17.3%；温性荒漠草原类、高寒草原类、温性草原类的面积分别位居第二、第三、第四位，各占全国草原总面积的 10%以上。

（1）高寒草甸草原类。指在高原或高山的寒冷湿润的气候条件下，由耐寒或喜寒的多年生中生草本植物为主，或者由高寒灌丛参与形成的以矮草占优势的一种草地类型。高寒草甸草原类集中分布在青藏高原及新疆地区。

（2）温性荒漠草原类。指在温带的极度干旱、严重缺水的生境条件下形成的，旱生和强旱生小半灌木、半灌木占优势的一种草地类型，一般植被稀疏，集中分布于我国西北部的干旱地区。

（3）高寒草原类。指在高山和青藏高原的寒冷干燥的气候条件下形成的，以寒旱生多年生禾草为主的一种草地类型，集中分布在我国青藏高原的中西部。

（4）温性草原类。指在温带干旱和半干旱气候条件下，由典型的旱生多年生草本植物组成的一种草地类型。我国的温性草原是欧亚大陆草原的重要组成部分，内蒙古呼伦贝尔高平原西部到锡林郭勒高平原的大部分地区、阴山北麓察哈尔丘陵区、大兴安岭南部低山丘陵区到西辽河平原是其集中分布区。

2016 年我国发布了《草地分类》（NY/T 2997—2016）行业标准，该分类系统将天然草地依据气候带和植被型组划分为 9 类，分别为温性草原类、高寒草原类、温性荒漠类、高寒荒漠类、暖性灌草丛类、热性灌草丛类、低地草甸类、山地草甸类、高寒草甸类，并取消了沼泽类。

11.6.2　我国草地资源概况和保护

我国草地资源十分丰富，拥有天然草原近 4 亿 hm^2，约占国土面积的 41.7%，约占全世界草原面积的 12%，位居世界第二。我国 41%的草原分布在北方，以传统的天然草原为主；21%的草原分布在南方，主要是草山、草坡；38%的草原分布在青藏高原。我国的传统牧区草原主要分布在西藏、内蒙古、新疆、青海、四川、甘肃，以集中连片的天然草原为主，这六大牧区的草原面积共 2.93 亿 hm^2，约占全国草原总面积的 3/4。

由于自然环境的变化和人类活动的影响，到 21 世纪初我国已有 90%的草地出现不同程度的退化现象，草原面积减少、植被覆盖率降低、土壤风沙化加剧，严重制约了草原生态系统的功能性和稳定性。引起草原退化的原因主要有以下几点。

（1）自然环境的变化。由于全球气候变暖，降水量下降或增加不明显，加剧了土壤干旱化，从而引起草原退化。此外，气候的变化引起草原鼠害虫害的频繁发生，这进一步加剧了草原退化（图 11.6）。

图 11.6　草原退化

（2）超载过牧。人们为追求经济效益，不断增加天然草地牲畜的放牧数量，使得天然草地的载畜量显著高于其载畜能力，从而引起草地生物量和生产力降低，草原面积减少。

（3）开垦农田。人类将草原开垦为农田进行种植，破坏草原生态系统的生物多样性和生态环境，土壤中有机质被快速消耗，表层土壤风沙化严重。

党的十八大以来，我国不断加强草原生态保护管理，推进草原生态保护修复，形成以退牧还草、退耕还林还草、京津风沙源治理、石漠化治理等为主体，草原防火防灾、监测预警、草种基地建设等为支撑的草原工程体系，持续改善草原生态状况，提升草原生态功能。草原保护的措施主要有引导草原合理利用，发展现代草牧业，推进草原畜牧业由粗放型、数量型向现代化集约高效型转变；人工种草造林，加强人工草地建设，扩大草地面积；治理荒漠化，改善干旱半干旱地区的生态状况；加强草种资源的保护与利用；持续治理草原鼠害和虫害，防范草原火灾等。

名 词 解 释

1. 能源；2. 一次能源和二次能源；3. 可再生能源与不可再生能源；4. 新能源；5. 天然气水合物；6. 核能；7.生物资源；8. 森林资源；9. 防风固沙

思 考 题

1. 简述能源的类型。
2. 简要分析我国现阶段的能源形势。
3. 核能资源的类型及其优缺点。
4. 简述森林的主要功能。
5. 简述草地的分类。

第三篇

人类环境

人类环境是以人类为中心的所有周围事物，包括围绕着人类活动的空间及其中直接或间接影响人类生活和发展的物质（大气、水、岩石、土壤、生物等）、能量（气温、阳光、引力、地磁力等）和自然现象（太阳的稳定性、地壳的稳定性等）的总体。它是人类生存和发展的基础，也是人类开发和利用的对象。

人类环境问题是指在自然因素和人为因素的作用下，人类环境的结构和状态发生了不利于人类生存与发展的变化。人类在解决气候危机过程中诞生，并伴随着对环境问题的认识和解决而发展。人类在利用环境的过程中产生了环境问题，又面对环境问题寻找适当的措施加以解决，从而促进了人类社会的进步。因此，环境问题要认真对待，应采取行之有效的措施，切实保护和改善人类环境。

我们要像保护眼睛一样保护生态环境，像对待生命一样对待生态环境。“绿水青山就是金山银山”重要理论为我们在新时代营造绿水青山、建设美丽中国，转变经济发展方式、建设社会主义现代化强国提供了有力思想指引。在“两山”理论引领下，发展地学旅游，发挥了保护自然环境、促进当地经济发展、普及地质科学知识的作用。

人类的生活要从环境中获取食物、能源，故必然关心所居住的环境，对所立足的地球产生求知欲，于是逐渐形成了地球科学的各分支学科，如气象学、海洋学、地理学、地质学、生态学等。然而，由于地球的空间广域性，形成它的时间悠久性和组成其要素的复杂性，分门别类的研究尽管有的学科已达定量、半定量化的研究水平，但仍不能完整地认识地球，传统地学面临着挑战。用系统的、多要素相互联系、相互作用的观点去研究地球，越来越为有识之士所倡导。于是，地球系统科学应运而生。

本篇简要介绍环境生态学原理、环境问题与环境保护、“两山”理论与地学旅游，最后阐述地球系统科学理论与方法，强化“山水林田湖草生命共同体”的理念，尊重自然、关爱生命，推进绿色发展和美丽中国建设。

第 12 章　环境生态学原理

环境保护是一个永恒的主题。近年来，随着社会经济的高速发展，人类对资源的开发程度已超过了环境本身的承载力，人类向大自然肆意排放的污染物或废弃物也导致了一系列的生态环境问题，如大气污染、水污染和土壤污染等，人与自然的矛盾变得更加尖锐。因此，保护生态环境，刻不容缓。环境生态学是以生态学原理为基础、研究污染环境中生物与生物、生物与环境之间相互关系及作用规律的综合科学。环境生态学以一般生物为对象，重点阐述人为干扰下生态系统的变化过程、规律，以及如何修复受损的生态系统以达到生态平衡的理论和实践问题，它在知识结构体系上体现了“人与自然和谐共生”的理念，为人类和社会的可持续发展提供了科学指导。

12.1　生 态 系 统

12.1.1　生态系统的概念

生态系统最早是英国生态学家坦斯利（A.G.Tansley）于 1935 年提出的。他认为生态系统的基本概念是物理学上使用的系统整体，有机体不能与它们赖以生存的环境分开；在一定的空间范围内，所有生物及周围物理环境之间相互联系和相互作用。生态系统是在一定空间内，生物和非生物成分通过物质循环、能量流动和信息传递相互作用、相互依存所构成的具有一定功能的统一体。从这个概念可以看出生态系统具备如下 3 个特征：①它是由许多成分组成的，如微生物、动物、植物及其生存的自然环境；②各成分间不是孤立的，而是互相联系、互相作用的；③每个成分都拥有其独立的、特定的功能。

生态系统是一个十分具体的概念，如一条河流、一片荒漠或一块草地，甚至一滴水都是一个生态系统。同时，它又可以是一个空间范围内抽象的概念，如它可以是小至动物机体内消化道中的微生物系统，也可以是大至湖泊、海洋、森林、草原以及包罗地球上一切生态系统的生物圈。

12.1.2　生态系统的组成和结构

作为一个生态系统，非生物成分和生物成分缺一不可。如果没有非生物成分，生物就没有赖以生存的场所和空间，很难生存下去，仅有非生物成分而没有生物成分，非生物成分就无法在生物成分的作用下进行物质循环和转化，也构不成生态系统。丰富多样的生物在生态系统中各自扮演着不同的角色，具有不同的作用和功能。根据生物的营养方式及其在生态系统中发挥的作用，可将生态系统划分为生产者、消费者和分解者三大功能类群。因此，生态系统由生产者、消费者、分解者及非生物环境四类基本成分组成（表 12.1）。

表 12.1　生态系统的组成成分

<table>
<tr><td rowspan="4">生态系统</td><td rowspan="3">生物部分</td><td>生产者</td><td>绿色植物、藻类、光合细菌等其他自养生物</td></tr>
<tr><td>消费者</td><td>草食动物
肉食动物
杂食动物
腐食动物
寄生生物
小型动物</td></tr>
<tr><td>分解者</td><td>微生物（细菌、真菌等）</td></tr>
<tr><td>非生物部分</td><td>非生物环境</td><td>温度、光、土壤、水、二氧化碳、氧等</td></tr>
</table>

生态系统中的生产者是指能以简单的无机物为基础制造有机物质的自养生物，主要是各种绿色植物、蓝藻和微型藻类，还包括化能自养型细菌与光合细菌，是连接无机环境和生物群落的桥梁。绿色植物通过光合作用，将无机环境中的二氧化碳、水和矿物质合成有机物质，在合成有机物质的同时，把太阳能转化为化学能并储存在有机物质中。这些有机物质是生态系统中消费者和还原者生命活动所需要的一切能源基础。生产者是生态系统中最基本、最关键的因素，决定生态系统中生产力的高低。

生态系统中的消费者是直接或间接地依赖于生产者所制造的有机物而生存的异养生物，主要是各类动物和寄生型微生物。根据食性不同，消费者可分为草食动物、肉食动物、杂食动物、腐食动物和寄生生物。消费者在生态系统中不仅具有加快能量流动和物质循环的作用，而且对其他生物的生存、繁衍乃至生态系统功能过程的实现都具有重要作用，也是构成生态系统的重要因素。

生态系统中的分解者是分解已死的动植物残体的异养微生物，主要包括细菌、真菌和某些以腐生生活为主的原生动物。它们以动植物的残体和排泄物中的有机物质为生命活动的营养物质，并把复杂的有机物质分解为简单的无机物。分解者在生态系统中非常重要，如果没有分解者，生产者则会缺乏养分，无法自养，不能生存，而且动物的残体和排泄物会堆积成灾，导致物质不能循环，甚至会毁灭整个生态系统。

非生物部分包括碳、氧、二氧化碳等无机物，蛋白质、糖类和脂类等有机物，光照、水分和空气等气候因子，以及温度和压力等其他物理条件。它们为生物的生存提供必需的营养、能量和空间等条件，是生态系统能够正常运转的基础。

生态系统结构是指生态系统各种成分在时空上相对有序的稳定状态，包括物种结构、营养结构和空间结构。物种结构，指生态系统中组成各群落的种群数量和类型。一般来说，生态系统中的物种结构以群落中的优势种为研究对象。不同生态系统中的物种多样性不同，物种结构差异很大。例如，水生生态系统和陆生生态系统无论在物种结构还是生存环境方面都有很大不同。营养结构是指生态系统中生物与生物之间，生产者、消费者和分解者之间以食物营养为纽带所形成的食物链与食物网。例如，浮游植物→浮游动物→食草性鱼类→食肉性鱼类就构成了一个食物链。营养结构是组成物质循环和能量转化的主要途径。空间结构是指各种生物成分或群落在空间上的不同配置和形态变化特征，包括水平结构和垂直结构。生态系统的水平结构是指在一定生态区域内生物类群在水平空间上的组合与分布。例如，在森林中阳光充足的地方，往往发育高大乔木或灌木，而在被树冠遮住光线的地方，往往长满苔藓。生态系统的垂直结构是指不同类型生态系统和生态系统内部不同类型物种在不同海拔高度的垂直分布和垂直分层。例如，喜马拉雅山南坡植物随海拔升高呈现出常绿阔叶林带→高山针阔叶混交林带→高山针叶林带→高山灌木林带→高山草甸带→高寒荒漠带→积雪冰川带的变化。

12.1.3　生态系统的类型划分

生态系统的类型可从人类对生态系统的影响、空间环境性质、物理学和能量来源等角度进行划分。

依据人类对生态系统的影响可分为三类。①自然生态系统：依靠生物和环境自身的调节能力来维持相对稳定的生态系统，受人类的影响很小，如原始热带雨林、珊瑚礁等；②人工生态系统：受人类活动强烈干预的生态系统，如农业生态系统和城市生态系统等；③半自然生态系统：介于上述两者之间的生态系统，以自然生态系统为中心，以人类活动为手段，通过人类活动作用于自然生态系统。例如，人工森林和养殖湖泊等。

依据生态系统空间环境性质分为两类。①陆地生态系统：根据植被类型和地貌的不同，又可分为森林生态系统、草原生态系统和荒漠生态系统；②水生生态系统：按水体理化性质的不同，又可分为淡水生态系统（如河流、淡水湖泊和池塘等生态系统）和咸水生态系统（包括海洋生态系统和咸水湖泊生态系统）。

从物理学角度可把生态系统划分为两类。①封闭系统：有边界，但只阻止系统与周围环境之间的物质交换，却允许能量输入和输出，如完全封闭的宇宙舱系统。②开放系统：边界开放，允许物质和能量与环境进行交换，如城市生态系统等。

按照能量来源可以把生态系统划分为两类。①太阳供能生态系统：这类生态系统的能量主要是太阳能。其中，完全依赖于太阳辐射，没有或只有极少辅助或补加能量的，称为无补加太阳供能生态系统，如大洋、大片天然森林和深湖等；反之，为补加太阳供能生态系统。若补加的能量由自然补加，则称为自然补加的太阳供能生态系统，如河口湾生态系统（由潮汐、海浪和河水额外补加能量）；若补加的能量由人类补加，则称为人类补加的太阳供能生态系统，如水产养殖等生态系统。②燃料供能生态系统：以化石燃料能量替代太阳供能，如城市工业系统。

12.1.4　生态系统的基本功能

生态系统的基本功能包括生物生产、能量流动、物质循环和信息传递。生态系统的这些基本功能是相互联系、相辅相成的。

12.1.4.1　生物生产

生态系统中的生物生产包括初级生产和次级生产两个相互联系、但又具有独立功能的部分。初级生产的能源来自太阳辐射能，物质来自环境中的无机物，生产的结果是将太阳能转变为化学能、简单无机物转变为复杂的有机物。在初级生产过程中，植物固定的能量有一部分被自己的呼吸消耗掉，剩下的用于植物生长和繁殖的生产量称为净初级生产量；包括呼吸消耗在内的全部生产量，称为总初级生产量。生态系统中的净初级生产量差异很大，如在陆地生态系统中，湿地的生产量最高，而荒漠的生产量最低。次级生产主要是指动物消费者的生命活动将净初级生产量转化为动物能的过程。次级生产的能源和物质来自初级生产品，产生的结果是建造自身和繁衍后代。由于动物食而不得或不可食，因此并非所有的净初级生产量都能转化为次级生产量，其模型如图 12.1 所示。

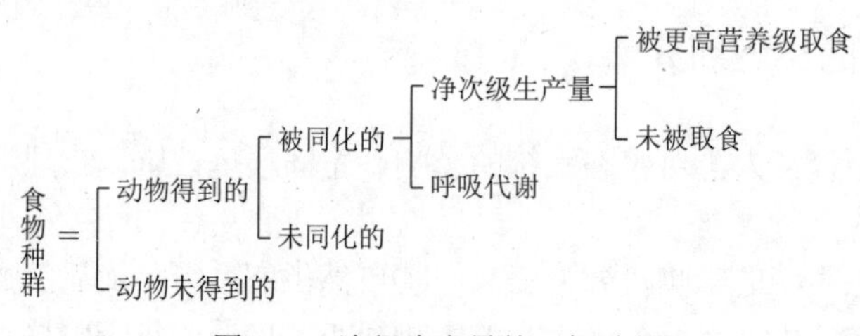

图 12.1　次级生产量的一般过程

12.1.4.2　能量流动

能量流动是生态系统存在与发展的基础，是促使生物维持生存、繁衍与发展的原动力，同时维持生态系统的平衡与稳定。生态系统中的能量流动是生态系统的基本功能，主要具有如下特征。

（1）生态系统最初的能量来源为太阳。万物生长靠太阳是自然界颠扑不破的“金科玉律”！这句话实际上体现出太阳是地球最重要的能量源泉。形态各样的绿色植物是太阳光的直接利用者。首先，绿色植物直接吸收和利用太阳辐射，并将其转化为化学能，即为光合作用。在光合作用过程中涉及光吸收、电子传递、光合磷酸化、碳同化等重要步骤，这些对实现自然界的能量转换具有十分重要的意义。其次，绿色植物可被地球上的动物摄食，构成地球食物链的基础，为生物与生物、生物与环境之间的能量转化提供基础条件。生态系统的稳定与平衡是负熵的结果，没有太阳源源不断的能量输入，生态系统会变得无序直至死寂。太阳是这个系统唯一的、永不枯竭的能源。

（2）生态系统中的能量流动借助食物链和食物网来实现。食物链和食物网是生态系统中能量流动的渠道。食物链是生态系统中各种生物为维持其生命活动，以其他生物为食物的由食物联结起来的链锁关系。绿色植物制造的有机物质可以为食草动物所食，食草动物可以为食肉动物所食，小型的食肉动物又可为大型的食肉动物所食，这就是一种典型的食物链。青草→野兔→狐狸→狼，藻类→甲壳类→小鱼→大鱼，浮游植物→浮游动物→小鱼→白鹭等也是食物链的具体表现。由于多数动物的食物不是单一的，食物链之间又可以相互交错相连，构成复杂的网状关系，将这种由不同食物链形成的网络结构称为食物网。食物网是生态系统中生物之间错综复杂的网状食物关系。在生态系统中生物之间实际的摄食和被食关系并不像食物链表达得那么简单，如不仅家畜食牧草，野鼠、野兔也吃牧草，老鼠吃各种谷物的种子，而谷物又是鸟和昆虫等许多动物的食物；反过来，这些动物又被猫头鹰和蛇等动物捕获为食。更为具体的例子是，食虫鸟不仅捕食瓢虫，还捕食蝶蛾等多种无脊椎动物，而且食虫鸟本身不仅被鹰隼捕食，而且也是猫头鹰的捕食对象，甚至鸟卵也常常成为鼠类或其他动物的食物。

可见，食物网使生态系统中各种生物成分发生直接或间接的联系，从而增加生态系统的稳定性。食物网中某一条食物链发生了障碍，可以通过其他食物链来进行调节和补偿。例如，草原上的野鼠由于流行鼠疫而大量死亡，原来以捕鼠为食的猫头鹰并不因鼠类减少而发生食物危机。这是因为鼠类减少后，草类就大量繁盛起来，繁茂的草类可以给野兔的生长和繁育提供良好的环境，野兔的数量开始增多，猫头鹰则把捕食的目标转移到野兔身上。因此，食物网中所包含的生物种类越多，与物种相连的食物链环数越多，生态系统则越稳定。

（3）生态系统内的能量流动是不断减少的。这是因为各营养级消费者不可能百分之百地利用前一营养级的生物量，表现为：①各营养级的同化作用也不是 100%，总有一部分不被同化；②生物在维持生命过程中进行新陈代谢总要消耗一部分能量。实践表明，生态系统中能量的传递效率是很低的，两个营养级的能量利用率通常只有 10%～20%。例如，如果人们直接吃地里收获的粮食，某一块土地可满足 100 人的需要，若用这块地生产的粮食养牛，人所需要的热量全部由牛肉提供，那么这块地只能养活 10～20 人。还有一个小故事也是反映生态系统能量的传递是越来越低的：如果自己像鲁滨孙似的流落在荒岛，只有 15kg 玉米和一只母鸡可以食用，那么使自己活得最长的办法是先吃鸡，再吃玉米，而不是先吃玉米，再吃鸡，也不是用部分玉米喂鸡，吃鸡生产的蛋，最后再吃鸡。这是因为后两种方法增加了食物链的长度，能量逐级递减，最后反而使人获得较少的能量。

（4）生态系统中的能量流动是单一方向的。单向流动是指生态系统的能量流动只能从第一营养级流向第二营养级，再依次流向后面的各个营养级，一般不能逆向流动，这是由生物长期进化所形成的营养结构确定的。例如，被绿色植物截取的光能绝不能再返回太阳中去；同样，食草动物从绿色植物获得的能量也绝不可能返回绿色植物。因此，为了充分利用能量，必须设计出能量利用率高的系统。例如，桑基鱼塘模式，这是种桑养蚕与池塘养鱼相结合的一种生产模式。在池埂上或池塘附近种植桑树，以桑叶养蚕，以蚕沙、蚕蛹等作鱼饵料，以塘泥作桑树肥料，形成塘泥肥桑的生产结构或生产链条，通过发挥生态系统中物质循环、能量流动转化和生物之间的互生作用，使能量利用达到最大化，以实现集约经营的效果。

12.1.4.3　信息传递

生命活动的正常进行，离不开信息传递；生物种群的繁衍，也离不开信息的传递；生态系统的稳定更离不开信息的传递。生态系统的信息传递具有重要的作用。生态系统的信息主要包括营养信息、化学信息、物理信息和行为信息等。

（1）营养信息：营养状况和环境中食物的改变会引起生物在生理、生化和行为上的变化，这种变化所产生的信息称为营养信息。生态系统中的食物链和食物网就是一个营养信息系统，各种生物通过营养信息关系形成一个互相依存和相互制约的整体。动物和植物不能直接对营养信息进行反应，通常要借助食物链。例如，英国盛产三叶草，它是牛的主要饲料，野蜂是三叶草的主要授粉者，而田鼠是野蜂的天敌（经常毁巢、吃掉蜂房和幼虫）、猫又是以捕鼠为食的。因此，从猫的数量多少可以得到牛的饲料是否丰盛的信息。

（2）化学信息：生物在生命活动过程中，会产生一些可以传递信息的化学物质，如植物的生物碱、有机酸等代谢产物，以及动物的性外激素等，都属于化学信息。化学信息的传递，深深影响着生物种内和种间的关系。例如，群居动物能够通过化学信息来警告种内其他个体，鼬遇到危险时，由肛门排出具有强烈臭味的气体，以防止自己的种群遭到破坏；当蚜虫被捕食时，会立刻释放报警信息素，通知同类其他个体逃跑；在动物群落中，还可以利用化学信息进行种间、个体间的识别，如猎豹和猫科动物通过尿标志记录它们的活动地域，来向同伴传达时间信息，避免与栖居在此的对手遭遇。

（3）物理信息：自然界中，植物开花需要光信息刺激，当日照时间达到一定长度时，植物才能够开花，这属于生态系统中光信息的传递；鸟鸣、虫叫可以传达安全、惊慌、恐吓、警告、求偶、觅食等各种信息，是生态系统声信息传递方式的表现；自然界中的生物也可以进行电信息传递，如有些鱼类可以通过放电与地球磁场相互作用，以便选择正常的洄游路线；同时自然界中的生物也可以传递磁信息，如一些鸟类是通过生物磁场与地球磁场的作用来辨认方向的。

（4）行为信息：有些同种动物，两个个体相遇，时常表现出有趣的行为方式。这些方式可能是识别、威吓和挑战信号，或者是交配的预兆等。例如，燕子在求偶时，雄燕在空中围绕雌燕做出特殊的飞行姿势；蜜蜂在发现蜂蜜时，以舞蹈动作“告诉”其他蜜蜂去采蜜，不同的舞蹈动作有不同的含义，如圆舞姿态表示蜜源较近，摆尾舞表示蜜源较远。

12.1.4.4　生态系统中的物质循环

生物为了自身的生长和繁殖需要从环境中获取营养物质和能量。据统计，生物有机体维持生命所必需的化学元素约有 40 多种。其中 O、C、H、N 是构成生命物质和其他有机物质的基本元素，是生物体需要量最多的营养元素，占全部原生质的 97%以上；K、Na、Ca、Mg、P、S 等化学元素是生命体需要量较多的矿质元素，称为大量元素；Cu、Zn、B、Mn、Mo、Fe、Se、Si 等化学元素，生命体需要量极少，但必不可少，称为微量营养元素。生产者从大气、水体和土壤等环境中获取这些营养物质，通过光合作用，进入生态系统，再被消费者和还原者利用，最后再归入环境，称为物质循环，又称生物地球化学循环。生物地球化学循环是地球表面自然界物质运动的一种形式，有了这种循环运动，资源才能更新，生命才能维持，系统才能发展。目前生态系统中物质循环基本上以如下三种类型为主。

（1）水循环。液态水是可溶性营养物的重要载体，生态系统中所有的物质循环都是在水循环的推动下完成的，因此，没有水循环，也就没有生态系统的功能，生命也将难以维持。水循环的主要储存库为水体或土壤水分库。生态系统中的水循环包括蒸发、蒸腾、水汽输送、降水、渗透和地表径流等。植物在水循环中发挥着重要作用，植物通过根系吸收土壤中的水分，2%～3%的水分参与植物体的建造进入食物链并被其他营养级利用，其余 97%～98%的水分则通过叶面蒸腾返回大气中，参与水分的再循环。水循环很容易受人类活动的影响，如森林砍伐、农业活动、湿地开发、水库建设等都会影响区域或全局性水循环。

（2）气体循环。气体循环的主要储存库是大气和海洋，气体循环与大气和海洋密切相连，具有明显的全球性，循环性能最为完善。气体循环速度比较快，物质来源充沛，不会枯竭。气体循环中的物质常以气体的形式参与循环过程，如氧、二氧化碳、氮、氯、溴、氟等属于该类物质。气体循环中最主要的是碳循环和氮循环，二者在促进生物新陈代谢，维护生态平衡中具有重要意义。

（3）沉积循环。沉积循环的主要储存库是土壤、沉积物和岩石，以沉积型方式循环的物质主要有 P、S、Ca、Na、K 等。沉积循环的速度比较慢，参与循环的物质主要是通过岩石的风化和沉积物的溶解转变为可被生物利用的营养物质。与气体循环相比，它不具有全球性，是一个不完善的循环类型，其中比较重要的循环是磷的循环，由于磷在人体和生物生长发育过程中发挥着重要作用，其成为各类肥料和饲料中必不可少的成分，而在其参与环境（包括岩石、土壤和水）—生物—人体循环的过程中，会对环境造成污染，因此人类要减少工业和生活中磷的排放量。

12.1.5　生态系统的基本特征

生态系统是具有一定结构，各组成成分之间发生一定联系并执行一定功能的有序整体，具有以下基本特征。

（1）生态系统以生物为主体，具有整体性特征。生态系统通常与一定空间范围相联系，以生物为主体，其生物的多样性通常与生命支持系统的物理状况有关。一般而言，一个具有复杂垂直结构的环境能维持多个物种。一个森林生态系统比草原生态系统包含了更多物种。同样，热带生态系统要比温带或寒带生态系统展示出更大的多样性。各要素维持着稳定的网络式联系，保证了系统的整体性。

（2）生态系统是复杂有序的层级系统。自然界中生物的多样性和相互关系的复杂性，决定了生态系统是一个极为复杂的、多要素和多变量构成的层级系统。

（3）生态系统是开放的“自持系统”。任何一个自然生态系统都有输入和输出。输入的变化会导致输出的变化，没有输入也就没有输出。生态系统的维持需要能量，随着生态系统变得更加庞大和复杂，其需要更多的可用能量去维持，经历着从混沌到有序，再到新的混沌，最后再到新的有序的发展过程，这是一个开放的过程。

（4）生态系统是动态功能系统。生态系统是有生命存在并与非生物环境不断进行物质循环、能量流动和信息传递的特定空间，所以它具备有机体的一系列生物学特征，如发育、繁殖、代谢、生长与衰老等。生物与非生物环境之间相互适应和相互补偿的协同进化使生态系统不断发展、进化和演变，具有内在的动态变化能力。根据发育状态分为幼年期、成长期、成熟期等不同发育阶段，而每个不同发育阶段在结构和功能上都有各自的特征。

（5）生态系统具有区域性。生态系统通常与特定的空间相联系，是生物与环境在特定空间的组成，从而具有较强的区域性特点。这种地区特性是区域自然环境不同的反映，也是生命成分在长期进化过程中对各自空间环境适应和相互作用的结果。

（6）生态系统具有公益性能。生态系统在进行多种生态过程中完成了维护人类生存的“任务”，为人类提供必不可少的粮食、药物和工农业原料等，并为人类生存提供必要的环境条件。

（7）生态系统具有一定的负荷力。生态系统负荷力涉及用户数量和每个使用者的强度，二者之间保持互补关系。当每一个个体使用强度增加时，一定资源所能维持的个体数目就会减少。对生态环境保护而言，在人类生存和生态系统不受损害的前提下，一个生态系统所能容纳的污染物可维持的最大承载量，即环境容量。任何一个生态系统，它的环境容量越大，可接纳的污染物就越多，反之则越少。污染物的排放，必须与环境容量相适应。

（8）生态系统具有自我维持和调控能力。生态系统的生产者、消费者和还原者在不断进行能量流动和物质循环，当受到自然因素或人类活动的影响时，系统具有维持自身相对稳定的功能。生态系统自动调节功能表现在三方面：①同种生物种群密度调节；②异种生物种群间的数量调节；③生物与环境之间相互适应的调节，主要表现在两者之间输入和输出的供需调节。生态系统对外来干扰也具有抵抗和恢复的能力，以保持相对的稳定，但生态系统的自维持和自调控只能在一定范围、一定条件下起作用，即在一定的限度内，自维持和自调节才能起作用，否则就不再起作用，生态系统就会遭到破坏。例如，森林应有合理的采伐量，一旦采伐量超过生长量，必然引起森林生态系统的衰退；水资源的利用应该有限度，超过最大限度，水资源就会枯竭，严重危及人类的生存；工业的“三废”应有合理的排放标准，排放量不能超过环境的容量，否则就会造成环境污染，产生公害危及人类健康。

12.2 生态平衡

生态平衡是指在一定时间内生态系统中的生物和环境之间、生物各个种群之间，通过能量流动、物质循环和信息传递达到高度适应、协调统一的状态。

12.2.1 生态平衡的基本特征

（1）能量学特征。在生态系统中，生物一方面从环境中摄取物质，另一方面又向环境释放物质，以保证物质输入与输出的平衡。对生物而言，如果营养物质输入不足，势必毁坏原来的生态平衡，如农田肥料不足，或者虽然肥料足够但未能分解而不可利用都会不利于作物生长，导致产量下降；对环境而言，如果营养物质输入过多，环境自身消化不了，就会产生很多环境问题。例如，向湖泊中排放的氮、磷等营养物质过多时，就会导致湖泊富营养化。因此，一个稳定的生态系统，无论对生物、对环境，还是对整个生态系统，物质的输入与输出总是保持平衡的。

（2）食物网特征。不同时期生态系统的食物网结构具有不同的特征。幼年时期生态系统的食物网结构简单，成熟期食物网的结构会变得复杂，以应对外界环境的干扰。生态系统食物网结构从幼年期到成熟期逐步趋向成熟，这也是维持自身平衡的一种调节能力。

（3）营养结构特征。从整体看，生产者、消费者、还原者构成了完整的营养结构，这是生态平衡重要特征的表现。没有生产者，消费者和还原者就没有食物来源，生态系统就会崩溃；没有消费者，生态系统将是一个不稳定的系统，最终会导致系统的衰退，甚至瓦解。从生态系统的发展阶段看，生态系统中生物地球化学循环向着更加稳定的方向发展，成熟系统具有更大的网络和保持营养物质的功能，这是营养物质逐步趋向输入和输出的平衡过程。

（4）群落结构特征。生态系统中，一个群落的种群数量和每个种群的数目都要保持相对稳定。生物之间通过食物链、食物网维持平衡协调关系，控制物种间的数量和比例。某些物种的明显减少或大量滋生，都会破坏这种协调关系。在食物链或食物网中的每一种生物都占有一定的位置，并具有特定的作用。被食者为捕食者提供生存条件，同时又为捕食者所控制；反过来，捕食者又受制于被食者，彼此相生相克，使整个系统成为协调的整体。同时，在群落演替过程中，从幼年期到成熟期，生态系统生物群落结构多样性增大，包括物种的多样性、有机物的多样性及垂直分层导致的小生境多样化等，均有利于增加群落的抗干扰力，以维持生态平衡。

12.2.2 破坏生态平衡的因素

破坏生态平衡的因素很多，可归纳为自然因素和人为因素两大类。自然因素主要是指自然界发生的异常变化或自然界本来就存在的对人类和生态系统有害的因素。例如，火山爆发、山崩、海啸、水旱灾害、地震、台风、流行病等自然灾害都会使生态系统平衡遭到破坏。例如，2008 年四川汶川大地震导致沿龙门山断裂带一线的 14 个县市（区）山地区域的生态系统遭受了重大破坏，主要表现为地震引发的崩塌、滑坡、泥石流对森林、草地、农田等生态系统的严重破坏，导致区域生态承载力和生态系统服务功能下降，打破了整个生态系统的完整性和平衡性。人为因素主要是指人类对自然资源的不合理利用、工农业发展带来的环境污染而造成的生态平衡破坏，主要包括以下三种情况。

（1）物种改变造成生态平衡的破坏。每一种生物在食物链或食物网中都占有一定的位置，并具有特定的作用。被食者为捕食者提供生存条件，同时又为捕食者所控制；反过来，捕食者又受制于被食者，彼此相生相克，使整个系统成为协调的整体。或者说，生态系统中各种生物的数量都存在一定的比例关系。人类在改造自然的过程中，有意或无意地使生态系统种群间的数量比例关系改变，会造成整个生态系统的破坏。一个经典的案例告诉我们，人类盲目地改变食物链，破坏捕食者和被捕食者之间的比例关系，会导致糟糕的结果。在美国亚利桑那州北部的凯巴伯森林里，鹿的数量有 4000 只左右，而美国总统罗斯福认为鹿数量少的原因是狼捕食，就下令捕杀狼群。狼群的数量急剧下降，鹿的数量越来越多，总数超过了 10 万只。但是，一段时间之后，疾病在鹿群中蔓延，仅仅两个冬天，鹿就死去了 6 万只，最后只剩下了 8000 只病鹿。又如，屡禁不止的捕杀野生动物极有可能导致“千山鸟飞绝，万径‘兽’踪灭”的局面，严重破坏生态平衡，甚至给人体健康也带来严重威胁。

（2）环境因素改变导致生态平衡的破坏。工农业的迅速发展，使大量污染物进入环境，影响整个生态系统的平衡。同时，人类生活中也会向环境排放一些有害物质，这些物质会导致某些种群的消失，从而导致食物链断裂，破坏系统内部的能量流动和物质循环，使生态系统的功能减弱以致消失。以生产和生活中使用的制冷剂、喷雾剂和发泡剂为例，这些物质中的氟氯烃会导致臭氧减少，破坏臭氧层，使照射到地面的紫外线增强，紫外线对生物细胞具有很强的杀伤作用，对生态系统的各种生物，包括人类，都会产生极大危害。另外，人类对自然资源不合理开发利用，也会导致生态平衡的破坏。例如，大量开采煤炭资源，不仅破坏地表植被，也带来了水污染、大气污染和土壤污染等，使区域生态环境变得更加脆弱。若要修复被破坏的生态环境不仅需要大量的资金，也要经历一个漫长的过程，这是破坏生态环境的惨痛代价，应引以为戒。又如，西北的黄土高原，在历史上曾是森林和草原生态系统，黄河水清如泉，但经过几百年掠夺式的开发，森林面积缩小，丰盛的草原破坏殆尽，给子孙后代留下了“越垦越穷，越穷越垦”的恶劣后果。由于植被遭受破坏，黄河流域水土流失严重，大量泥沙被冲进黄河，造成下游河床增高，形成了世界罕见的“悬河”。

（3）信息系统的破坏。许多生物在生存过程中，都能释放出某种信息素（一种特殊的化学物质），以驱赶天敌、排斥异种或取得直接或间接的联系以繁衍后代。例如，烟草叶片受到蛾幼虫的采食刺激后，会释放出挥发性的信息素，这种信息素白天会吸引此种蛾幼虫的天敌，夜间又能驱除夜间活动的雌蛾，如果人们排放到环境中的某些污染物与该信息素发生作用，就会使烟草丧失自我保护能力，影响其生长。还有自然界中许多昆虫雌虫靠分泌释放性外激素引诱同种雄性成虫交尾，如果人们向大气中排放的污染物能与之发生化学反应，则雌虫的性外激素就失去了引诱雄虫的生理活性，导致昆虫的繁殖被破坏，进而改变生物种群的组成结构，使生态平衡受到影响。

12.3　生态学在环境保护中的应用

随着世界人口的迅速增加，尤其是城市人口的大量聚集、工农业的高度发展和人类对自然改造能力的逐步提升，生态环境遭到了前所未有的破坏和污染，使生态平衡受到威胁。这样的结果反过来又会影响社会生产的发展和人类正常的生活和工作，从而促使人们重视生态学在人类环境保护中的应用。首先，对人类环境问题的认识和处理，必须运用生态学的观点和理论来分析，否则不能制定合适的对策；其次，人类环境质量的保持与改善，以及生态平衡的恢复和重建，依赖于人们对生态系统结构和功能的了解。保护和合理利用生物资源，运用生态学的基本原理确定各生态系统的生态阈值，使人类在生态阈值的范围内活动，既能最大限度地利用生物资源，又能较好地保护生物资源。

12.3.1　全面考察人类活动对环境的影响

恩格斯曾说：不要过分陶醉于我们人类对自然界的胜利，对于每一次这样的胜利，自然界都对我们进行报复。因此，我们要尊重自然，正确认识和运用自然规律。生态学的一个中心思想就是遵循自然规律，把握全局的观念：在环境能够承载的合理范围内，开展生产或生活活动，在时间和空间上全面考虑、统筹兼顾。

处于一定时空范围内的生态系统都有其特定的能量流和物质流规律，只有顺从并利用这些自然规律来改造自然，人们才能持续地取得丰富而又合乎要求的资源来发展生产，并保持洁净、优美与和谐的生活环境。以我国“南水北调”工程为例，说明遵循生态学原理在其中的重要作用。我国水资源的南北分布极不平衡，由此国家开启了“南水北调”工程。其中东线工程比较复杂和艰巨。在工程实施之前，首先对东线受水区和输水区的地质地貌、植被、土壤和水质等自然概况进行了全面调查与评估，发现输水区存在严重的四大污染源：集中排放污水的点污染；淮河、黄河、海河流域大范围土地施用化肥、农药等造成的面污染；大运河及多个湖泊的大量底泥、岸泥在输水过程中产生的底泥污染；大运河大量船舶造成的航运污染。为了将长江水保质保量输送至天津，“南水北调”东线工程实施节水为本，治污为先，配套截污导流、污水资源化和流域综合整治工程，形成“治理、截污、导流、回用、整治”一体化的治污工程体系。同时，对东线可能涉及的生态环境问题也采取了一系列的工程和非工程措施进行防治或缓解。“南水北调”东线工程对缓解天津和河北等地的水资源短缺问题具有十分重要的作用，是一个比较成功的水利工程典范。而违反生态学规律，会造成一系列不利于发展生产又影响社会生活的恶果。埃及 20 世纪 70 年代初竣工的阿斯旺水坝就是这方面的例证。阿斯旺水坝的兴建给埃及带来了廉价的电力，也灌溉了农田，控制了旱涝灾害，却破坏了尼罗河流域的生态平衡，引起了一系列未曾预料的严重后果，使埃及付出了沉重的代价。

从上述两个案例可以得知，必须要利用生态系统的全局观念，充分考察各项活动对人类环境可能产生的影响，并采取相应的对策以保证生态平衡。这里要强调的是，保持生态平衡绝不能被误解为不许改造自然界而永远保持其原始状态。由于人口越来越多，为了满足生活上的要求发展生产，对自然界不触动是根本不可能的，只是一切改造活动都必须在环境合理承载范围内进行，尊重自然规律，保护生态环境。

12.3.2　充分利用生态系统的自我调节能力

当生态系统内一部分出现了问题或发生机能异常时，生态系统能够通过其余部分的调节而得到恢复，结构越复杂的生态系统的调节能力越强。因此，我们应该广泛地利用这种调节能力来防治环境的污染。例如，可以利用土壤及其微生物和植物根系对污染物的综合净化来处理城市污水和一些工业废水。进入土壤的污水，经过生物和化学降解可变为无毒害的物质，通过化学沉淀、络合、氧化、还原作用可变为不溶性化合物，通过土壤生物特别是微生物能将有机废物转化为无机营养物质。更为惊人的是，一些藻类能分解石油。例如，“红巨藻”（紫球藻属）能以其生物量生产速度 50%的速率合成分泌出一种磺化多糖，这种多糖的黏度和催化作用与角叉藻聚糖类似，可用于回收地下沙质形成物中的石油，其回收石油的数量等于或高于用商品聚合物得到的数量，对缓解石油污染具有重要的作用。

12.3.3　综合利用资源和能源

以往的工农业生产大多是单一的过程，既没有考虑与自然界物质循环系统的相互联系，又往往在资源耗用方面片面强调单纯的产品最优化，因此，其在生产过程中对生态环境造成了严重污染和破坏。石油农业实际上是能源消耗的过程，用高能量换取高产量，这不仅加重了能源危机，也带来了化肥、农药等环境污染问题，更加剧了生态破坏。随着人们科学水平及其对自然界认识能力的提高，人们日益深刻地认识到无论是工农业的发展还是自然资源的开发都必须在实现经济效益最大化的同时避免给现在和未来的环境造成污染和破坏。基于这一认识，人们建立了生态农业。生态农业是按照生态学原理和经济学原理，运用现代科学技术成果和现代管理手段，以及传统农业的有效经验建立起来的，能获得较高的经济效益、生态效益和社会效益的现代化农业。例如，菲律宾玛雅农场的前身是一个面粉厂，经营者为了充分利用面粉厂产生的大量麸皮，建立了养殖场和鱼塘。为了控制粪肥污染和循环利用各种废弃物，玛雅农场陆续建立起十几个沼气生产车间，每天生产沼气十几万立方米，提供了农场生产和家庭生活所需要的能源。另外，从产气后的沼渣中，还可回收一些牲畜饲料，其余用作有机肥料。产气后的沼液经藻类氧化塘处理后，送入水塘养鱼养鸭，最后再取塘水和塘泥去肥田。农田生产的粮食送入面粉厂加工，进入再一次循环。玛雅农场是把农场作为农业生态系统的一个整体，并把贯穿于整个系统中的各种生物群体，包括植物、动物、微生物之间，以及生物与非生物环境间的能量转化和物质循环联系起来，实现了生物物质的充分循环利用，成为世界生态农业的典范。

12.3.4　解决城市中的环境问题

随着经济的发展，城市中的大气污染、水污染、固体废弃物污染等环境问题越来越严峻。虽然某些发达国家经过几十年的努力，其水污染和大气污染情况有所改善，但其他环境问题仍然存在并日趋严重，这不仅会对城市居民造成潜在威胁，而且还会给经济和社会的发展带来负面影响。因此，很多国家都在寻找保护环境和减少污染的根本途径，提出了编制生态规划和进行城市生态系统研究的设想。生态规划是指在编制国家或地区的发展规划时，不是单纯考虑经济因素，而是把它与生态因素和社会因素等紧密结合在一起进行考虑，使国家或地区的发展能顺应环境条件，不使当地的生态平衡遭受大的破坏。城市生态系统研究则是充分利用生态学的原则，把城市作为各种自然因素和社会因素构成的社会生态系统复合体来研究，以解决城市的环境问题。

12.3.5　充分发挥生态系统在环境保护中的其他作用

（1）污染物质在环境中的迁移转化规律。随着生态系统的物质循环和食物链的复杂生态过程，污染物质会不断迁移、转化、积累和富集。因此，通过污染物在生态系统中迁移和转化规律的研究，可以弄清污染物质对环境危害的范围、途径和程度。例如，随着营养级位的增加，农药的浓度在逐步加大，由浮游生物的265倍，到小鱼的500倍，再到大鱼的75000倍，最后到食鱼鸟的80000倍。

（2）生态监测和评价。生态监测是利用生物在污染环境下发出的信息来判断环境污染状况的一种手段，它在环境监测中具有显著的特征：第一，能综合地反映环境状况。受污染的环境中，通常是多种污染物并存，而每种污染物并非都是各自单独发挥作用，各类污染物之间也不都是简单的加减关系，生态监测常常能反映这种复杂的关系。例如，在污染水体中利用网箱养鱼进行的野外生态监测，鱼类标本的各项生物学指标就是水体中各种污染物综合作用的反映。第二，具有连续监测的功能。例如，大气污染的监测植物，像不下岗的“哨兵”，真实地记录着污染危害的全过程和植物承受污染的累积量。第三，具有多功能性。通常化学监测和仪器监测的专一性很强，测定O_3的仪器不能兼测SO_2、测SO_2的仪器不能兼测C_2H_4，生态监测却能通过指示生物的不同症状分别监测多种干扰效应，如植物受SO_2、过氧乙酰硝酸酯和氟化物的危害后，叶的组织结构和色泽常表现出不同的受害症状。第四，监测灵敏度高。有些生物对各种污染物的反应很敏感，如有一种唐菖蒲在0.01×10^{-6}浓度的氟化氢下，20 h就出现反应症状。第五，方法简便，成本低，不需购置昂贵的精密仪器。例如，可利用某种生物在水中数量的多少和生理反应等生物学特性，判断该水域受污染的程度（表12.2），这些检测方法快速且简便。

表12.2　不同污水中生物体系和指示生物

污水类型	在显微镜下观察到的生物/（个/mL）	指示生物
新排出的城市生活污水和类似的工业污水	纤毛虫 10～50000 鞭毛虫 1000～2000 （变形虫类 0～1000） 细菌、真菌大量	腐生草履虫、豆形虫、闪瞬目虫、布氏尾丝虫、小口钟虫
含大量硫化氢的腐败污水	纤毛虫 5000～300000 鞭毛虫 1000～2000 细菌大量	长尾波豆虫、大鞭毛虫、多毛虫、旋毛虫等
刚排出的高浓度工业废水、造纸厂的废水、制糖工业废水	细菌、真菌少量 无生物	虫类生物大致不存在
有毒废水	无生物，最多仅见少量的休眠孢子	

名词解释

1. 生态系统；2. 生产者；3. 消费者；4. 还原者；5. 生态平衡；6. 水平结构；7. 垂直结构；8. 食物链；9. 食物网；10. 生物监测

思考题

1. 简述生态系统的组成部分和基本功能。
2. 举例说明破坏生态平衡的因素。
3. 举例说明“生态农业”的环境效益。
4. 结合实践，谈一谈生态系统在环境保护中的作用。

第 13 章　环境问题与环境保护

“环境”是指围绕、影响特定中心事物的外部条件，常依其中心事物而确定范畴。环境问题是指自然过程突变或人类活动引起的生态变化和环境质量变化，以及由此给人类生产、生活和健康带来的不利或有益的影响。按发生机理可以分为由自然因素造成的原生环境问题和由人为因素造成的次生环境问题。原生环境问题和次生环境问题难以截然分开，二者常常相互影响，相互作用。

人类伴随着环境问题的产生而诞生，并伴随着对环境问题的认识和解决而发展。早在 200 多万年前的新近纪，地球气候炎热湿润，热带亚热带森林广布，古猿生活在其中，过着无忧无虑的生活，进化的速度也很慢。距今大约 200 万年时，地球进入第四纪冰期，气候寒冷，森林面积大大减少，古猿的生存受到严重威胁，大量的古猿因不适应环境的变化而死亡，但是少量的古猿改变了自己的生活习惯，从树上下来后在陆地上生活，学会制造和使用工具，改造环境，战胜寒冷和饥饿，于是出现了人类。这一大变革时期的环境问题是气候危机，属于原生环境问题，人类就是在适应气候危机的过程中诞生的。人类诞生后，在漫长的发展历程中，过着采集植物果实、种子、根、茎、叶和捕鱼、打猎生活。当时的古人不会打井，不能远离水源。因此，可供采集和渔猎的生物资源十分有限，往往因采集和渔猎过度引起生物资源枯竭，产生食物危机，这是人类活动直接影响产生的环境问题。食物危机迫使古人类迁移，而迁移的结果又往往使迁入地区的生物资源枯竭，迫使古人类再次改变生活方式和生产方式。距今 8000 年前，人类学会了农耕和畜牧，人类社会由原始社会进入了农业社会。在农业社会中，人类有了稳定的食物来源，并创造了文化，发展了生产，改善了生活条件，社会文明程度有了很大提高，同时也逐渐产生了新的环境问题。扩大耕地等原因破坏了植被，森林被砍伐、草原被开垦，由此产生了水土流失和沙漠化，不合理的灌溉又导致土地盐渍化，这就产生了土地危机。到了工业社会，随着工业化、城市化的发展，“三废”排放进入环境，超出环境容量后就出现了环境污染。人类在利用环境的过程中，产生了环境问题，又面对环境问题寻找适当的措施加以解决，从而促进了人类社会的进步。因此，环境问题要认真对待，应采取行之有效的措施，切实保护和改善人类环境。

13.1　地质作用的环境效应

地质作用能够形成和改变地球的物质组成、外部形态特征与内部构造。内力地质作用主要以地球内热为能源并主要发生在地球内部，包括岩浆作用、地壳运动、地震和变质作用等；外力地质作用主要以太阳能及日、月引力能为能源并由大气、水、生物因素引起，包括风化作用、剥蚀作用、搬运作用、沉积作用、固结成岩作用。在地球演化过程中，内力地质作用和外力地质作用密切联系、相互促进和相互制约，不断改变地球的环境与面貌。

13.1.1　内力地质作用的环境效应

（1）火山活动：是地球内能和热量释放的一种形式，既是壮观的自然现象，也是可怕的自然灾害。在地球内力作用下，地幔物质在不停地运动，当岩浆中气体游离出来并达到一定极限时，岩浆就顺地壳裂隙或薄弱地带喷出地表，形成火山喷发。火山喷发的时间长短不一，短的只有几个月，甚至几天，长的可达数年，数十年甚至数百年。规模和危害程度也不相同，喷发酸性熔岩（如流纹岩）的火山，因熔岩黏性大，所含气体多，爆发力强，常喷出大量气体、熔岩、火山碎屑物和火山灰，被称为暴烈式喷发，它破坏性大，对人类危害严重。喷发基性熔岩（如玄武岩）为主的火山，因熔岩黏性小，温度高，气体和岩浆流常慢慢逸出，很少产生火山碎屑物，属宁静式喷发，对人类危害相对较小。

根据火山活动时间的不同，可分为死火山、休眠火山和活火山。死火山是指地质历史时期有过活动，但在有人类历史以来不再活动的火山；休眠火山是指人类历史时期曾有过活动，但近代长期停止活动的火山；活火山是指现代仍在活动或周期性活动的火山。当然，这种分类是相对的，一些死火山、休眠火山沉睡了数百年或数千年后可能再度活动起来变为活火山，如意大利维苏威火山，在公元 79 年前并无喷发历史，一直被看成死火山，公元 79 年突然喷发，将附近的三个城镇完全掩埋，死亡 16000 余人。

现今世界上已知的活火山有 523 座，455 座在陆地上，68 座位于海底，有四大主要的火山带：①环太平洋火山带。呈环状分布，从南美西岸的安第斯山脉起，经中美和北美西岸，向西沿阿拉斯加、阿留申群岛、堪察加群岛、千岛群岛、日本群岛、菲律宾群岛、新西兰岛直至南极洲，属于板块的敛合带。世界上 3/4 以上的活火山集中分布在此带。②地中海—印度尼西亚火山带。呈东西向带状分布，自地中海向东经高加索、喜马拉雅山至印度尼西亚与太平洋火山带西支交会，属于板块的敛合带。该带有活火山 70 余座。③红海沿岸与东非火山带。沿东非大裂谷呈南北向带状分布，从马拉维湖向北经坦噶尼喀湖至艾伯特尼罗河谷，属于板块的分裂带。有活火山 22 座。④洋脊火山带。包括太平洋、大西洋和印度洋等洋脊，属于板块的分裂带。有的火山在水下喷发，有的火山已露出水面，成为火山岛。

火山喷发具有双重环境效应，对人类及其生存环境可产生危害和益处。

火山活动的危害。火山活动的威力巨大，造成的破坏性也是非常严重，主要表现在两方面：一是破坏人类的生存环境，二是直接造成人类生命财产的损失。

火山活动时喷发的熔岩流、炽热的气体、火山碎屑物等会改变原有的地形地貌，填塞河流，如黑龙江的五大连池；海底则可生成新的陆地露出海平面，或者使原有海岛消失；火山灰升上高空遮蔽阳光，导致气候异常；火山熔岩流、炽热的火山灰和气体还会摧毁火山口周围的生物；海底火山活动则会导致海水温度升高，严重危害海洋生物生存。

火山活动最严重的危害就是直接造成人类生命财产的损失。它可以掩埋村庄、城市，摧毁农田及各类人工设施，造成大量人员伤亡。表 13.1 列出了世界上几次著名的火山喷发，它们曾给人类生命财产带来惨重损失。

火山活动的益处。火山活动在对人类造成危害的同时，也带来了许多益处，形成了许多地貌景观和矿产资源。地质时期的火山喷发活动，形成了地球大气圈和水圈，为人类带来良好的生存环境；火山活动将地热从深处带至地表，使人们充分利用地热成为可能，如尼加拉瓜在莫莫通博火山地区建立了火山热能发电站；火山活动可以形成丰富的矿产资源，有的火山岩本身就是良好的建筑材料；火山区为人类提供了优美的自然景色，成为旅游胜地，如美国的夏威夷群岛和黄石公园、日本的富士山、意大利的维苏威火山、韩国的济州岛、新西兰北岛、我国的长白山和五大连池等；沿火山带出露的温泉也给人们带来许多益处；火山灰含有许多植物生长所需的养分，使土壤肥力增加，如日本、印度尼西亚等地区的土壤特别肥沃即与此有关。

表 13.1　世界著名的火山事件及其引发的灾难

火山	爆发时间	引起后果
维苏威火山	公元 79 年	毁灭了庞培城，堆埋 16000 余人，城镇沉没，1595 年才重建
喀拉喀托火山	1883 年	巨大爆发引起海啸，死亡 36000 余人
培雷火山	1902 年	火山灰渣及熔岩堆埋了 30000 余人
拉明顿火山	1951 年	堆埋了近 3000 人

（2）地震活动：是一种快速的构造运动，是地壳运动的特殊形式。它可引起地壳升降，形成隆起、拗陷、褶皱和断裂，以及山崩、地滑等宏观地质现象，同时可使铁路、公路、水坝、桥梁、房屋建筑等遭到破坏，造成人畜伤亡等巨大灾害。据统计，全世界每年发生 500 万次地震，但绝大多数是无感地震。人们能感觉到的地震仅 5 万次左右，加之多数分布在海洋和人烟稀少地区，分布又很不均匀，因此人们能感觉到的地震就更稀少。

地震在海底发生称为海震。发生海震时，由于海底岩石突然破裂或发生相对位移，一方面带动上覆海水突然升降或作水平运动。另一方面，岩石破裂发出的地震波从地下轰击海底，导致海水剧烈振动和上涌，形成汹涌波涛向四周振荡引发海啸。海啸能在几个小时内以每小时 700～800km 的速度穿过大洋，以 10～30m 的高度冲击海岸。海啸对沿海居民区的破坏甚至比地震造成的破坏更大。例如，1896 年 6 月 15 日日本本州东部海岸受到日本海外大震所引起的海啸破坏是历史上较为厉害的一次，海波冲上附近陆地，比平时高潮水位高 25～35m，卷走 1 万多幢房子，造成 2 万多人死亡。

地震震级：每次地震释放的能量大小不同，采用地震震级（M）来衡量能量大小的等级。震级分为 0～9 级的 10 个级别，震级增加 1 级，能量相差约 32 倍。把 $M<2.5$ 级的地震称为微震，人感觉不到；2.5～5 级地震称为有感地震，人有不同程度的感觉；$M>5$ 级的地震称为破坏性地震，会造成破坏；$M>7$ 级的地震称为强烈地震或大地震。美国地质调查局资料显示，1960 年 5 月智利曾发生过里氏 9.5 级地震，它是全球 1900 年有记录以来的最强烈地震，共造成 1600 多人丧生。

地震烈度表示某地区受地震影响的破坏程度。其大小依据人们的感觉、器皿和物品的振动情况、各类建筑物遭受破坏的程度、地面因地震而产生的破坏现象等因素确定。地震烈度的高低与震级、震源深度和震中距有关。震源是指地球内部产生震动的地方，震中是指地面距震源最近的地点，震源深度则是指震中与震源两者间的距离。目前我国采用的地震烈度分为十二度（表 13.2）。

地震的空间分布显示出一定的带状规律，主要集中在三个带：①环太平洋地震带。与环太平洋火山带紧紧相连，但并不重合。火山靠大陆一侧，地震靠海洋一侧，影响范围稍宽些。集中了世界上 80%的地震，地震活动性最强。②地中海—印度尼西亚地震带。西起大西洋亚速尔群岛经地中海、土耳其、伊朗、喜马拉雅山、缅甸至印度尼西亚，与环太平洋地震带相接，全长约 2 万 km。约占世界地震总数的 15%。③洋脊地震带。分布在全球洋脊的轴部，均为浅源地震，震级一般较小。此外，大陆内部还有一些分布范围相对较小的地震带，如东非裂谷、贝加尔湖、莱茵地堑等区域性大断裂附近。

地震活动引起的灾害：地震对人类及其生存环境有巨大的影响，可使地球表面发生剧烈变化、破坏原有的地形地貌，同时对人类生命财产构成危害和损失。地震时人员伤亡几乎全部由建筑物倒塌、火灾、水灾或交通工具翻毁等造成。地震时因煤气泄漏、电线短路等还可引起火灾，造成人员伤亡。按成因可分原生灾害和次生灾害。

表 13.2　地震烈度简表

烈度	定性类别	地震影响特征	相当震级
Ⅰ	无感	只能用仪器测知	1.0～1.7
Ⅱ	微感	楼上敏感的人有感	1.7～2.3
Ⅲ	少有感	室内少数人有感；悬挂物略有摆动	2.3～3.0
Ⅳ	轻震	室内多数人、室外少数人有感；门、窗、碗碟作响，悬挂物摇摆	3.0～3.7
Ⅴ	中震	室内人人、室外多数人有感；睡者惊醒；门、窗自开自闭，悬挂物摆幅很大，不稳物件掉下或翻倒	3.7～4.3
Ⅵ	强震	许多人从室内往外惊逃，家畜奔出圈外；许多土坯类房屋有损坏	4.3～5.0
Ⅶ	损坏性	良好建筑物有轻微损坏，土坯类房屋开裂，少数倒毁；土质堤岸有个别滑坡；泉水流量变化，井水水位变化	5.0～5.7
Ⅷ	破坏性	土坯类房屋较多毁坏，一般房屋开裂，一些烟囱倒塌；土堤有小滑坡，湖水变浊；地下水位大幅度变化	5.7～6.3
Ⅸ	毁坏性	一般房屋严重破坏，部分倒毁，加固建筑物开裂，柱状物倒下；地下管道部分破裂；公路损坏；平原区大量喷水、冒沙，河岸开裂	6.3～7.0
Ⅹ	灾难性	一般房屋大多倒毁，加固建筑物部分倒毁；桥梁严重破坏，铁轨轻度弯曲；平原区大量喷水、冒沙、河岸大量崩塌	7.0～7.7
Ⅺ	摧毁性	良好建筑、桥梁、水坝、铁路严重毁坏；公路不能使用，地面大开裂，山区多发生山崩地滑	7.7～8.3
Ⅻ	毁灭性	地基建筑基本倒毁，地表面貌大改观，山崩，地陷，河川改道	8.3～8.9

地震原生灾害：由地震直接引起，主要表现为地表变形和破坏、地面建筑物损坏、地震、海啸等。这些都会直接造成人类生命和财产的巨大损失。

地震次生灾害：由地震间接引起的人类生命财产损失的事件或现象。例如，震后火灾、水灾、毒气扩散等。有人也把地震引起的海啸、滑坡、泥石流等归为次生灾害。

地震活动的益处：地层断裂后，在断裂带上升凸起处形成断块山，在断裂带下沉凹陷处形成凹陷湖、盆地等。例如，我国巍峨挺拔风光旖旎的黄山、华山、庐山、泰山等都是断块山；青海湖、洞庭湖、鄱阳湖、滇池等是断层凹陷湖。地震时地壳相对运动，会把埋在地球深处的矿物质推到地表，为矿产资源勘查提供了便利。例如，我国横断山区四川、云南、西藏交界的金沙江、澜沧江、怒江地区由于地震较多，形成一条南北长近 1000 km、面积达 55 万 km^2 的多金属成矿带。人工地震常用来勘探地下地质结构，也可用于找矿勘探。

13.1.2　外力地质作用的环境效应

外力地质作用是由地球以外的能源（太阳能，日、月引力能等）通过大气、水和生物活动引起的，包括风化作用、剥蚀作用、搬运作用、沉积作用和固结成岩作用。它是改造地表形态的主要动力，也是各种地质景观的雕刻师。外力作用造成的环境灾害主要有滑坡、崩塌、泥石流、地面沉降、地面塌陷、黄土湿陷、盐碱化、沙漠化等。

13.1.2.1　滑坡与崩塌

1）滑坡及其形成条件

滑坡是指在重力作用下，斜坡上的岩土体沿着一定的软弱面（带）或潜在的破碎软弱带产生整体向下滑动的现象。滑坡在运动过程中基本保持了岩土的完整性，且在较平缓的斜坡中仍可发生，其形成条件如下。

岩土类型及性质：岩土体的性质是决定斜坡抗滑力的根本因素。一般在土层（如黏质土、黄土）、松散沉积物及软弱岩层（如泥质岩石）中易于产生滑动。滑坡分布与岩性密切相关，在易滑地层分布区域常常成群出现。

地质条件：斜坡中的各种结构面（断层、层理等）对斜坡稳定性有重要影响，它既使滑体从坡体中脱离开来，又成为滑体赖以滑动的相对软弱面。

地形地貌条件：坡度大于 10°且小于 45°、下陡中缓上陡、上部形成环状的坡形地段是产生滑坡的有利条件。某些地貌部位，如江、河、湖、库、海、沟谷等的岸坡，前缘开阔的山坡，铁路、公路、矿山等工程的边坡等都是极易发生滑坡的部位。

水文地质条件：水的作用主要表现为对岩土的软化作用、泥化作用，产生静水压力和动水压力等。地下水渗透，可使孔隙水压力增大，岩土的抗滑力降低；地下水的运动又会形成动水压力，削弱岩土的抗剪力，降低边坡体的稳定性，使岩土易于下滑。

外力诱发因素：常见诱发因素有地震、过量降水或融雪、地表水的冲刷和浸泡等。另外，人类的各种工程活动，如采矿、筑路、水利水电建设、开垦农田、砍伐森林等，都可诱发滑坡的产生。

2）崩塌及其形成条件

崩塌是指斜坡上的岩土体在重力作用下突然脱离母体，向坡下倾倒、崩落、翻滚和跳跃的过程和现象。根据崩塌的物质不同可分为土崩和岩崩，按规模大小可分为山崩（规模特大）和坠落石。崩塌作用突然而急剧地发生，常造成巨大的灾害，是山区常见的灾害之一，常与滑坡、泥石流相伴出现。形成条件如下。

地质构造条件：面状构造发育，如岩层界面、断层、节理、裂隙等，使完整的坡体被切割成较小的块体，当处于重力失稳状态时，容易产生崩塌。

岩土类型及性质：崩塌多发生在厚层坚硬的岩体中。灰岩、砂岩、石英岩等厚层硬脆性岩石常能形成高陡的斜坡，构造发育时在触发因素作用下易发生崩塌。此外，由缓倾角软硬相间岩层组合的陡坡，由于软层被风化剥蚀而形成凹陷，上部坚硬岩层失去依托而发生局部崩塌。岩性较弱的岩石和松散土层在条件具备时会产生以坠落和剥落为主的崩塌。

地形地貌条件：在地形强烈切割的山区、高陡斜坡分布区和深开挖的坑、壁地区，崩塌现象多见。发生崩塌的地面坡度一般大于 45°，地形切割越强烈，高差越大，形成崩塌的可能性和能量也越大。

外力诱发因素：降水、融雪、地表水冲刷、浸泡，地震，火山爆发，人工爆破等因素容易诱发崩塌的发生。

3）滑坡与崩塌的关系及其对人类的影响

两者相伴而生，可以互相转化。在长期频繁发生崩塌的地点，累积的大量崩塌堆积体构成滑坡体的物质基础，在一定条件下可发生滑坡。有时崩塌在运动过程中直接转化为滑坡运动，有时介于两者之间，称为滑坡式崩塌或崩塌式滑坡，但两者还是有明显的区别。

滑坡与崩塌均属斜坡变形破坏，对人类的危害十分严重。它们可以破坏地表、毁坏农田，掩埋和阻断公路、铁路和航运交通，摧毁村庄房屋和其他建筑物，破坏矿山建设等，最大的危害是造成人员伤亡。崩塌和滑坡堵塞河流形成天然坝和水库，导致上游回水或水库溃决，形成洪水和泥石流灾害。1981 年 8 月 4 日到 9 月 14 日，宝成铁路沿线的宝鸡、凤县、略阳、宁强、汉中等段，遭受了铁路建设有史以来罕见的大暴雨袭击，地处秦巴山区的宝成铁路沿线山体坍塌，泥石流泛滥，桥涵冲毁，路基冲垮，其中泥石流灾害 134 处，危害最为严重，崩坍灾害 220 处，山坡溜滑灾害 100 多处，落石等灾害较少。另外，崩塌和滑坡本身还是泥石流的物质来源之一，有时崩塌、滑坡遇雨直接转化为泥石流。

4）我国滑坡与崩塌灾害分布特征

滑坡与崩塌是地质、地理因素综合作用的结果，受地质构造和气候等因素控制，具有地理带状分布特征。我国大致有 5 个多发区。

西南地区：我国的高山、高原和盆地分布区，山陡谷深，构造复杂，降水量较多。崩塌、滑坡分布广泛，类型多样，频率高、规模大、危害严重，成为经济发展的制约因素。

秦岭—大巴山区：主要为高山、中山和盆地分布区，构造和岩性复杂、降雨充沛，为崩塌、滑坡灾害频发区。区内宝成铁路沿线常由于滑坡和崩塌而造成严重危害。

西北黄土高原区：土层深厚松散、气候干燥、植被稀少，水土严重流失，滑坡、崩塌分布广泛，但规模较小，频率较低。

东南、中南等省区：主要为中低山和丘陵区，地质构造和岩性复杂，沟谷较浅，风化侵蚀强烈，降雨充沛，人口密度大，滑坡和崩塌发生频繁但规模较小，多数是由人类工程经济活动诱发生成的。

青海、西藏与黑龙江北部的冻土地带：主要发育冻融堆积层滑坡和崩塌，规模较小，频率也较低。

13.1.2.2　*泥石流*

泥石流是含有大量泥、沙、砾石等固体物质的洪流流体，容重一般为 1.2～2.3 t/m^3，常具突发性，速度快，能量巨大，破坏力极强。

1）泥石流的形成条件

地形地貌条件：地势高峻、地形陡峭、沟谷比降大是泥石流形成的主要地形条件。这类地形有利于暴雨径流汇集，造成大落差，使泥石流获得巨大动能。泥石流从上游到下游一般可划分成三个区段：上游为形成区，地形特征是呈树冠状或羽毛状沟谷，有利于地表径流和固体物质的聚集；中游为流通区，多为深切狭窄的沟谷，常有陡坎与瀑布，坡度很陡；下游为堆积区，位于山口平缓的开阔地带，呈扇形、锥形或带状。

地质条件：决定了松散物质的来源。泥石流发育地区都是地质构造复杂、岩石风化破碎、新构造运动活跃、崩塌和滑坡多发地段。泥石流形成区最常见的岩性一般为片岩、千板岩、板岩、泥页岩、凝灰岩、粉砂岩等较软弱岩层和风化强烈的花岗岩等。

水文气象条件：强烈的地表径流是泥石流爆发的动力条件，主要来源于暴雨、高山冰雪强烈融化和水体溃决等，其中暴雨型泥石流是我国最主要的泥石流类型。

人为因素：滥伐森林、不合理开垦土地、破坏植被，造成水土流失，往往会诱发泥石流或加重其危害程度。采矿堆渣和水库溃决等也可导致泥石流发生。

2）泥石流的危害

泥石流具有突发性的特点，而且常伴随崩塌、滑坡和洪水，危害程度比单一的滑坡、崩塌和洪水更为严重。例如，1964 年 7 月，兰州西固区连续三次发生泥石流约 16 万 m^3，淹没陈官营车站，冲毁路基，埋没民房 20 多栋，造成人员伤亡。泥石流的危害性主要包括以下几种。

对交通的危害：对公路、铁路和河流航运的危害很大。可淹埋车站，摧毁基桥涵洞等设施，颠覆运行中的车辆，造成人员伤亡。

对矿山的危害：能摧毁矿山及其设施，淹埋矿山坑道，造成停产甚至报废，伤害人员。

对工程的危害：可冲毁水电站、水坝、水渠及其他建筑物；淤积水库、河道和农田，给水利建设带来巨大损失。

对居民点的危害：可冲进山村、城镇，摧毁民房、工厂和其他建筑设施，造成人畜伤亡和财产损失。

13.1.2.3　地球化学元素迁移引起的环境问题

摄入人体中的各种微量元素，有些是生命的生长、发育、活动与繁殖所必需的元素，称为必需微量元素，如 B、F、Si、V、Cr、Mn、Fe、Co、Ni、Cu、Zn、Se、Mo、I 等；有些是给生命有机体供应能量和构成有机体组织的元素，称为营养元素，如 N、P、S、Ca、Na、K、Mg 等；有些是与生命活动无关甚至有害的元素，称为非必需微量元素，其中的毒性元素是指在浓度比较低时，便显示毒性的元素，如 Pb，Cd，Hg、Ra、U 等。必需微量元素和非必需微量元素的缺乏与过量与有机体生长具有一定的关系（图 13.1）。其中，图 13.1（a）表示必需微量元素的浓度与有机体生长关系的理想曲线，曲线的平台部分表示最适宜有机体生长、发育的元素浓度，不同元素可能有不同宽度的平台曲线，该图表明当环境中必需微量元素的供给量低于机体需求的适宜浓度时，机体表现出缺乏症状，只要补充少量这种元素后，有机体就能正常生长与发育；而环境中必需微量元素的供应量超过最适宜浓度时，机体便会中毒，甚至死亡。当非必需微量元素或有毒元素的供应量超过有机体可耐受的浓度时，机体出现中毒症状，乃至死亡，如图 13.1（b）所示。

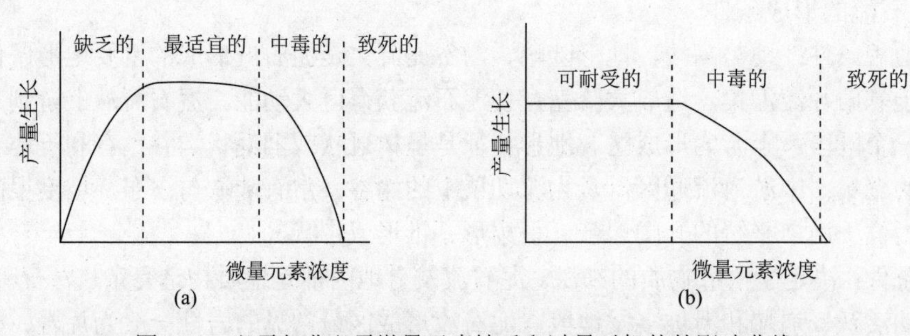

图 13.1　必需与非必需微量元素缺乏和过量对机体的影响曲线

（a）必需微量元素（b）非必需微量元素

微量元素过量或缺乏，常会引起人体的某些疾病，这类疾病可在一些地区流行，具有区域性分布的特点，常称为地方病，它实质上与特定的区域地质条件有关。

（1）地方性甲状腺肿（简称地甲病）：世界上流行最广的一种地方病，除极少数国家外，几乎所有国家都有流行。著名的流行区有欧洲的阿尔卑斯山区、北美洲的大湖区、非洲的刚果河流域、大洋洲的新几内亚等。在我国除上海外，各省（自治区、直辖市）都有不同程度的流行。

碘是生命必需的微量元素，对人类的生理作用服从伯特兰的生物最适浓度定律，即具有双侧阈浓度：碘的缺乏和过剩都会导致人体甲状腺代谢功能障碍，发生甲状腺肿。当低于最适浓度的下限时，水中碘的浓度越低，地方性甲状腺肿患病率越高；当高于最适浓度时，水中碘的浓度越高，患病率也越高。因此，地方性甲状腺肿的发病率与当地饮用水、食物和土壤中碘浓度呈负相关，当摄入过多的碘时，虽可以抑制甲状腺激素合成和释放，但会造成甲状腺的代偿性肿大。

对地甲病的预防措施包括生活化预防和生产化预防，生活化预防即直接食用适量碘化食盐和海产品。生产化预防指在农牧业生产过程中，采取适当的措施，如施碘肥、改良土壤、给家畜家禽加饲碘素等。在提高生产率的同时，提供食物链中碘的含量，从而改变缺碘环境，控制地甲病。高碘性地甲病的预防一般是节制高碘食物的食用量，改饮含碘低的浅井水，或者在缺水季节或缺水年份，非饮深井水不可时，可应用渗析或吸附过滤等方法，除去水中的碘。

（2）地方性氟病：主要流行于印度、俄罗斯、英国、美国、墨西哥、日本、马来西亚等国。在我国主要流行于贵州、陕西、甘肃、山西、山东、河北、辽宁、吉林、黑龙江等地区。地方性氟病是环境中氟的丰度过高，人群经饮水和食物摄入过量的氟而引起的。病区主要可分为饮水型和食物型两种，饮水型即饮用水含氟过高而使人发病，食物型即食物中含氟量高而使人发病。

防治地方性氟中毒，一般对高氟饮用水采用因地制宜的化学除氟法。通过持续饮用除氟水，氟病患区的氟病人数量不再增加。原有的氟病人饮用除氟水后，病情均有明显好转。目前，采用的化学除氟法可分为混凝沉淀法和滤层吸附法两种。

（3）克山病：一种病因不明、以心肌坏死为主要症状的地方病，患者发病急、死亡率高，因 1935 年最早发现于我国黑龙江克山县而得名。该病在日本、朝鲜、澳大利亚和美洲、非洲等地均有发现，在我国主要分布在黑龙江、吉林、辽宁、河北、内蒙古、山西、山东、河南、陕西、甘肃、湖北、四川、云南和西藏，具有从东北到西南呈条带状分布的特点和明显的地区性，属温带型、半湿润森林草原环境。

克山病至少与三个因素有关：环境的低硒带；病区粮食和患者体内缺钼；病区的水、土壤和人体内亚硝酸盐过多。我国克山病的地理分布与环境低硒带重叠，其基本的生态化学特征是土壤、动植物和人体系统均处于低硒生态循环状态，即土壤硒含量低，粮食硒含量低，人体硒营养也低。人体缺硒引起体内硒的生物学功能降低，如含硒酶——谷胱甘肽过氧化物酶活力下降，或者心肌正常生理过程中电子传递受阻等，这可能是克山病发病的基本原因。对此，许多病区已普遍采用硒进行防治，如通过服用亚硒酸钠或施含硒肥料、给作物喷施硒以增加粮食含硒量，均取得显著效果。此外，克山病的发病也与钼有关，钼在心肌代谢中发挥着重要的作用，长期缺钼会导致心肌细胞营养代谢障碍，造成局部心肌坏死。

13.2 人类活动引起的环境问题

人类活动引起的次生环境问题包括环境破坏和环境污染与干扰，属环境科学的主要研究对象。环境破坏主要是指人类活动违背自然生态规律，盲目开发自然资源引起的环境衰退及由此衍生的负环境效应。环境破坏可分为两类：一是生物环境破坏，如过度砍伐引起的森林覆盖率锐减，过度放牧引起的草原退化，乱捕滥杀引起的物种濒临灭绝等；二是非生物环境破坏，如盲目占地造成的耕地面积减少，毁林开荒造成的水土流失和沙漠化，过度开采地下水造成的海水入侵和地面沉降等。

由于人类生产、生活产生的废弃物和余能进入环境且超过了环境容纳量，环境受到污染与干扰。环境污染是指有害物质进入环境，并在环境中扩散、迁移、转化，使环境系统的结构与功能发生变化。环境干扰是人类活动排出的能量进入环境，达到一定程度后对人类产生不良影响的现象，包括噪声、振动、电磁波干扰、热干扰等。

13.2.1 人类社会发展与环境问题

在社会发展和文明进步的过程中，人类一方面依赖自然环境，另一方面改造自然环境，导致环境问题无时不在、无处不在，只是随着人类改造自然的能力逐渐增强，环境问题由小范围、低程度的伤害，发展到大范围、高程度的污染和破坏，大致可分为 4 个阶段。

（1）原始社会时期：生产力水平低下，原始人群过着极端分散、闭塞的流动生活，通过采集植物、昆虫，狩猎和捕鱼等方式从自然界获取食物，或者穴居野外，或者构木为巢，其生活状态完全依赖自然环境，很少主动去改造环境。生产力水平低，导致人口密度也低，大约在公元前 1.5 万年，世界总人口约 300 万人，按采集和狩猎的实际面积计算，每平方千米只有 0.08 人，难以产生大范围的环境问题。尽管如此，原始人类喜欢群居，且对居住场所有较高的要求，一般选择朝阳、干燥、场地开阔、地势较高、接近水源、能有效抵御外来危险的场所作为固定或半固定营地，导致人群分布又相对集中。当采集和狩猎在特定区域达到一定限度以后，居住区周围的物种被消灭，人类自身的食物来源遭到破坏、生存受到威胁，形成了早期的环境问题。另外，气候变化也会导致食物短缺，如在距今 2.5 万～1.5 万年前的盛冰期，亚欧大陆的内陆地区极端寒冷干燥，食物来源减少。沿海地区受海洋性气候的影响，相对温暖湿润，使该区域蒙古人种的部分族群沿着海岸带迁徙，越过白令海峡到达美洲地区，成为现今土著人中印第安人等的祖先。

（2）农业社会时期：农业的出现，使人类可以在气候温和、地形平坦、土壤肥沃、水源充足的地方定居，农牧业成为主要的生产方式，同时人类不断改进生产工具、驯化动植物，生活水平不断提高，人口总量得到大幅度增长。为了获得更多的生活资料，人类通过自身力量开始影响和改变局部地区的自然环境，如毁林开荒、兴修水利等技术使许多森林、草原变成耕地。其中不合理的利用方式，如乱砍滥伐、过度放牧、不合理灌溉等，必然导致水土流失、土壤沙化等生态破坏问题，使肥沃的土壤转变成不毛之地，许多古城变成荒地。在人类聚居所形成的乡镇和城市，集中产生的垃圾和污水造成了早期的环境污染问题，但排入环境中的污染物基本都是自然界已经存在的物质，可通过水体自净、土壤自净、微生物分解等作用清除，所以环境污染问题不太严重，主要集中于污染源附近的区域，对全球环境的影响不大。例如，我国古代黄河流域原是郁郁葱葱的森林，后经人类毁林开荒，造成水土流失，使肥沃的黄土高原变成了今天的千沟万壑。

（3）工业社会时期：工业革命使社会大生产取代手工劳动，使社会生产系统化、机械化和能量化，大大提高了生产效率，同时也加强了资源开发利用和废弃物排放程度。例如，大量燃烧煤和石油等化石燃料，排放的烟雾引发了一系列煤烟型大气污染事件；以石油为主要原料的有机合成化工制造了多种化肥和农药，施于农田、牧场后造成土壤和水域污染；有色冶炼工业影响了整个地球的生物化学循环，使大气、土壤、生物都受到重金属和有毒物质的污染与伤害。工业化也促进了城市化的快速发展，大批农业用地转换为城市用地，农村人口转变为城市人口，使城市的规模和数量不断增长。工业化和城市化的快速发展不仅破坏了大片森林和草地，排放的生活垃圾和工业“三废”造成的生态破坏与环境污染也是前所未有的。对于许多新合成的物质，自然环境难以识别和分解它们，导致环境问题出现新的特点并日益复杂化和全球化。到 20 世纪中叶，环境污染已发展成为全球公害，主要表现为 SO_2 污染、光化学污染、重金属污染和有毒物污染，爆发了震惊世界的以“八大公害事件”为代表的第一次环境问题高潮。

（4）后工业社会时期：20 世纪 60 年代开始了以电子工程等新兴工业为基础的第三次工业革命。新技术发展使新材料得以应用，生产了一系列环境不能识别、微生物难以分解的污染物。这些污染物在地表大量堆积，长期污染地表水和地下水，使突发性的环境污染事件频繁出现，在 80 年代又出现了以切尔诺贝利核电站泄漏、威尔士饮用水污染、博帕尔毒气泄漏、埃克森·瓦尔迪兹油轮泄露等为代表的环境污染高潮，比第一次环境问题高潮的范围更广、污染源和破坏源更大、突发性更强，不但明显损害人体健康，还可以威胁全人类的生存与发展，引起世界范围内的恐慌与不安。为了解决全球环境持续恶化的问题，1992 年 6 月，联合国环境与发展大会在巴西里约热内卢召开，会议通过了以可持续发展为核心的《里约环境与发展宣言》和《21 世纪议程》等文件，标志着人类在环境和发展领域自觉行动的开始，摈弃了发达国家前期“先污染、后治理”的发展老路，摒弃了不考虑资源、不顾及环境的生产技术和发展模式；2002 年在南非约翰内斯堡召开的可持续发展世界首脑会议提出了经济增长和社会进步必须同环境保护、生态平衡相协调的方案；2012 年在巴西召开的联合国可持续发展大会提出了走经济效益、社会效益和环境效益融洽和谐的可持续发展道路，实现绿色经济。可持续发展成为当今经济发展的主旋律。

13.2.2　全球性环境问题

近几十年来，世界人口爆炸式增长。人类为了生存，首先要从环境中索取资源，必然要开垦土地、采伐森林、开辟水源等，当索取数量和速度超过了生态系统自身的调节能力，就会造成资源枯竭或环境破坏；同时，人类要向环境中排放生活和生产废弃物，当排放速度和数量超过了环境的自净能力，就会造成环境污染。因此，人口问题是当前人类面临的严峻问题，是一切次生环境问题的根源和核心。目前的全球性环境问题主要有如下 10 个方面。

（1）全球气候变暖。人类生活于地球表面，位于大气圈底部。燃烧化石燃料、砍伐森林、排放废弃物使大气圈的物质组成及其性状产生了较大变化，温室气体浓度快速增加，导致全球变暖。近百年来，全球平均温度升高 0.3～0.6℃，其中 11 个最暖的年份发生在 20 世纪 80

年代中期以后，未来 50～100 年的全球气候将继续向变暖的方向发展。

温室气体是指能够产生温室效应的气体，也称红外活性分子气体，主要包括 CO_2、CH_4、一氧化二氮（N_2O）、O_3、氟利昂或氟氯烃化合物（CFCs）、氢氯氟烃（HCFCs）、氢氟碳化物（HFCs）、全氟碳化物（PFCs）、六氟化硫（SF_6）等。其中，CO_2、CH_4、N_2O、O_3 是自然界本身存在的成分，其余 5 种是人类活动的产物。各温室气体的全球增温潜能（globle warm potential，GWP）值、性质与来源见表 13.3。

表 13.3　主要温室气体及其特征

温室气体		GWP 值	性质	来源
CO_2		1	最有代表性的温室气体	化石燃料的燃烧等
CH_4		23	天然气主要成分，常温为气态，易燃	水稻田、动物反刍、垃圾填埋等
N_2O		296	氮氧化物中最稳定的物质，无其他氮氧化物（如 NO_2）的有害作用	燃料燃烧、工业过程等
破坏臭氧层类	CFCs HCFCs	数千～数万	含有氯原子等，对臭氧层有破坏作用的氟利昂物质，《关于消耗臭氧层物质的蒙特利尔议定书》限制生产及消费	喷雾剂，空调、冰箱等的制冷剂，半导体清洗剂，建筑绝热材料等
不破坏臭氧层类	HFCs	数百～数万	无氯氟利昂，强烈温室气体	喷雾剂，空调、冰箱等的制冷剂，化学工艺过程，绝热材料等
	PFCs	数百～数万	碳原子及氟原子构成的氟利昂，强烈温室气体	半导体制造工艺过程等
	SF_6	数万	硫原子及氟原子构成的类似氟利昂物质，强烈温室气体	电器绝缘介质

资料来源：赵烨，2015。

CO_2 虽然 GWP 值最低，但它是最重要的温室气体，对全球变暖的贡献率达 60%。工业革命以后，一方面，化石燃料使用量增加、人口激增和城市化快速发展等引起 CO_2 排放量增加；另一方面，植被破坏严重导致对 CO_2 的吸收能力减弱，使 CO_2 浓度增加。大气中 CO_2 体积分数从工业革命以前的 280×10^{-6} 增长到现今的 360×10^{-6}。CO_2 浓度增加 1 倍，就会使地球表面平均温度升高数摄氏度，其中在高纬度地区的影响比赤道大 2～3 倍。

CH_4 是仅次于 CO_2 的重要温室气体，对全球变暖的贡献率约 20%。主要来源于水稻田、动物反刍、垃圾填埋、天然气开发、生物质燃烧，以及缺氧条件下有机物的腐烂（如堆肥畜粪、沼气）等。世界每年排入大气中的 CH_4 为 2.98 亿～3.37 亿 t，其中的 2/3 与农业生产有关，1/3 与化石能源有关。

N_2O 主要来源于地面排放，其中 40%来自人为源，如工业、农业、交通、能源生产与转换、土地变化和林业等。N_2O 在大气中的体积分数约是 0.3×10^{-6}，每年增加约 0.25%（约为 390 万 t）。N_2O 在平流层中光解为 NO_x，遇水转化为硝酸或硝酸盐，再通过干沉降和湿沉降过程被清除出大气。

卤化碳及相关化合物：卤化碳是碳和氟、氧、溴、碘等合成的化合物，如含氯的氟利昂（CFCs、HCFCs）、无氯氟利昂（HFCs）、含溴的卤代烷，属于长寿命（在大气中的寿命为 50～100 年）的温室气体，主要由人类活动产生。PFCs 主要包括四氟化碳（CF_4）、六氟乙烷（C_2F_6）及全氟丁烷（C_4F_{10}），其中 CF_4 占绝大部分，主要产生于冶炼等工业过程。SF_6 是人为产物，大量应用于铝镁冶炼或电力行业的气体绝缘体及高压转换器等。PFCs 和 SF_6 均属于寿命相当长的温室气体，GWP 值也大，对未来温室效应的影响不可忽视。

（2）臭氧层破坏。臭氧层多分布在距地面 10～50 km 的平流层中，以 25 km 左右的浓度最高，能强烈吸收太阳紫外辐射（几乎全部 0.2～0.3 μm 波段的太阳紫外辐射），使大气温度升高，在平流层形成一个暖区。因此，平流层的臭氧被称为地面生物的“保护神”。对流层的 O_3 还能吸收波长 0.96 μm 附近的红外辐射，虽然大约只有 O_3 柱的 10%，但对地面温度也有强烈影响，通过辐射长波辐射有助于地面温度升高。

在自然状态下，大气中臭氧的生成和损耗处于动态平衡状态，其浓度保持恒定。工业革命以来，人类的活动范围进入大气层。例如，超音速飞机在平流层中释放大量水汽、氮氧化物、碳氢化合物等污染物。地表的制冷工业、化学工业释放制冷剂、喷雾剂和发泡剂，这些人工有机化合物含有大量的 CFCs 类物质，氟氯烃中大量使用一氟三氯甲烷（CFC-11）、二氟二氯甲烷（CFC-12）、氟氯烃化合物（CFCs），不会在对流层被消解，其唯一的消解过程就是随着大气环流进入平流层，与臭氧反应，加速了 O_3 的耗损过程。南极上空大气柱中的 O_3 密度明显下降，并以每年 0.3%的速度降低。

（3）大气污染。指人类活动或自然过程引起某些物质进入大气，呈现出足够浓度并存在足够时间，并因此危害人体健康，引起急性病、慢性病甚至死亡等，或危害与人类协调共存的生物、资源、财产、器物等环境的现象。可以对环境和人类产生有害的物质称为大气污染物，根据污染物来源可分为自然污染物和人为污染物。

自然污染物：指自然原因产生的大气污染物，常见来源有火山喷发（排放出 H_2S、CO_2、CO、HF、SO_2 及火山灰等颗粒物）、森林火灾（排放 CO、CO_2、SO_2、NO_2、HC 和灰分等）；自然尘（风沙、土壤尘等）、森林植物释放（主要为萜烯类碳氢化合物）、海浪飞沫颗粒物（主要为硫酸盐与亚硫酸盐）。

人为污染物：由人类活动，向大气排放的污染物，如燃料燃烧、工业生产、交通运输和农业活动等。

燃料燃烧，煤、石油、天然气等的燃烧过程是重要发生源。煤炭的主要成分是碳，并含氢、氧、氮、硫及金属化合物。燃烧时除产生大量烟尘外，还会形成 CO、CO_2、SO_2、氮氧化物和有机化合物等污染物质。

工业生产，不同工业企业排放的污染物有较大差异，如石化企业排放 H_2S、CO_2、SO_2、NO_x；有色金属冶炼排放 SO_2、NO_x、含重金属元素的烟尘；钢铁工业排放粉尘、硫氧化物、氰化物、一氧化碳、硫化氢、酚、苯类、烃类等。

交通运输，汽车、船舶和飞机等排放的尾气，含有 CO、NO_x、碳氢化合物、含氧有机化合物、硫氧化物和铅的化合物等。

农业活动，田间施用农药时，部分会以粉尘等颗粒物形式逸散到大气中，残留在作物体上或黏附在作物表面的仍可挥发到大气中；进入大气的农药可以被悬浮颗粒物吸收，并随气流向各地输送，造成大气农药污染；秸秆焚烧会排放大量的 CO_2、CO、粉尘等物质。

（4）水污染严重。指水体因某种物质介入，其化学性、物理性、生物性或放射性等特性改变，影响水的有效利用并危害人体健康或破坏生态环境，造成水质恶化的现象。水污染造成水质性缺水，加剧了全球性水资源短缺，并危及人体健康，严重制约了社会、经济与环境的可持续发展。向水体排放或释放污染物的场所称为水体污染源，可分为自然污染源和人为污染源。前者是自然界自发向环境排放有害物质、造成有害影响的场所，后者是人类社会经济活动形成的污染源。随着人类活动范围和强度的不断扩大，人类生产和生活活动已成为水体污染的主要来源，主要的水体污染物及其来源如下。

悬浮物：是指悬浮在水中的细小固体或胶体物质，主要来自生活污水、垃圾和水力冲灰、矿石处理、建筑、冶金、化肥、造纸、食品加工等工业废水。悬浮物中的无机或有机胶体物质较容易吸附营养物、有机毒物、重金属、农药等，可以形成危害更大的复合污染物。

需氧物质：废水中含有的糖类、蛋白质、油脂、氨基酸、脂肪酸、脂类等有机物，在微生物作用下氧化分解为简单的无机物，需要消耗大量水中的溶解氧，造成水中溶解氧缺乏，影响其他生物的生长。主要来源是生活污水和食品工业、石油化工工业、制革工业、焦化工业等工业废水。

植物营养物质：含有一定量氮、磷等植物营养物质的废水排入水体后，造成水体的富营养化，有利于藻类等浮游生物大量繁殖，造成水中溶解氧下降，水质恶化，鱼类和其他水生生物大量死亡。主要来源是施入农田的化肥、生活污水的粪便和含磷洗涤剂、自然肥料（如雨水对大气淋洗或对磷灰石、硝石、鸟粪等的冲刷）。

重金属：是指由重金属及其化合物造成的环境污染。其中，汞、铬（六价）、铅、镉、砷（三价）的危害性较大，既可通过食物链积累和富集，也可直接作用于人体而引起严重的疾病或慢性病。主要来源是采矿工业、电镀工业、冶金工业、化学工业等。例如，日本水俣病是由汞污染造成的、骨痛病是由镉污染造成的。

有机有毒物质：各种酚类化合物、有机农药、多环芳烃、多氯联苯等有机有毒物质，由于化学性质稳定，难被生物降解，具有生物累积、可以长距离迁移等特性，部分物质即使含量很低，也容易致癌、致畸、致突变等，对人类及动物的健康构成极大威胁。主要来源是焦化、燃料、农药、塑料合成等工业废水，农业中的有机农药，如双对氯苯基三氯乙烷（DDT）。

油类物质：指排入水体的油脂造成水质恶化，如在水体表面形成油膜，阻止大气对水的复氧，并妨碍水生植物的光合作用，或者在降解过程中消耗氧气，造成水体缺氧，或者黏附在鱼类、藻类和浮游生物上，或者含有毒物质，直接影响生物生命。主要来源是炼油、石油化工、海底石油开采、油轮泄漏等。

高温废水：工矿企业排放高温废水，引起水体的局部温度升高，导致水中溶解氧含量降低，微生物活动增强，某些有毒物质的毒性增加，改变水生生物的生存条件，破坏生态平衡。主要来源是热电厂、工矿企业等排放的高温废水。

放射性物质：放射性物质通过废水进入食物链，对人体产生辐射，长期作用可导致肿瘤、白血病和遗传障碍等，长期作用于其他生物可以导致基因变异等。主要来源是原子能工业和其他放射性物质的民用部门。

病原体物质：带有病原微生物（如病毒、病菌、寄生虫等）的废水进入水体后，随水流传播，对人类健康造成极大威胁，甚至可形成传染病和寄生虫病等，如1848年和1854年在英国、1892年在德国发生的霍乱，都是由水中病原体引起的。主要来源是生活污水和医院废水，制革、屠宰、洗毛等工业废水，以及牧畜污水。

（5）固体废弃物。指人类在生产、生活和其他活动中产生的丧失原有利用价值，或者未丧失利用价值但被抛弃，或者被放弃的固态、半固态和置于容器中的气态物品与物质，法律、行政法规规定纳入固体废物管理的物质。这个概念具有很强的时间性和空间性。废弃物是相对而言的，在某种条件下为废物的，在另一条件下却可能成为宝贵的原料或另一种产品，又有“放在错误地点的原料”之称。

随着工业化和城市化进程的加快，产生的废弃物种类越来越多，数量越来越大，成分也越来越复杂。按废弃物来源大体上可以分为两类：一类是生产过程中产生的废物，称为生产废物；另一类是产品进入市场后在流动过程中或使用消费后产生的固体废物，称为生活废物，包括城市垃圾和工业固体废弃物。固体废弃物的分类、来源和主要组成物见表 13.4。废弃物中含有有害物质，任意堆放会污染周围空气、水体，甚至下渗到地下污染地下水。

表 13.4　固体废弃物的分类、来源和主要组成物

分类	来源	主要物质
矿业固体废物	矿山开采及采矿	废矿石、尾矿、金属、砖瓦灰石、废木等
	冶金、交通、机械、金属结构等	金属、矿渣、砂石、模型、陶瓷、边角料、涂料、管道、绝热绝缘材料、黏结剂、塑料、橡胶、烟尘
	煤炭	矿石、木料、金属
工业固体废物	食品加工	肉类、谷物、果类、菜蔬、烟草
	橡胶、皮革、塑料等	橡胶、皮革、塑料、纤维、布、染料、金属等
	造纸、木材、印刷	刨花、锯木、化学药剂、金属材料、塑料、木质素等
	石油化工	化学药剂、金属、塑料、橡胶、陶瓷、沥青、油毡、石棉、涂料等
	电器、仪器仪表类	金属、玻璃、木材、橡胶、塑料、化学药剂、研磨料、陶瓷、绝缘材料
	纺织服装类	布头、纤维、橡胶、化学药剂、塑料、金属
	建筑材料	金属、水泥、黏土、陶瓷、石膏、石棉、砂石、纸、纤维
	电力工业	炉渣、粉煤灰、烟尘
城市固体废物	居民生活	食物垃圾、纸屑、布料、木料、植物修剪物、金属、玻璃、陶瓷、塑料、染料、灰渣、碎砖瓦、粪便、杂品
	商业机关	管道、碎砌体、沥青及其他建筑材料，废汽车、废电器、废器具，含有易燃易爆、腐蚀性、放射性的废物，以及类似居民生活区内的各种废物
	市政维护、管理部门	碎砖瓦、树叶、死畜禽、金属锅炉灰渣、污泥等
农业固体污染物	农林	作物秸秆、蔬菜、水果、果树枝物、糠秕、落叶、废塑料、人畜粪便、农药家禽羽毛等
	水产	腐烂水产品、水产加工业污水、添加剂等
放射性固体废物	核工业、核电站、放射性医疗、科研单位	金属、含放射性废渣、粉尘、污泥、器具、劳保用品、建筑材料
医疗废物	医院、医疗研究所	塑料、金属器械、化学药剂、粪便及类似于生活垃圾等废物

资料来源：何强等，1994，2004。

（6）酸雨。当大气未受污染时，降水的酸碱度仅受大气中 CO_2 的影响，因此将 CO_2 与纯水反应平衡时的溶液酸度定为天然雨水酸度的背景值。这种溶液在温度为 0℃时的 pH 为 5.6，因此把 $pH<5.6$ 的降水称为酸雨。当大气中的酸性物质（主要是 H_2SO_4、HNO_3 及其前体物 SO_x、NO_x 等）通过降水（包括雨、雪、霜、雹、雾、露等形式）降落到地面的过程称为湿沉降（习称酸雨）。无降雨时，酸性物质直接降落到地面的过程称为干沉降。

酸雨的主要成酸基质为 SO_2 和 NO_x，来源于天然排放源和人为排放源。天然排放源分为非生物源和生物源，非生物源包括海浪溅沫、地热排放气体与颗粒物、火山喷发、闪电生成等，火山活动是天然硫的主要排放源，内陆火山爆发排放到大气中的硫大约为 3000 kt/a。生物源主要包括有机物质腐败、细菌分解有机物等过程，以排放H_2S、DMS、COS为主，可以氧化为SO_2进入大气。人为排放源是主要来源，随着经济的发展，人类排放的污染物也日趋增多，大量化石燃料燃烧排放的SO_2和NO_2是产生酸雨的根本原因。

硫化合物和氮化合物进入大气后，经历扩散、转化、输运及被雨水吸收、冲刷、清除等过程，形成硝酸盐和硫酸盐降落到地表，导致土壤酸化、湖泊酸化，影响植物生长和繁殖，同时会损害建筑物、材料和物品，使金属腐蚀、橡胶制品脆裂、艺术品污损、有色材料褪色等。空气中酸性物质达到一定浓度后，会对人群产生慢性毒害，导致体质下降和产生各种慢性疾病，尤其是呼吸道疾病，如支气管炎、哮喘、肺气肿和肺癌。

（7）生物多样性减少。是指地球上所有生物（动物、植物、微生物等）、生物所拥有的基因、生物及其环境相互作用形成的生态系统和生态过程的多样性与变异性综合，包括遗传多样性、物种多样性和生态系统多样性三个层次。物种多样性减少是目前人类最为关注的。所有物种都有生命周期，自然状态下受火山爆发、洪水泛滥、地壳升降、森林火灾等环境变化的影响也会灭绝，地球历史上几次大规模生物灭绝事件均与自然环境突变有关，如发生于6600万年前的白垩纪末期生物大灭绝事件，造成75%～80%的物种灭绝。随着人类活动的干扰，物种灭绝速度不断加快。自1600年以来，约有113种鸟类和83种哺乳动物灭绝。在1850～1950年，鸟类和哺乳动物以平均每年一种的速度灭绝。物种急剧减少必然导致物种多样性和遗传多样性减少。

人类活动对环境产生重要影响，如过度开垦导致草地和森林资源破坏，过度捕猎导致动物种群变少乃至灭绝，温室效应导致全球气候变化，臭氧层空洞对人类和生态环境破坏，酸雨威胁农作物生产、动植物生存，人造有机毒物造成环境污染等。这些人类活动不同程度地影响生态系统，导致生态系统衰减，生物多样性减少。其中，占地球物种总数50%的热带雨林消失速度惊人，在2000～2012年，全球共计110万km^2的热带雨林被摧毁，海洋和淡水生态系统也不断丧失和退化，最严重的是封闭环境中的淡水生态系统与岛屿生态系统，现存物种中11%的哺乳动物和40%的鸟类都在遭受威胁。生态系统多样性减少也导致遗传多样性减少。

（8）森林锐减。森林是陆地生态系统的主体，被称为地球之肺，是生物多样性保护的核心和全球变化调节器，在保持水土、涵养水源、防止土地退化等方面具有重要作用，还能提供食物、住所及其他产业所需的资源。地球陆地的2/3在人类文明初期被森林覆盖，约为76亿hm^2，19世纪中期减少到56亿hm^2，20世纪末期锐减到34.4亿hm^2，森林覆盖率下降到27%。现在全世界每年有1200万hm^2的森林消失，而且多数集中在发展中国家。一是贫困所迫，人类不得不用宝贵的森林资源换取外汇；二是亚非拉一些发展中国家超过2/3的人口靠木材取暖、做饭；三是人口激增，平原地区土地资源不足，人类只能上山耕地、毁林开荒，导致森林面积减少。

森林锐减直接导致了全球六大生态危机。①绿洲转变为荒漠，全球荒漠化土地面积已经达到3600万km^2，且每年仍以5万～7万km^2的速度在扩展。②水土流失严重，1 cm厚的地表枯枝落叶层可以使地表径流减少到裸地的1/4以下，泥沙量减少到裸地的7%以下，森林锐减导致水土保持能力大幅度减弱。③干旱缺水严重，每公顷森林可以涵蓄降水约1000 m^3，森林锐减导致土壤的蓄水能力减弱，难以调节雨水的季节性分布不均。④洪涝灾害频发，森林锐减导致雨水滞留能力减弱，容易形成地面径流而发生洪涝灾害。⑤物种灭绝速度加快，地球上有 500 万～5000 万种生物，其中一半以上在森林中栖息繁衍。森林面积减少 10%，能继续在森林中生存的物种就将减少一半。由于全球森林的大量破坏，现有物种的灭绝速度是自然灭绝速度的 1000 倍。⑥温室效应加剧，每公顷森林平均每生产 10 t 干物质，就可以吸收 16 t CO_2 并释放 12 t O_2，森林锐减导致空气中 CO_2 含量增加。

（9）土地荒漠化。荒漠化是包括气候变异和人类活动在内的种种因素造成的干旱、半干旱和亚湿润干旱地区的土地退化，既包括非沙漠环境向沙漠环境或类似沙漠环境转变，也包括沙质环境的进一步恶化。荒漠化最严重的地区是非洲大陆，其次是亚洲。由于荒漠化的影响，全球每年丧失 4.5 万～5.8 万 km^2 的放牧地、3.5 万～4.0 万 km^2 的雨养农地和 1.0 万～1.3 万 km^2 的灌溉土地。荒漠化成因主要有自然因素和人为因素。联合国的调查结果表明，自然因素（气候变干）引起的荒漠化占 13%，人为因素占 87%。中国科学院对我国北方现代荒漠化土地的调查表明，94.5%的荒漠化是由人为因素引起的。

自然因素：异常气候导致自然生态系统的抵抗力下降。首先，干旱多风使生态环境更加脆弱，贫瘠的土地在干旱条件下易发生风蚀导致荒漠化，农田因蒸发加快而加速可溶盐类的蓄积，导致盐渍化。其次，暴雨使水土流失和土壤侵蚀加剧，尤其是在植被频发和土壤脆弱的干旱地区，短暂性暴雨加快了土壤侵蚀。

人为因素：人口激增和自然资源利用不当带来的过度开垦、过度放牧和过度樵采是主要原因，不合理利用水资源、不合理耕作及粗放管理、矿产资源开发和经济建设等人类活动也是重要的影响因素。据统计，过度放牧导致的荒漠化占其面积的 34.5%，乱砍滥伐森林占 29.5%，不当的农业利用占 28.1%，其他人类活动占 7.9%。

（10）资源短缺。自然界可以直接获得并可用于生产和生活的物质，分为不可再生资源和可再生资源。不可再生资源是指要经过漫长的地质年代才能形成和富集的物质，如金属、非金属矿产、化石燃料等；可再生资源主要是和太阳能有关、短时间能循环生产的物质，如动植物、风能、太阳能等。人类过度摄取导致自然资源枯竭，主要表现如下。

传统能源枯竭：煤炭、石油、天然气是目前主导的传统能源，是不可再生资源。随着经济快速发展和人民生活水平提高，对传统能源的消耗度越来越大，资源储量日益减少，同时也爆发了系列生态环境问题。发展低碳经济，提高能源的高效利用和开发清洁能源，成为当下的重要任务。

金属矿产和非金属矿产资源短缺。金属矿产包括黑色金属、有色金属和稀有金属等，非金属矿产包括岩石、沙土、含氮磷钾的肥料矿物等。许多矿产资源属于非可再生资源，也存在储量枯竭和环境胁迫等问题，尤其是稀有矿物，如锌、锰、镍、钨、锡、铜、银等，由于空间分布不均，短缺现象更加显著。海洋中也有大量金属矿产，但由于开采技术限制，尚不知何时才能够利用。

水资源短缺：主要体现为水少、水质差两个问题。目前有 100 多个国家和地区缺水，40 多个国家和地区严重缺水。干旱地区降水稀少导致水源性缺水，如中东地区长期受水资源短缺困扰，水比石油还贵。一些湿润地区的人口聚集区水污染严重导致水质性缺水，如西欧和美国东部地区缺水。

土地资源破坏和退化严重：土地具有自然和社会的双重属性，人类活动，如耕作制度改变、经济建设、化肥农药使用等，可以在短时间内改变土地资源。人口增长和城市化推进，使部分耕地、林地、草地用于城市建设或住房建设，导致土地资源短缺。一些不合理利用措施导致土地污染和退化严重。

全球性环境问题加剧了人与自然之间的矛盾。21 世纪面临着空前的全球能源与资源危机、生态与环境危机、全球变暖等气候变化危机，威胁到全人类的生存与发展。无论是广大民众还是政府官员，发达国家还是发展中国家，都对此深感不安。为了解决全球环境持续恶化的问题，环境保护与可持续发展思想应运而生，旨在实现经济效益、社会效益和环境效益的融洽和谐，把地球建设成一个人类与自然协调发展的美好家园。

13.3　环境保护与可持续发展

无论是地质作用还是人类活动，都对环境产生了重大影响，尤其是工业革命以来，人类为了追求经济效益的最大化，不断污染环境和破坏生态，产生了上述一系列环境问题。这些环境问题具有显著的时代特征，并逐渐呈现出全球化、综合化、高技术化、政治化和社会化特征。因此，为了保证人类与环境的持久和谐发展，需要加强环境保护意识教育、调整人类的社会行为、遵循人类与环境之间的物质循环与能量流动规律，尽可能减少资源浪费、减轻环境污染，保护人类环境，形成人与自然和谐共生的可持续发展新格局。

13.3.1　环境保护

环境保护一般是指人类为解决现实或潜在的环境问题，协调人类与环境的关系，保护人类的生存环境、保障经济社会的可持续发展而采取的各种行动的总称。包括保护自然环境，如保护青山、绿水、蓝天、大海，不能私采滥伐、不能乱排乱放、不能过度放牧和开荒、不能过度开发自然资源等；保护人类居住、生活的环境，如人们的衣、食、住、行、玩等要符合科学、卫生、健康、绿色的要求；保护地球生物，如生物多样性、转基因产品的合理与慎用、濒临灭绝生物的特殊保护等，主要的措施如下。

1）环境规划与管理

为了解决发展经济与保护环境之间的矛盾，实现经济、社会和环境的协调发展，环境规划把社会-经济-环境作为一个复合系统，依据地学原理、环境学规律和生态规律，研究其发展趋势后，在一定空间和时间内制定环境保护的目标和措施，合理安排人类活动。其目的是指导人们进行各项环境保护活动，按既定的目标和措施合理分配排污消减量，改善生态环境，防止资源破坏，将环境保护活动纳入国民经济和社会发展计划，以最小的投资获取最佳的环境效益，促进环境、经济和社会的可持续发展。环境规划类型很多，按照环境要素可以分为污染防治规划和生态规划。前者可细分为水环境、大气环境、固体废物、噪声及物理污染防治规划等；后者可以细分为森林、草原、土地、水资源、生物多样性、农业生态等规划。

环境管理是用行政、法律、经济、科技和教育等手段，预防和禁止损害环境质量的行为，通过全面规划和综合决策，处理好发展与环境的关系，社会经济发展在满足当今与后代的物质文化需求的同时，改善环境质量，维护生态平衡。按管理性质可分为环境技术管理、环境计划管理、环境质量管理，按管理内容可分为产业环境管理和自然资源管理。我国环境管理的基本政策主要包括预防为主、防治结合政策，污染者付费政策和强化环境管理政策等。

2）环境监测与评价

环境监测是以环境为对象，运用物理、化学、生物、遥感等技术和手段，监测和检测反映环境质量现状及其变化趋势的各种污染物浓度的过程。通过监测跟踪环境质量的变化，确定环境质量的水平，为环境管理和污染治理等工作提供科学依据。环境监测包括背景调查、确定方案、优化布点、现场采样、样品运送、实验分析、数据收集、分析综合等过程。环境监测的内容复杂而广泛，根据监测对象不同，可以分为水污染监测、大气污染监测、固体废物监测、生物监测和物理污染监测等。根据环境污染的来源和受体，可以分为污染源监测和环境质量监测。

环境评价是环境质量评价和环境影响评价的简称，是对环境系统状况的价值评定、判断和提出对策，为开发建设提供科学依据，具有技术性、专业性、导向性的特点。在新一轮深化改革过程中，环境评价成为环境保护的重要措施。环境质量是指环境系统的内在结构和外在状态对人类及生物界的生存与繁衍的适应性。自 20 世纪 60 年代出现环境问题以后，常用环境质量的好坏表示环境遭受污染的程度。因此，环境质量评价常用定性和定量的方法描述环境系统所处的状态，按照一定的评价标准和评价方法评估环境质量的优劣，预测环境质量的发展趋势和评价人类活动对环境的影响，如大气环境质量、水环境质量、土壤环境质量和生物环境质量等。环境影响是指人类活动导致的环境变化，以及由此引起的对人类社会和经济的效应。环境影响评价则是指对规划和建设项目实施后可能造成的环境影响进行分析、预测和评估，提出预防或减轻不良环境影响的对策和措施、进行跟踪监测的方法和制度。

3）环境治理与修复

三次工业革命使人类发展进入了空前繁荣的时代，但也造成了巨大的能源和资源消耗，付出了巨大的环境代价和生态成本，急剧扩大了人与自然之间的矛盾。自 20 世纪中期开始，环境问题逐渐由地区性问题演变为全球性问题。许多工业化国家开始重视环境保护，利用国家法律法规和舆论宣传使全社会重视和治理环境问题，包括大气污染防治、水污染防治、噪声污染防治、固体废弃物污染防治、有毒有害物质污染防治、海洋污染防治、水土保持和荒漠化防治等，还包括对土地资源、矿产资源、水资源、森林资源、草原资源、渔业资源、生物多样性、自然保护区、风景名胜区和文化遗迹地的保护等内容。

环境修复是指对被污染的环境采取物理、化学和生物学技术措施，使存在于环境中的污染物质浓度减少，或者毒性降低，或者完全无害化，是近几十年发展起来的环境工程技术。根据修复对象可分为大气环境修复、水体环境修复、土壤环境修复及固体废物环境修复等类型。根据环境修复所采用的方法，环境修复技术可分为环境物理修复技术、环境化学修复技术和环境生物修复技术等，其中环境生物修复技术已成为环境保护技术的重要组成部分。

13.3.2　可持续发展

工业革命以来，人类面临全球能源与资源危机、生态与环境危机、气候变化危机的多重挑战。在长期的探索中，国际社会和世界各国逐渐认识到，单纯依靠污染控制技术难以解决日趋复杂的环境问题，只有按照生态可持续性和经济可持续性的发展要求，改革传统的单纯追求经济增长的战略和政策，对传统的经济增长模式包括生产和消费模式做出重大变革，改变现有技术和生产结构，减少资源消耗，人类才有可能实现自身的可持续发展。因此，联合国世界环境与发展委员会于 1987 年发表了《我们共同的未来》，正式提出了可持续发展概念，成为指导人类走向21世纪的发展理论。可持续发展强调可持续经济、可持续生态和可持续社会的协调统一，促进人类的全面健康发展。其中的可持续经济是基础、可持续生态是条件，可持续社会是目的，主要采取的措施包括以下几方面。

1）清洁生产

清洁生产是可持续发展战略指引下的全新工业生产模式，也被称为“绿色工业”“生态工业”“再循环工艺”“污染消减”“无废少废工艺”等。根据联合国环境规划署1996年的定义：清洁生产是将整体预防的环境战略持续应用于生产过程、产品和服务中，以增加生态效率和减少人类及环境的风险。对于生产，要求节约原材料和能源、淘汰有毒原材料、减少和降低所有废物的数量和毒性；对于产品，要求减少从原材料提炼到产品最终处置的全生命周期的不利影响；对于服务，要求将环境因素纳入设计和所提供的服务中。因此，清洁生产包括清洁的能源、清洁的生产过程和清洁的产品。

2）循环经济

循环经济是建立在资源回收和循环再利用基础上的经济发展模式。以高效利用和循环利用为目标，以“减量化、再利用、资源化”为原则，以物质闭路循环和能量梯次使用为特征，按照自然生态系统物质循环和能量流动方式运行。实现污染物的低排放甚至零排放，保护环境，实现社会、经济和环境的可持续发展。减量化是在生产、流通和消费等过程中减少资源消耗和废物产生量。再利用是指将废物直接作为产品，或者经过修复、翻新、再制造后继续作为产品使用，或者将废物的全部或部分作为其他产品的部件予以使用。资源化是指将废物直接作为原料进行利用或对废物进行再生利用。

3）低碳经济

低碳经济是以减少温室气体排放为目标，构筑低能耗、低污染为基础的经济发展体系，包括低碳能源系统、低碳技术和低碳产业体系。低碳能源系统是指通过发展清洁能源，包括风能、太阳能、核能、地热能和生物质能等替代煤、石油等化石能源以减少二氧化碳排放。低碳技术包括整体煤气化联合循环（integrated gasification combined cycle，IGCC）和碳捕集与封存（carbon capture and storage，CCS）等。低碳产业体系包括火电减排、新能源汽车、节能建筑、工业节能与减排、循环经济、资源回收、环保设备、节能材料等。因此，低碳经济以可持续发展理念为指导，通过技术创新、制度创新、产业转型、新能源开发等手段，尽可能减少煤炭、石油等高碳能源消耗，减少温室气体排放，达到经济社会发展与生态环境保护双赢的经济发展形态，由此相继出现了“低碳社会”“低碳城市”“低碳超市”“低碳校园”“低碳交通”“低碳环保”“低碳网络”“低碳社区”等新模式。

名词解释

1. 内力地质作用；2. 震级；3. 烈度；4. 克山病；5. 崩塌；6. 环境问题；7. 酸雨；8. 土地荒漠化；9. 生物多样性；10. 气候变暖；11. 环境保护；12. 循环经济

思考题

1. 火山活动对人类有何影响？

2. 泥石流较易发生在什么地区？
3. 全球变暖的原因与防治措施。
4. 固体废弃物污染的来源与防治措施。
5. 环境保护与可持续发展的主要措施。

第 14 章 “两山”理论与地学旅游

14.1 “两山”理论与地学旅游概念

14.1.1 “两山”理论

2005 年 8 月 15 日，时任浙江省委书记的习近平同志到湖州市安吉县天荒坪镇余村考察，对当地关停污染环境的矿山，发展生态旅游等绿色经济，并带动村民增收致富，实现“景美户富人和”的做法给予充分肯定，首次提出了以“绿水青山就是金山银山”为核心思想的“两山”理论。同年，习近平同志以笔名“哲欣”在《浙江日报》“之江新语”专栏发表《绿水青山也是金山银山》的评论文章，明确提出了如果能够把“生态环境优势转化为生态农业、生态工业、生态旅游等生态经济的优势，那么绿水青山也就变成了金山银山”的重要理念，并阐述了“两山”之间的辩证统一关系。2013 年，国家主席习近平在哈萨克斯坦纳扎尔巴耶夫大学发表演讲时指出：“我们既要绿水青山，也要金山银山。宁要绿水青山，不要金山银山，而且绿水青山就是金山银山。”

2015 年，国务院出台《中共中央 国务院关于加快推进生态文明建设的意见》，正式把“坚持绿水青山就是金山银山”的理念写进中央文件，成为指导中国加快推进生态文明建设的重要指导思想。此后，习近平总书记在多个重要场合对“两山”理论的内容、内涵和重要意义作了深刻阐释。2017 年，党的十九大通过《中国共产党章程（修正案）》，把“增强绿水青山就是金山银山的意识”首次写入党章。2018 年，中国向全球正式发布“两山”指数评估指标体系，该指标体系以节约自然资源、合理空间格局、优化的生产和生活方式为原则，以环境质量底线、生态保护红线、资源利用上线为要素，明确了生态环境、特色经济、民生发展和保障体系四大内容，选取了可采集的、有代表性的关键指标，构建了一套与时俱进的“两山”建设考核指标体系，量化了评价和考核各地的“两山”建设水平，对“两山”建设和转化具有积极的指导意义。

良好的生态环境是民之所愿，是我国全面建成小康社会的重要基础和体现。秉持“绿水青山就是金山银山”的发展理念，不仅推动我国生态环境保护发生了历史性、转折性、全局性的变化，同时也为高质量经济发展和高品质民生福祉提供了强大助力。社会实践充分证明，经济发展和生态环境保护不是矛盾对立的关系，而是有机统一、相辅相成的。保护绿水青山，做大金山银山，是坚持生态优先、绿色发展，实现人与自然和谐共生的绿色发展之路。

14.1.2 地学旅游

“旅”是旅行、外出，是为了实现某个目的从一个地点到另一个地点的行进过程；“游”是外出观光、娱乐。地学旅游就是指一切和地学有关的旅游活动，是包括地质旅游与地理旅游的大地球科学旅游，以自然旅游资源和人文旅游资源为载体，以其承载的地球科学知识、自然景观美感、历史文化信息等为内涵，以旅游地学理论为基本理论，以寓教于游、提高游客科学素质、满足游客身心愉悦为宗旨，以开展观光游览、研学旅行、科学考察、寻奇探险、养生康体、休闲娱乐为主题的益智、益身的旅游活动。地学旅游是旅游业的重要专项旅游形式，其发展历程可分为三个阶段。

萌芽探索时期：我国与地学旅游相关的文学作品历史悠久，如春秋战国时代的《山海经》、汉代的《汉书·地理志》、晋代的《禹贡地域图》、北魏的《水经注》、唐代的《大唐西域记》、明代的《帝京景物略》《徐霞客游记》等作品都不同程度地萌发了地学旅游思想，其中《徐霞客游记》堪称古代地学旅游在萌芽时期的巅峰之作。清朝末年，鸦片战争使中国门户被强行打开，西方现代科学包括地球科学知识也得到传播，促进旅游地学的研究和发展。

孕育形成时期：20 世纪 70 年代后期，中国实行改革开放，旅游业以前所未有的势头迅猛发展，成为新兴的国民经济产业。在社会需求的大力推动下，地学界也积极利用本学科的知识和理论开展旅游活动，从调查地学旅游资源的类型和储量，到编写营地导游材料普及地学知识，奠定了地学在观光旅游、科学旅游中的突出地位，并逐步成为发展高端旅游的根基，如旨在开展地学科普而兴办青少年地学夏令营活动。该时期相继出版了系列地学科普导游资料和旅游地理学、旅游地质学教材。

蓬勃发展时期：在 1985 年首届全国旅游地学讨论会上，陈安泽、李维信首次提出了“旅游地学”这一术语，成立了“中国旅游地学研究会筹备委员会”，标志着我国地学旅游和旅游地学研究进入了新阶段。此后，在全国各地相继成立了省级旅游地学研究会，承担了大量地学旅游资源调查工作与区域旅游规划工作，如申报世界自然遗产的资源调查评价、森林公园开发规划、自然保护区规划、地质遗迹保护区规划等。同时注重培养专门人才，中国地质大学、长安大学、东华理工大学、成都理工大学等高校设置了旅游地学的硕士或博士研究方向。该时期还出版了系列旅游地学论文、专著、教材，促进了地学旅游的蓬勃发展。

快速发展时期：2015 年出台的《中共中央 国务院关于加快推进生态文明建设的意见》，把“坚持绿水青山就是金山银山”写进中央文件。2017 年底，中国地质学会旅游地学与地质公园研究分会第 32 届年会暨铜仁市地质公园国际学术研讨会上，裴荣富宣读了由李廷栋、翟裕生、赵文津、卢耀如、刘嘉麒、欧阳自远等 40 位院士以及本届年会全体代表联名签署的《开创新时代地学旅游——铜仁倡议书》。2019 年 10 月，中国旅游协会地学旅游分会成立。这些措施标志着地学旅游进入全新发展时期。该时期，旅游地学本科人才培养也取得重要发展，2015 年开始，中国地质大学（北京）、长安大学、东华理工大学等高校相继开设了旅游地学方向本科专业。2020 年，东华理工大学申报的“旅游地学与规划工程”本科专业通过教育部审批，列入《普通高等学校本科专业目录（2020 年版）》，旅游地学人才培养正式纳入教育部专业体系，将为促进地学旅游的快速发展储备专门人才。

科学开发地学旅游资源，践行“绿水青山就是金山银山”重要理念，发展地学旅游，对提升国民科学素质、加强新时期爱国主义教育、促进生态文明建设，带动贫困地区经济发展、推动旅游业提质增效，具有重要的现实意义和深远的历史意义。截至 2020 年，我国先后建立了 41 个世界地质公园、281 个国家地质公园（含建设资格）、88 个国家矿山公园（含建设资格）和若干国土资源科普基地、野外科学观测研究基地、省级地质公园及新兴的地质文化村。同时，拥有以地学景观为主的 A 级旅游区 2000 多家和众多的世界自然遗产地、自然保护区、风景名胜区、水利风景区、森林公园、湿地公园等，奠定了新时代地学旅游发展的物质基础。新的时期，“两山”理论指导下的地学旅游发展，必将迎来新的机遇和挑战。

14.2　地学旅游资源类型

地学旅游资源是指与地球科学有成因联系的可用于开展旅游活动的资源，通常包含自然资源和人文资源两大类，是开展地学旅游的基础，是“两山”理论中绿水青山的重要物质载体。发展地学旅游首先要对地学旅游资源进行充分的实地调查和科学研究。分类是科学研究的基础，目前关于地学旅游资源的分类方案有很多，其中陈安泽等（2013）的地学旅游资源系统划分方案影响力最大，该方案将地学旅游资源按地球的圈层结构划分为 6 个巨系统，17 个资源系统，47 个景观类型，159 个景观亚类（表 14.1）。

表 14.1　地学旅游资源系统划分方案

地学旅游资源巨系统	地学旅游资源系统	地学旅游资源景观类型	地学旅游资源景观亚类
一、岩石圈旅游资源巨系统	（一）地质旅游资源系统	1. 地层旅游景观	（1）全球界线层型剖面（金钉子）景观；（2）全国性标准剖面景观；（3）区域性标准剖面景观；（4）地方性标准剖面景观；（5）基性岩（体）剖面景观；（6）中性岩（体）剖面景观；（7）酸性岩（体）剖面景观；（8）碱性岩（体）剖面景观；（9）接触变质带剖面景观；（10）热动力变带剖面景观；（11）混合岩剖面景观；（12）超高压变质带剖面景观；（13）沉积相剖面景观
		2. 古生物古人类旅游景观	（14）古人类化石景观；（15）古人类活动遗迹景观；（16）古无脊椎动物景观；（17）古脊椎动物景观；（18）古植物景观；（19）古生物活动遗迹景观
		3. 内动力地质作用旅游景观	（20）全球型构造景观；（21）区域型构造景观；（22）中小型构造景观
		4. 外动力地质作用旅游景观	（23）流水侵蚀型景观；（24）流水堆积型景观；（25）风蚀型景观；（26）风积型景观
		5. 矿产地质旅游景观	（27）典型（观赏）矿物产地景观；（28）典型金属矿产地景观；（29）典型非金属矿产地景观；（30）典型能源矿产地景观
		6. 环境地质遗迹旅游景观	（31）古地震遗迹景观；（32）近代地震遗迹景观；（33）陨石冲击遗迹景观；（34）山体崩塌遗迹景观；（35）滑坡遗迹景观；（36）泥石流遗迹景观；（37）地裂缝遗迹景观；（38）地面塌陷遗迹景观；（39）采矿遗迹景观
	（二）地貌旅游资源系统	7. 构造地貌旅游景观	（40）断块山型景观；（41）断层崖型景观；（42）断裂谷型景观；43. 褶皱山型景观
		8. 岩石地貌旅游景观	（44）花岗岩地貌景观；（45）碎屑岩地貌景观；（46）可溶岩地貌景观；（47）黄土地貌景观；（48）砂积地貌景观；（49）变质岩地貌景观
		9. 火山地貌旅游景观	（50）火山机构地貌景观；（51）火山熔岩地貌景观
		10. 冰川地貌旅游景观	（52）冰川刨蚀地貌景观；（53）冰川堆积地貌景观；（53）冰缘地貌景观

续表

地学旅游资源巨系统	地学旅游资源系统	地学旅游资源景观类型	地学旅游景观亚类
一、岩石圈旅游资源巨系统	（三）洞穴旅游资源系统	11. 岩溶洞穴旅游景观	（54）石灰岩干洞地貌；（55）石灰岩水洞地貌；（56）膏盐洞景观
		12. 熔岩隧道（洞）旅游景观	（57）玄武岩隧道（洞）景观；（58）流纹岩隧道（洞）景观
		13. 其他洞穴旅游景观	（59）崩塌堆积洞景观；（60）差异风化岩洞景观；（61）冰洞景观；（62）人工洞景观
二、水圈旅游资源巨系统	（四）海洋旅游资源系统	14. 海岸旅游景观	（63）海蚀型景观；（64）海积型景观
		15. 海岛旅游景观	（65）大洋岛景观；（66）陆连岛景观
		16. 珊瑚礁旅游景观	（67）岸礁型景观；（68）堡礁型景观；（69）环礁型景观
		17. 海潮海浪旅游景观	（70）海潮型景观；（71）海浪型景观；（72）海啸型景观
	（五）河流旅游资源系统	18. 河道旅游景观	（73）漂流河段景观；（74）风景河段景观；（75）风景涧溪景观；（76）人工河道景观
		19. 瀑布旅游景观	（77）江河干支流瀑布景观；（78）山岳型瀑布景观；（79）地下瀑布景观
		20. 峡谷旅游景观	（80）大峡谷景观；（81）中峡谷景观；（82）小峡谷景观
		21. 河流三角洲旅游景观	（83）河流三角洲型旅游景观
	（六）湖泊旅游资源系统	22. 自然湖旅游景观	（84）构造断陷湖景观；（85）河迹湖景观；（86）海迹湖景观；（87）冰川湖景观；（88）山湖景观；（89）风蚀湖景观；（90）岩溶湖景观；（91）盐湖景观
		23. 人工湖旅游景观	（92）人工水库景观
	（七）冰川旅游资源系统	24. 极地冰川旅游景观	（93）极地冰川景观
		25. 山岳冰川旅游景观	（94）山岳冰川景观
	（八）地下水旅游资源系统	26. 泉水旅游景观	（95）温（热）泉景观；（96）热气泉景观；（97）冷泉景观；（98）泥火山景观；（99）泥泉景观；（100）龙眼景观
		27. 泉华旅游景观	（101）钙华台景观；（102）钙华池景观；（103）钙华流景观
		28. 地下河旅游景观	（104）地下河景观
三、人文圈旅游资源巨系统	（九）物质人文旅游资源系统	29. 古文化遗迹与遗址旅游景观	（105）古文化遗迹景观；（106）古建筑景观；（107）古墓葬景观；（108）石窟景观；（109）石刻景观
		30. 近现代文化遗迹与遗址旅游景观	（110）近现代文化遗迹景观；（111）近现代文化遗址景观
	（十）非物质人文旅游资源系统	31. 口头文学旅游景观 32. 表演艺术旅游景观	（112）民间文学景观；（113）音乐景观；（114）美术景观；（115）戏曲景观；（116）杂技景观
		33. 社会风俗旅游景观	（117）社会风俗景观
		34. 传统手工艺旅游景观	（118）手工艺景观
四、生物圈旅游资源巨系统	（十一）植物旅游资源系统	35. 天然森林旅游景观	（119）原始森林型景观；（120）次生森林型景观；（121）雨林型景观；（122）红树林型景观
		36. 人工森林花木旅游景观	（123）植物园景观；（124）展览花卉景观；（125）古树名木景观
		37. 湿地植物旅游景观	（126）河湖湿地型植物景观；（127）滨海湿地型植物景观；（128）沼泽型植物景观

续表

地学旅游资源巨系统	地学旅游资源系统	地学旅游资源景观类型	地学旅游景观亚类
四、生物圈旅游资源巨系统	（十一）植物旅游资源系统	38. 草原旅游景观	（129）高原型草原景观；（130）山地型草原景观；（131）草甸型草原景观
	（十二）动物旅游资源系统	39. 野生动物旅游景观	（132）野生动物园景观；（133）特殊野生动物群落景观
		40. 动物园旅游景观	（134）综合动物园景观；（135）海洋动物景观；（136）文体观赏动物场景观
五、大气圈旅游资源巨系统	（十三）气象旅游资源系统	41. 特殊天象旅游景观	（137）极光型景观；（138）佛光型景观；（139）海市蜃楼型景观
		42. 特殊气象旅游景观	（140）云雾型景观；（141）云霞型景观；（142）烟雨型景观；（143）雪淞型景观
	（十四）气候旅游资源系统	43. 特殊气候旅游景观	（144）避暑型气候景观；（145）避寒型气候景观；（146）阳光型气候景观
	（十五）洁净空气旅游资源系统	44. 洁净空气旅游资源	（147）高原型洁净空气景观；（148）极地型洁净空气景观；（149）森林型洁净空气景观；（150）海滨型洁净空气景观
六、宇宙太空旅游资源巨系统	（十六）太空旅游资源系统	45. 太空旅游景观	（151）太空型景观；（152）星体型景观
	（十七）天文旅游资源系统	46. 天文观测旅游景观	（153）星空景观；（154）日食景观；（155）月食景观；（156）流星景观；（157）太阳黑子景观
		47. 陨石旅游景观	（158）云石景观；（159）宇宙尘景观

资料来源：陈安泽，2013。

14.2.1　岩石圈旅游资源巨系统

岩石圈是固体地球的外部圈层，包括地壳和上地幔的一部分，由各类岩石和风化堆积物组成，是一切旅游资源的载体。岩石圈内的各种地层、古生物、矿产、构造景象、地貌形态、各类洞穴等构成了重要的自然旅游资源。

1）地质旅游资源

在地球46亿年漫长的演化过程中，由于地壳构造变动、岩浆活动、古地理环境演变、古生物进化等作用，保存在岩层中的化石、岩体、构造形迹、矿床、地貌景观等景象极具观赏、科学研究与科普教育价值，构成地质旅游资源的主体。

地层中的古生物化石和生物遗迹，如神秘的始祖鸟化石、庞大的恐龙化石、栩栩如生的鱼类化石、形态逼真的硅化木等，都记载了地球漫长的发展演化史，可将我们的思绪带到遥远的地史时代，引起无限的遐想，构成了一道道独特的自然奇观，成为重要的地学旅游资源。

由断裂、褶皱、节理、裂谷等各种构造现象和岩浆作用、变质作用等内动力作用形成的旅游景观也相当丰富，如著名的黑龙江五大连池国家地质公园和唐山大地震遗址等。

由风化、剥蚀、搬运、沉积和成岩等外动力地质作用形成的地质遗迹景观，主要有古冰川遗迹、古河道遗迹、古湖泊遗迹旅游景观和古海蚀崖、古海积沙堤遗迹景观等。在我国，典型的冰川遗迹有湖北三峡地区的震旦纪冰碛层、甘肃嘉峪关的“七一”冰川、云南丽江的玉龙雪山冰川国家地质公园等，构成了重要的旅游资源。著名的南京中华门雨花石是长江冲积作用的产物。古海蚀崖与古海积沙堤遗迹景观在我国也有广泛分布，在大连、秦皇岛、山东半岛、福建和广东等地均有分布。

金属或非金属矿产、石油与天然气、煤炭等的产出地也具独特的地质旅游价值，可以开发为矿产公园等，进行科学考察等地学旅游活动。萍乡安源国家矿山公园每年接待大量的游客参观考察。此外，一些特殊矿种，如贵金属、宝石和古代采矿遗迹，对游客也有极大的吸引力。

2）地貌旅游资源

地貌旅游资源是由于地质作用在地表所形成的具旅游价值的典型地貌景观，包括构造地貌、岩石地貌、火山地貌、冰川地貌等，常见的表现形式有山岳、丘陵、峡谷、高原、平原、盆地等，是重要的天然景观资源。

喜马拉雅山、泰山等由新构造运动形成的山脉、山系、山岭等属于构造地貌，蔚为壮观，在一定的新构造运动和特定的地层、构造条件下，强烈的剥蚀作用可形成构造剥蚀地貌旅游景观。例如，近水平岩层经过长期剥蚀作用可形成方山、馒头山、轿顶山等地貌景观，广东仁化、曲江的丹霞山风景名胜区就是红色砂砾岩经剥蚀而成的。此外，奇峰锦绣的龙虎山、碧水丹崖的武夷山、凌空峭拔的齐云山、福建永安的百丈岩和甘肃天水的麦积山都是这种成因，这种地貌呈现出如朝霞般的丹红色，因此被称为丹霞地貌，其山体形状如柱、塔、壁、堡，平地拔起，陡峭突出，优美挺拔。倾斜岩层经剥蚀可形成单面山地貌景观。侵入岩体经剥蚀可形成石峰地貌景观，如华山、黄山和崂山等。喷出岩常具有独特的柱状节理，剥蚀后可形成极具美感的火山岩地貌景观，如南京的六合方山和杭州天目山等。

河流侵蚀地貌、冰川刨蚀地貌、风蚀地貌、重力剥蚀地貌、黄土侵蚀地貌、岩溶地貌、海蚀地貌等也属于侵蚀地貌旅游景观。著名的长江三峡、黄河三门峡等是由河流侵蚀作用形成的地貌景观。冰川刨蚀作用可形成鱼脊状山峰、槽谷、冰斗等冰川刨蚀地貌景观。新疆魔鬼城是由强烈风蚀作用形成的雅丹地貌。巨厚的黄土层经水流侵蚀可形成黄土塬、黄土梁、黄土峁、黄土柱等黄土侵蚀地貌景观。桂林的石灰岩峰林地貌、云南的石林是可溶性的石灰岩经强烈溶蚀作用以后形成的喀斯特地貌景观。由海浪冲蚀作用可形成海蚀崖、海蚀阶地等海蚀地貌景观。

由各种地质作用剥蚀下来的物质，经沉积作用可形成冰积蛇丘、冲积扇、洪积扇、河流三角洲等堆积地貌景观。例如，河北昌黎黄金岸旅游区的海岸沙丘景观、黄河河口三角洲、四川黄龙九寨沟风景区的石灰华景观等。

3）洞穴旅游资源

洞穴旅游资源是各类地层岩石在特定地质作用下形成的形体复杂、奇异多姿的典型洞穴景观。例如，碳酸盐岩地层经过溶蚀形成的各种溶洞，火山熔岩形成的熔岩隧道，岩石崩塌形成的叠石洞，海浪掏蚀形成的海蚀洞，以及各种岩石在地下水潜蚀作用下形成的潜蚀洞等，构成了一个位于地表以下、山体内或地层深处的洞穴旅游景观系统。

碳酸盐岩或其他可溶性盐类岩石，经溶蚀作用可形成复杂的空洞体系，构成美丽的岩溶洞穴景观。地下水沿着一些地层的层面、断层面或构造裂隙面，在流动过程中溶蚀或冲蚀可溶性岩石而形成溶洞。溶洞旅游资源在我国十分丰富，如浙江桐庐的瑶琳仙境、桂林的芦笛岩洞，肇庆的七星岩洞，杭州的灵山洞，北京房山的云水洞、石花洞，有古人类活动遗迹的北京周口店猿人洞等。

火山作用喷出的熔浆在地面流动和冷凝的过程中，由于气体逸出和岩浆冷凝收缩等作用，可形成各种洞穴，成为火山熔岩洞穴景观。这些洞穴形状迥异，有的大如宫殿，雄伟壮观，有的状如巨蟒，曲折幽深，均具有较大的旅游观赏价值。砂岩经潜蚀作用，可形成潜蚀溶洞。差异风化洞穴、人工洞穴（地道）等也都是具旅游价值的洞穴旅游景观。

14.2.2　水圈旅游资源巨系统

水圈是地球上各类水体的总称，包括海洋、湖泊、河流、沼泽、冰川、地下水等。地球表层 2/3 以上被水体覆盖，水圈与大气圈、岩石圈、生物圈相互渗透联系，在太阳辐射、月球引力及其他物理化学作用下，运动不息，循环不止，引起各种表生地质作用，并构成各种各样的水体景观。

1）海洋旅游资源

海洋旅游资源是海滨、海岛和海洋中可以用于开展观光、游览、疗养、度假、娱乐和体育活动的景观。通常所说的三“S”，即海洋（sea）、海滩（sand）、太阳（sun），构成了独具魅力的海滩旅游景观。海岛、半岛、岛礁等也具有重要的旅游价值，如渤海曹妃甸岛目前已开辟为极乐岛旅游区，成为经典的海洋旅游景区。由于地球公转、自转，受日、月引力作用形成的潮汐也是重要的海洋旅游资源，著名的钱塘江观潮已有上千年的历史，每年都吸引大量游客来此观看，欣赏波涛前推后涌、万马奔腾、排山倒海的壮观景象。

2）河流旅游资源

河流旅游资源是由河流作用构成的有旅游价值的资源，包括风景河段、漂流河段、河流侵蚀作用形成的峡谷、瀑布、激流、曲流及河流堆积作用形成的河心岛等。许多河流都是魅力无穷的旅游廊道，如中国的长江、黄河，非洲的尼罗河，欧洲的多瑙河、莱茵河等。

瀑布是河流旅游资源中一道亮丽的风景线。瀑布的成因很多，有岩溶型、构造岩层型、火山熔岩型或由山崩、泥石流、地震等引起。瀑布常以磅礴巍峨的气势、震耳欲聋的巨响、翻飞似雪的水花、朦胧如雾的水汽吸引游客，给人带来自然之美的享受。黄果树瀑布、庐山瀑布、黄山瀑布和雁荡十三瀑等是国内有名的瀑布景观。

河流的侵蚀作用使岩石圈表面千沟万壑、峡谷幽深、瀑布湍流、深潭险滩等，从而构成了一幅幅变化万千的画面。例如，长江三峡是著名的峡谷型河流景观。河流的沉积作用在世界各大河流入海处多发育有形态和景观各异的河流三角洲，这里河网纵横、水流平缓、植被茂密、动物成群，是极具地学旅游价值的三角洲景观，如我国黄河河口三角洲、长江河口三角洲均是著名的旅游目的地。人工河也具有重要的旅游价值，如我国的京杭大运河，非洲的苏伊士运河和美洲的巴拿马运河，都是有名的旅游胜地。

3）湖泊旅游资源

湖泊旅游资源是由不同成因、不同规模和不同区位与地理环境的陆地水体组成的水体景观。湖泊是大陆洼地中积蓄的水体，水体和湖岸是指人类活动可达的地球表层，是重要的旅游资源。根据成因，湖泊景观可分为构造断陷湖、潟湖、河成湖（如牛轭湖）、冰川湖、风蚀湖、岩溶湖、堰塞湖、火山湖、人工湖等。国内外许多湖泊都是著名的旅游景点，如驰名中外的杭州西湖、昆明滇池、绍兴东湖、沈阳南湖、江苏太湖、南京玄武湖、天山天池、月牙泉、鄱阳湖、洞庭湖、太湖等都有瑰丽的风光，是闻名遐迩的旅游胜地。

4）冰川旅游资源

冰川旅游资源是由冰川作用形成的有旅游价值的景观资源。冰川俗称冰河，地球上现代冰川的分布面积约 1585 万 km^2，约占陆地面积的 10%。形形色色的冰川景观构成冰川旅游资源。冰川按形态类型可分为悬冰川、冰斗冰川、山谷冰川、平顶冰川或冰帽、山麓冰川等，按地理位置可分为极地冰川、亚极地冰川、温带冰川和热带冰川等，按形成时代可分为古冰川和现代冰川。

中国的冰川旅游资源主要分布在西藏、新疆、青海、四川、甘肃、云南等地。横贯亚洲中部的冰川是现代冰川分布比较集中的地区之一，集中在哈尔克他乌山和汗腾格里-托木尔峰区及依连哈比尔尕山区等，雪线介于海拔 3800～4200m，冰川末端海拔 3000～4000m，某些长大的冰川末端可下伸到海拔 2800～3000m。祁连山是青藏高原东北部的边缘山系，东西长 800km，南北宽 200～400km，海拔 4000～5500m，共有冰川 2683 条，面积约 1597.81 km^2，现代冰川主要分布在中、西段，雪线一般介于海拔 4400～5000m，雪线从东向西升高，最大的冰川是大雪山老虎沟 12 号冰川，长 10km，面积为 21.45km^2。云南玉龙雪山景区南北长 35km，东西宽 13km，面积为 960km^2，主峰扇子陡峰海拔为 5596m，高山雪域风景位于海拔 4000m 以上，银装素裹，十三座雪峰连绵不绝，宛若一条“巨龙”腾越飞舞。

5）地下水旅游资源

地下水旅游资源是由地下水形成的具有旅游价值的地学资源。主要有泉水景观、地下河景观、坎儿井景观、泉华景观和水井景观等。泉是地下水的露头，即地下水涌出地面的自然景观，赏之悦目，闻之悦耳，饮之味甘，浴之体爽。泉的分类很多，按泉水涌出的水动力条件分为上升泉和下降泉；按泉水喷出的奇异特征与功能分为间歇泉、多潮泉、火泉、乳泉、甘泉、苦泉、药泉和矿泉等。我国是世界上泉水景观最多的国家之一，以泉闻名的旅游胜地很多。例如，泉城济南有七十二泉、邢台的百泉、邯郸的黑龙洞泉、五大连池的火山群矿泉、杭州的虎跑泉等都是著名旅游胜地。泉水温度高于正常气温者，称为温泉或热气泉，最著名的是美国黄石公园的热气泉。我国云南腾冲、西藏羊八井的热气泉和临潼华清池等地的温泉是重要的自然旅游资源。在海、湖、河底部涌出的承压上升泉，俗称“龙眼”，在大连金州区东海岸，具有“海龙眼”这一奇景。泉华是溶解在泉水中的矿物质，由于物理化学条件变化而沉淀下来的沉积物，常见的有硫华、硅华、钙华、盐华和金属华等。西藏荣玛热泉区的“钙华石林”、云南的白水台泉华都是罕见的自然奇观，具有很高的观赏价值。

“水井”是地下水的人工露头，是人类开发利用地下水的主要形式。坎儿井，主要在新疆地区，是我国劳动人民在干旱地区开发地下水和冰雪融水的杰作，由直井、地廊道、明渠、沙坝四部分组成。北岳恒山十八景之一的白云堂畔苦甜井，两口井相隔很近，却一苦一甜，甚是离奇。北京故宫的珍妃井记述了一段悲惨奇异的故事。江西瑞金的红井记载了毛主席与老区人民心连心的动人故事。

14.2.3 人文圈旅游资源巨系统

人类在漫长的历史中，创造了众多具有旅游价值的物质与非物质景观，构成了一个要素众多、结构复杂、区域性与历史阶段明显的人文圈旅游资源。

1）物质人文旅游资源

物质人文旅游资源是人类在生产实践和社会生活中所建造并保存下来的景观资源。例如，古遗迹、古建筑、古城堡、古园林、古墓葬、古寺庙、古民居，以及具有观赏和旅游价值的现代城市、乡村、道路、桥梁、工厂、水利工程等，它们共同构成内容丰富多彩的物质人文旅游资源，具有极高的考古价值和人文价值。

2）非物质人文旅游资源

非物质人文旅游资源是人类在长期改造自然和适应自然过程中产生并遗留的非物质文化遗产，主要包括文学艺术作品（如历史典故、诗词歌赋等）、表演艺术、传统手工艺、服饰饮食等。这些资源是人类文明的智慧结晶和灿烂瑰宝，具有高超的历史价值、科学价值、艺术价值和民族文化特性，是绿水青山和地学旅游的灵魂。

14.2.4　生物圈旅游资源巨系统

在岩石圈表层、水圈和大气圈中，广泛分布着动物、植物和微生物，它们共同构成生物圈。生物圈旅游资源主要分为植物旅游资源和动物旅游资源。森林公园、植物园和大型花卉展成为开发植物旅游资源的主要形式。而野生动物保护区、动物园和一些专门供娱乐、观赏的特殊动物旅游园地，构成了动物旅游资源观赏区域。

1）植物旅游资源

植物旅游资源包括繁密茂盛的植被和森林，珍贵的奇花异草和古树名木等。植物具有美化环境、装饰山水、分割空间、塑造意境的功能。植物资源具有丰富自然景观、衬托人文景观、保护生态环境、美化旅游景区、增添游人游兴、陶冶游人情操的作用，在科普考察、科学研究和生态旅游方面，也都有十分重要的作用。

2）动物旅游资源

动物旅游资源主要指具有旅游价值的各类观赏动物景观，如观赏动物、珍稀动物、表演动物、劳作动物和家养动物等。动物在自然界中最具活力，能运动、会发声、有灵性，不少动物的体态、色彩、姿态都极具美学观赏价值，同时还有娱乐、观光、逗趣、狩猎、垂钓、科考等多种旅游功能。

14.2.5　大气圈旅游资源巨系统

太阳辐射能和其他能量的作用，造成大气温度、压力和密度等的差异，形成对流和大气循环，引起气象和气候现象的发生，形成各种各样的气象、气候旅游资源。

1）气象旅游资源

气象旅游资源是指大气中的冷、热、干、温、风、云、雨、雪、霜、雾、雷、电、光等各种物理现象和物理过程所构成的旅游资源。气象旅游资源必须在特定的地域和时期才会出现。有些气象风景还与历史时期的名人轶事有关，往往“景借人扬名，人借景传世”，使这类自然旅游资源富含人文特征，如每逢飘雪，人们就会想起晋代才女谢道韫的诗句“未若柳絮因风起”，而风雨来时，心头经常涌起“山雨欲来风满楼”的情怀。

极光是太阳光从高纬度进入地球的高空大气，激发高层空气质粒而造成的发光现象，常现于纬度靠近地磁极地区上空，一般呈带状、弧状、幕状、放射状。我国黑龙江的漠河地区和新疆的阿尔泰地区也能见到极光。“佛光”是在阳光斜射的条件下，由云滴雾珠发生的衍射分光现象。一般出现在中、低纬度地区高山之巅的云海中，由云滴雾珠在阳光的斜照下发生衍射分光而呈现色彩绚丽的光环。峨眉山的“金顶佛光”最负盛名，在庐山、泰山等地也能见到“佛光”。“海市蜃楼”也是一种光的折射引起的气象现象，我国山东蓬莱的“海市蜃楼”驰名中外，被誉为“蓬莱仙境”。此外，还有云雾、云霞、烟雨和雪霰等气象旅游资源可供人们观赏。

2）气候旅游资源

气候旅游资源是指具有能够满足人们正常生理需求和特殊心理需求功能的气候条件，主要有避暑型气候、避寒型气候、阳光充足型气候和极圈“昼夜”等类型。气候旅游资源既可以优越的气候条件为主要吸引力形成气候资源旅游地，同时也是任何一个旅游环境不可缺少的重要构成因素。气候旅游资源的分布既具有地带性、特定性特点，又具有普遍性特征，这是其不同于其他旅游资源的特殊性。

我国气候旅游资源类型多样，按纬度位置从南到北可分为赤道带、热带、亚热带、暖温带、中温带和寒温带六个热量带。按水分条件，自东南向西北可分为湿润、半湿润、半干旱和干旱四个类型。此外，山区气候的垂直分异也很明显。虽然我国气候类型多，但决定我国气候基本格局的是季风气候，冬季我国大部分地区为冷高压控制，气温低，降水少，多晴冷天气；夏季受夏季风影响，气温较高，降水充沛。

3）洁净空气旅游资源

洁净空气旅游资源是利用洁净空气开展旅游的气候资源。工业生产及其他经济活动排放的有害物质，严重污染空气、水体和土壤。工作生活在工矿区、大城市等环境质量较低地区的人们，在工作之余或假期到环境优美、空气未污染的地方去休憩已成为迫切的需要。因此，洁净的空气就构成了重要的自然旅游资源，如海滨、海岛、山地、高原、森林等空气洁净的地区。

14.2.6 宇宙太空旅游资源巨系统

人类栖息繁衍的地球是太阳系的普通一员，而太阳系又只是银河系中一个普通的恒星系。银河系和河外星系组成了宇宙太空。上下四方曰“宇”，古往今来曰“宙”，宇宙在空间和时间两个维度都是无限无垠的。自古以来，人类就对宇宙充满了好奇和探索，从神话传说中的嫦娥奔月，到明代的万户飞天，都反映了古代人民对宇宙的探索精神。20 世纪 50 年代以来，随着人类科学技术、宇航技术的迅速发展，人类活动的范围已经从地球向太空拓展，人们的旅游兴趣和旅游范围，也已从地球扩展到宇宙。

1）太空旅游资源

航空航天科技的不断发展，人类的旅游范围已经突破地球，可以乘坐航天器、太空船等通过环绕地球的形式从太空中观赏地球和其他星体，也可以乘坐宇宙飞船到月球等星体去旅游。20 世纪 60 年代初，苏联加加林第一次乘坐宇宙飞船在外太空空间欣赏了地球和月球的美景。随后，美国尼尔·阿姆斯特朗登陆月球，开启了人类到其他星体旅行的新时代。

2）天文旅游资源

天文旅游资源是以天文现象为旅游对象的资源系统。陨石、陨铁、陨冰、陨石雨、流星雨、宇宙星云、宇宙射线高能粒子、各类星体（恒星、行星、卫星）等构成了天文景观旅游资源系统。其中，流星雨、星云、月球等星体具有很高的美学价值和观赏价值。而太阳辐射、磁暴与黑子活动、宇宙射线等是可供人们观测的天文景观现象，具有很高的科学研究和科普教育价值，因此天文观测活动也形成了一种特殊的旅游产品。我国北京古观象台、河南登封观星台和南京紫金山天文台、中国科学院国家天文台，以及普及天文科学知识的北京天文馆，每年都吸引着成千上万的游客。

14.3 “两山”理论引领下的地学旅游发展

14.3.1 地学旅游效益

新时代旅游业是典型的环境经济、生态经济、目的经济，是拉动消费和经济增长的新动力。2020 年我国旅游业对 GDP 的综合贡献率为 11.07%。地学旅游资源因较高的科学内涵和观赏价值备受游客青睐，成为旅游业快速发展的重要助推力，并诞生了地学旅游新品种，丰富的科学与文化内涵、益智益身的基本属性、寓教于游的活动形式等使其成为提升旅游业品质、发展现代高端旅游、高效践行“两山”理论的重要方式。

现阶段的地学旅游践行“绿水青山就是金山银山”理念，以自然与人文旅游资源等为“绿水青山”的载体，使游客通过观光游览、科学考察、科普教育、研学旅行、寻奇探险、养生健体等形式，直接亲近大自然和体验传统文化，不仅可以促进地方经济可持续发展和提高人民生活质量，产生明显的经济效益、社会效益、环境效益，还可以使游客享受人与自然和谐共生带来的福利，达到热爱自然、保护自然、热爱生活、珍惜生命的目的。目前可用于开展地学旅游的场所主要有世界遗产、风景名胜区、国家公园、自然保护地、其他各类自然公园（地质公园、湿地公园、森林公园、矿山公园等）、地质文化村（镇）、地质博物馆、与地学相关的研学基地和康养旅游基地等。

经济效益：“绿水青山就是金山银山”为“两山”理论的核心思想，旨在实现环境保护与经济可持续发展的有机统一。地学旅游其实就是“靠山吃山，靠水吃水”，始终把握保护环境和服务地方经济发展并重的主攻方向，积极开展（地学）旅游资源调查、景区规划、开发保护等工作，深入挖掘“绿水青山”的科学内涵和美学价值，通过建设风景名胜区，申报世界遗产，建立自然公园等形式，各省（自治区、直辖市）（地学）旅游资源和旅游市场得到明显开发，吸引游客前来开展旅游活动，有效促进了旅游业和地方经济的快速发展。截至 2014 年底，我国已有 7359 家各类 A 级旅游景区，其中有 2184 家以地学自然景观资源为主，接待游客 9.98 亿人次，年收入 1132 亿元，占所有 A 级景区游客总量的 31%和总收入的 36%。

在“美丽中国”“生态中国”建设等国策的推动下，当前以地学景观为主的景区持续增加，开展地学旅游带来的经济效益十分显著，将绿水青山实实在在地转化为金山银山。如贵州省主办“山地公园省 · 多彩贵州风”活动，大力推动地学旅游。2018 年，铜仁市实现旅游总收入 744 亿元，同比增长 43.6%，接待旅游总人数 9094 万人次，同比增长 40.6%。这充分表明了地学旅游在推动地方经济发展方面具有强大生命力和发展前景。此外，许多地学旅游资源都位于偏远及贫困地区，通过地学旅游可以带动这些地区快速发展经济，助力脱贫攻坚，建设小康社会。

环境效益：随着社会经济的快速发展，人类在开发利用资源的同时，也日益加重了对资源和环境的破坏。“宁要绿水青山，不要金山银山”是“两山”理论的核心思想，坚持环境优先、永续发展的原则，强调发展过程中特别是当经济发展与生态环境保护出现矛盾时，宁可牺牲当下粗放的发展模式也要保护生态环境。地学旅游是在环境保护与经济发展和谐共存前提下开展的旅游活动。1999 年《长白山宣言——21 世纪旅游地学的发展方向》指出地学旅游以生态系统理论为指导，强化生态旅游项目和产品设计，建设生态型旅游城市和生态旅游区，同时帮助各旅游区和旅游点加强生态建设和环保管理，使其成为实施可持续旅游发展的重要基地。

为了保护自然资源、人文资源、人类环境的自然性和原始性，同时为了满足人民追求自然、追求新奇、追求科学、追求文化的目的，地学旅游在调查资源禀赋及其生态功能的基础上，通过综合评价确定旅游功能，提出景区的开发导向和资源环境保护措施，建设成专题类自然公园，如地质文化村、国家公园等，通过导游词、宣传册、科普展示牌、地质博物馆、录音影像等手段并结合各种宣传活动，宣传科学知识和保护自然环境的价值，展示人与自然和谐共存的重要性，增强保护环境意识和爱国情怀，达到保护绿水青山的目的。

社会效益：可持续发展是当前经济发展的主旋律，强调在保护环境中发展地方经济。“既要金山银山，又要绿水青山”是 “两山”理论的核心思想，将生态环境保护和减贫发展、生态环境保护和资源利用、生态环境保护和经济发展有机统一在一起，实现绿水青山与金山银山的共存发展。旅游业是跨行业的综合性产业部门，与餐饮业、住宿业、交通业、娱乐业、购物业等多种产业密切相关，具有修复生产力和培育生产力的独特功能。地质公园、森林公园、矿山公园等地学旅游景区，由专门单位和企业进行经营管理，体现了地学旅游资源的开发与保护、科学研究和科普内容、美学鉴赏与旅游开发等的规范性、严谨性和效益性。近年出现的地质文化村（镇）建设，强调老百姓和社区参与，注重地方政府的主导作用和充分调动当地居民的积极性，融入相应的科普元素、自然景观、人文历史、民俗风情，实现当地居民与游客的共同分享、共同受益，达到脱贫攻坚、乡村振兴和保护环境的目的。

教育功能也是地学旅游的重大社会效益，古代先贤以“读万卷书、行万里路”高度概括，现代以“寓教于游、寓政于游、寓文于游”等方式进行诠释，“游中学、学中游”，使人扩大眼界、增加新知、开启智慧、增强体质。2016 年，教育部等 11 部门联合印发了《关于推进中小学生研学旅行的意见》，开始大力推动研学旅行，并将其纳入中小学教育教学计划，让广大中小学生领略祖国大好河山，传承中华民族传统美德，铭记人民革命光荣历史，感受改革开放伟大成就，提高爱国精神、社会责任感和实践能力，坚定“四个自信”。研学旅行等地学旅游活动，促使各级政府-教育机构-社会团体通力合作，共同搭建行政人员-服务者-学生-家长-百姓的互动平台，充分享受地学旅游资源为促进经济发展和提高生活品质带来的红利，树立爱国、爱家、爱自然的情怀，形成正确的世界观、人生观、价值观。

14.3.2 地学旅游促进高品质人居环境

党的十九大报告提出“要加快生态文明体制改革，建设美丽中国”。良好的人居环境不仅包括由“绿水青山”组成的美好生态环境，也包括拥有“金山银山”的良好经济环境，是经济可持续发展和良好生态环境和谐共生的典范。

《易经》中提出天、地、人三才之道，天之道在于“始万物”，地之道在于“生万物”，人之道在于“成万物”，强调“人”与“天地”是辩证统一的有机整体。《道德经》也明确指出“人法地，地法天，天法道，道法自然”的“天人合一”理念，强调人与自然和谐共生。在现代地球科学范畴上，天地即自然，“天”相当于地球外部空间，对应于地学旅游资源分类系统中的大气圈旅游资源和宇宙旅游资源；“地”相当于地球表层，对应于岩石圈旅游资源和水圈旅游资源，也包括除“人”外的生命有机体，对应于生物圈旅游资源。构建“天、地、人”和谐共处的“太平和合”世界，实现人与自然的共融，是人类健康生存的前提和构建美好人居环境的必要条件。“两山”理论的提出和发展在一定程度上吸收、借鉴、传承和发展了我国古代的生态文明思想，强调实现“天人合一”，即人与自然和谐共生的境界，最终达到社会效益、经济效益和环境效益的有机统一，实现美丽中国梦。

然而在当今世界范围内，人口激增引起的森林退化、生物多样性减少、土地荒漠化、资源短缺等全球性环境问题仍然十分严峻。旅游业发展过程中，部分从业者为谋求经济利益而肆意破坏自然环境。开山毁林、乱捕滥杀、填湖造地、侵占农田、在风景名胜区内大兴土木、变相开发房地产等不合理活动时有发生。这些行为严重违背了保护绿水青山、构建美好人居环境的发展理念。地学旅游是以地学资源为基础开展的旅游活动，其任务和责任就是要从科学的角度，遵循自然规律，合理开发旅游资源、规划旅游设施、科学保护环境，从而为创设美好的人居环境提供强大助力。

1）保护和提高环境质量

“两山”理论指导下的地学旅游活动，以环境保护和可持续发展为宗旨，运用规划、法律、经济、技术、行政、教育等手段对地学旅游资源和环境进行管理，对一切可能损害旅游环境的行为施以制约，协调旅游发展与环境保护之间的关系，开展绿色环保、健康持续的旅游活动。地学旅游景区可通过建立地质公园、森林公园、地质文化村等进行微观管理，如通过警示语、解说牌、工作人员干预等方式正确引导旅游者行为，使其遵守环境保护政策；在服务设施规划建设上倡导创建绿色餐饮住宿方式、开发特色绿色交通、修建无污染娱乐场所等。同时，地质公园等地学旅游发展形式注重引导当地居民参与旅游活动，培养自觉保护环境的意识。总之，地学旅游与地学环境是协调统一、密不可分的，良好的地学环境是发展地学旅游的重要物质基础，而地学旅游发展又有助于保护环境。

2）保护与合理开发自然旅游资源

自然旅游资源是绿水青山的重要物质基础，具有美学鉴赏、科学考察和科普教育等功能。一些独特的地学旅游资源还具有特殊的旅游价值，如温泉、药泉等水圈旅游资源具有保健疗养、康体怡心的功能；中药材等植物旅游资源具有保健医疗、美化环境、食用药用的功能；动物旅游资源具有驯养、表演、狩猎、食用和药用功能；山岳峡谷等地貌旅游资源可通过开展体育活动发挥其康体健身的功能。

为了充分发挥自然旅游资源的价值功能，保护其自然性和原始性，我国自1956年起，以保护特殊生态系统和科学研究为主要目的，开始设立各类自然保护区，广义上包括国家公园、风景名胜区、自然遗迹地等。为了更好地保护地质遗迹，联合国教育、科学及文化组织于1997年启动世界地质公园计划，选择具有独特地质特色，景观优美且有一定历史文化内涵的地质遗迹区（点）建立地质公园，强调地质遗迹保护是建立地质公园的首要目的，科学研究与普及、促进地方经济发展也是建设地质公园的重要目标。地质公园、湿地公园、森林公园、矿山公园、地质文化村等得到不断发展，极大地推动了自然旅游资源的开发与保护。

3）保护与合理开发人文旅游资源

人文旅游资源是绿水青山的灵魂，是人类在改造自然和适应自然过程中产生并遗留的各类物质与非物质资源，是人类文明的智慧结晶和灿烂瑰宝，具有高超的历史价值、科学价值、艺术价值和民族文化特性，主要包括各类文学艺术作品（历史典故、诗词歌赋、音乐、绘画、舞蹈等）、古建筑及其工程、宗教遗迹、民族风俗、各类技艺、服饰饮食等。

开发人文旅游资源，必须充分保护其真实性、艺术性、科学性。为了追求特色新颖和文化内涵，从地学旅游视角开发人文旅游资源，设计特色文化旅游产品时特别强调保持该类资源的文化内涵和本真特质。例如，国家旅游局（现文化和旅游部）曾资助地方政府维护或重建苏州寒山寺、西安古城墙、敦煌莫高窟等著名景区，改善这些景区的生态环境质量。区域地学旅游的发展也促使湘西凤凰古城的吊脚楼、广东开平碉楼、安徽徽派建筑、山西晋派建筑等长期濒临破坏的历史建筑得到维护和管理。随着地学旅游市场需求的扩大，湘绣、苏绣、剪纸艺术等传统手工艺品得到继续发展。体验旅游时代，地学旅游发展也促进传统音乐、舞蹈、饮食和戏剧，以及潍坊的国际风筝节、洛阳的牡丹节等新兴节庆活动得到重视和发掘。总之，地学旅游促进了人文旅游资源的传承、保护和创新。

4）提高国民科学素养和爱国情怀

“绿水青山”是“金山银山”的物质基础，只有保护好绿水青山，才能创造金山银山。全民参与保护绿水青山是重中之重，科学普及是实现全民参与的重要手段。地学旅游强调旅游者亲近自然、认识自然。通过“寓教于游”“游中学、学中游”的科普形式，人们增加新知、扩大眼界，提高了科学素质和爱国情怀，具体表现在三个方面。

一是教育对象日益扩大。随着人民生活水平提高和社交范围扩展，因公务、休闲等目的开展地学旅游活动的人日益增多。近年来，教育部、文化和旅游部大力推动中小学生研学旅行，学校、家长、承办机构和研学基地都积极参与，将游客主体由成年人扩展至中小学生，教育对象也从旅游者发展为所有的受益者和支持者。

二是教育手段日趋先进和多样化。传统旅游主要通过自助旅行、导游讲解等方式完成，而地学旅游强调旅游者主动用眼、用心、用情去感受自然生态之美及其蕴含的科学内涵，同时充分利用现代科学、技术、艺术等手段展示自然景观和文化要素，使游客用眼观察、用心领会、用手体验、用嘴交流、用脑思考，领悟地学资源蕴涵的自然规律、人生哲理和文化底蕴，从中获得有益启迪，大大提高教育效果。

三是教育效果更加显著。提高个人科学素养和整体国民素质是地学旅游的重要目的之一。地质公园等地学旅游景区建设将吸引社区和当地居民积极融入，实现全民参与旅游活动，尤其是研学旅游和地质文化村建设，使受惠对象落实到最小、最基本的社会单位，即个人和家庭。这有助于人们获取知识和提高保护环境的主动性，从而提高全民的环境保护意识、科学素养和爱国情怀。

总之，在中国特色社会主义新时代，在习近平总书记 “两山”理论的指导下，国务院组建了自然资源部、生态环境部、文化和旅游部，从机制、体制和职能上做出了顶层设计，将资源与环境、诗和远方等要素紧密联系在一起。这促使保护性开发自然旅游资源和人文旅游资源，发展地学旅游，推进生态文明建设和经济高质量发展，讲好故事、谋好项目、做好产品，实现全民参与，提高环境质量和全民科学素质与爱国情怀，为建设“美丽中国”“生态中国”“旅游强国”贡献力量。

名 词 解 释

1. 地学旅游；2. “两山”理论；3. 旅游地学；4. 人居环境；5. 岩石圈旅游资源；6. 生物圈旅游资源；7. 水圈旅游资源；8. 大气圈旅游资源；9. 自然旅游资源；10. 人文旅游资源

思 考 题

1. “两山”理论的提出时间和背景。
2. 地学旅游的概念。
3. 地学旅游资源如何划分？
4. 地学旅游的三大效益。
5. 地学旅游对高品质人居环境构建的影响。

第 15 章　地球系统科学与“人类世”

15.1　地球系统科学的诞生

15.1.1　地球系统科学产生的背景

地球系统科学是 20 世纪 80 年代科学界为迎接全球环境挑战而诞生的一门新的全球观点和综合集成研究的学科。它的产生和发展，不仅受到全球性资源环境问题的驱动，还得益于传统学科的交叉渗透，以及对地观测技术和计算机技术的推动。

1）人类活动导致全球性资源环境问题

近 40 年来，随着经济全球化、区域一体化程度日益加深，世界各国经济发展对相互之间的资源、环境与生态的影响不断加大。资源、环境、生态、灾害等问题已成为事关人类发展的全球性问题。这些重大环境问题的解决，已经远远超出了单一学科的研究范围，往往涉及地质、海洋、土壤、生物、大气等各类环境因子，又与物理、化学和生物过程密切关联，只有从地球系统的整体着手，才有可能理解全球性环境问题产生的原因（毕思文，2004）。

全球性环境问题主要是人类不合理开发利用地球资源造成的。今天，人类对地球环境的影响已从秦汉时期的局部影响迈进全球影响的时代。人类工业活动和日常生活对化石能源的消耗，不仅造成环境污染，而且导致 CO_2 等排入大气，其温室效应可能导致全球增暖。人口爆炸，城市扩张，森林、草地被垦殖为农田，使土地利用格局发生了翻天覆地的变化，直接造成植被破坏、生物物种灭绝、土地荒漠化，引发气候异常，且就人类诱发的全球性环境问题而言，其发生的频率和强度已接近甚至超过自然因素引发的全球环境变化，有可能对人类的生存环境产生不可逆转的后果，进而影响到我们的子孙后代。这就迫使人们必须首先认识地球系统本身是如何工作的及全球变化的自然和人为触发机制是什么，从而规范、控制和调整人类自身的行为，尽可能避免或适应全球变化，最大限度地使地球环境朝着有利于人类的方向发展（陈泮勤，2003）。

2）传统学科的发展交叉与渗透

传统学科自身的发展，促进了各学科之间的紧密联系和相互依赖。地球科学的发展已从学科分化为主体转向学科间大跨度交叉渗透的新时代。为了取得实质性进展，某一学科的专家面临从其他学科吸取知识的需要。例如，物理海洋学的研究进展需要有关海气相互作用、陆海相互作用、极冰的范围、海洋生物群落分布和生产力方面的知识。人类对气候的深刻认识需要包括海洋学、大气科学、地质学和地球物理学在内的地球科学和生物学的知识。20 世纪 80 年代开始的全球变暖研究，建立了大气-冰雪-陆地-海洋-生物过程相耦合的天气、气候和环境动力学模式系统，推动了系统各组成成分相互作用的研究。

板块构造学说被誉为 20 世纪地质学的革命，但在解释大陆岩石圈动力学特征时遇到诸多困难。越来越多的科学家认识到，岩石圈演化对洋流和大气环流的影响可能是新生代全球环境变化的重要原因，而一些重大气候变化又对岩石圈演化有显著作用。由于人类活动的迅速发展，自然环境的变化扩展到越来越广阔的区域，生态学研究的范围从局地转向整个地球或相当大范围内的生物有机体与其周围环境的相互关系。由此可见，地球科学各个分支学科之间乃至它与其他学科间的相互渗透与交叉，研究内涵与外延的扩展，促使人们关注各圈层之间的相互作用，去面对整个地球系统开展研究（徐勇等，2019）。

3）现代信息观测技术的迅猛发展

遥感、地理信息系统、通信、网络和计算机技术的发展与集成，为人们研究地球系统科学提供了前所未有的手段，开拓了崭新的技术途径。1972 年，美国发射第 1 颗地球资源技术卫星（Landsat-1），揭开了人类从外层空间观测地球的序幕。卫星遥感以人造地球卫星为遥感平台，对地球进行光学和电子观测，获取地球表层的遥感图像。卫星遥感技术探测范围大，获得资料的速度快、周期短，能反映动态的变化，提供了对整个地球系统行为进行长期、立体监测的能力。1962 年，加拿大地质调查局开始建立加拿大地理信息系统，该系统利用数字计算机处理和分析大量的土地利用地图数据，到 1972 年全面投入运行，推动了地理信息系统科学的产生与发展。地理信息系统利用计算机软硬件系统，对地球表面空间中和地理分布有关的数据进行采集、存储、管理、运算、分析、显示和描述，分析和处理海量地理数据（王小兵和孙久运，2012）。地理信息系统提供了一种认识和理解地理信息的新方式，广泛应用于资源调查、环境评估区域发展规划、公共设施管理、交通安全等诸多领域。在遥感、地理信息系统、计算机、网络等技术快速发展的推动下，人类收集处理和分析地球系统变化庞大信息的能力快速提升，为建立模拟复杂地球系统的数学模型奠定了技术方面的基础。

因此，地球系统科学是近代科学技术向深度和广度发展的必然结果，是开展全球环境变化研究的新的思维方法。

15.1.2　地球系统科学的发展历程

地球系统科学萌芽于全球气候系统研究。针对全球气候异常研究，1980 年世界气象组织（World Meteorological Organization，WMO）和国际科学理事会（International Council for Science，ICSU）首次提出了气候系统的概念，初步勾画了地球系统的轮廓。1984 年国际科学联合会理事会第 20 届大会认识到，生态系统退化、土地侵蚀加剧、生物多样性锐减、淡水资源短缺等全球性环境问题涉及地球的整体行为及其各部分之间的相互作用，应将气候系统的概念拓展到地球系统（陈泮勤，1987）。1988 年美国国家航空航天局地球系统科学委员会出版了《地球系统科学》专著，正式系统地阐述了地球系统和地球系统科学的观点，强调将地球的大气圈、水圈、岩石圈、生物圈看作一个有机联系的地球系统，标志着地球系统科学的问世（National Research Council，1988）。经过 30 多年的快速发展，地球系统科学已成为引领 21 世纪地球科学发展的重要方向。

1）大型国际研究计划推动地球系统科学发展

自 20 世纪 80 年代以来，国际上组织实施了一系列全球环境变化研究计划，有力地推动了地球系统科学的发展（图 15.1）。1980 年，世界气象组织与国际科学理事会合作实施世界气候研究计划（WCRP），将气候系统视为由大气、海洋、冰雪层、陆地和生物等部分组成的相互作用系统，研究气候变化和人类活动特别是经济活动的相互影响。WCRP 的长期目标是提升气候变化的预测能力，研究确定人类活动对气候变化的影响。在计划实施的头 20 多年里，WCRP 在认识气候系统的海洋、陆地、大气、冰冻圈等单个组分及其相互作用的变率和可预报性方面取得了大量进展。

2005～2015 年，以地球系统的协同观测与预报为核心，WCRP 重点推动了全球能量与水循环试验、气候与冰冻圈、气候变率及其可预报性、平流层过程及其在气候中的作用四方面的研究。2018 年 WCRP 公布《2019～2029 年战略计划》草案，提出 4 个主要科学目标：一是提升对气候系统的基本认识，深化对关键化学物质的运输、反应和转化，大气、海洋和冰冻圈动力学等问题的理解；二是提高十年尺度上的预测能力，理解气候系统的可预测性及其各组成要素的相对贡献；三是量化更长时间尺度气候系统变化的内在响应、反馈和不确定性；四是促进气候科学与政策和服务的结合，改善风险管理与灾害应对、经济和基础设施规划、减缓及适应战略（WCRP Joint Scientific Committee，2019）。

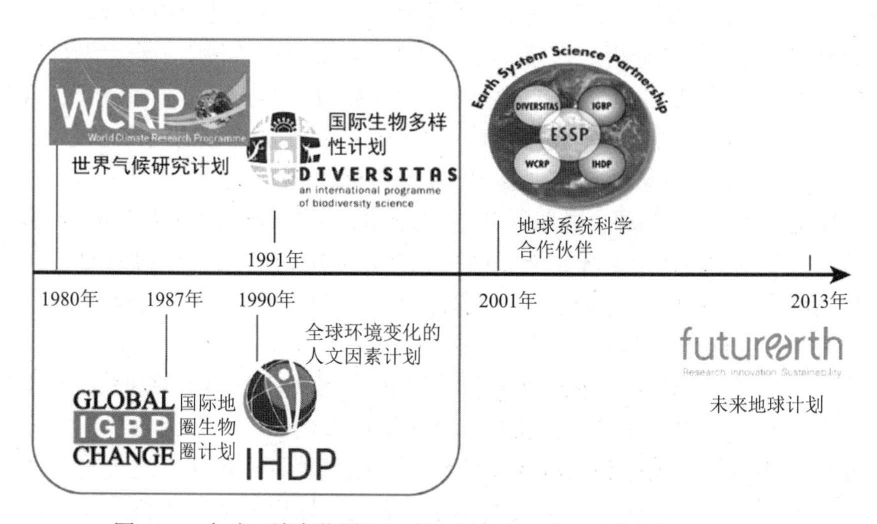

图 15.1　全球环境变化国际研究计划演变示意图（徐勇等，2019）

1987 年启动的国际地圈生物圈计划（International Geosphere Biosphere Programme，IGBP），从区域和全球两个尺度研究控制地球系统相互作用的物理-化学-生物过程，揭示地球系统变化与人类活动的相互影响机制。IGBP 历经两个阶段近 30 年的研究，于 2015 年结束。第一阶段于 2003 年结束，共组织实施了 11 个核心项目，包括全球变化与陆地生态系统、水循环的生物圈方面、全球大洋通量联合研究、海岸带陆海相互作用、过去全球变化研究、国际全球大气化学、全球海洋生态系统动力学、土地利用与土地覆盖变化、全球分析解释与建模、IGBP 的数据与信息系统、全球变化的分析研究与培训系统。通过第一阶段的研究，增进了对地球系统行为的了解，对不同时间尺度地球系统变率的范围进行了量化，阐述了生物圈在地球系统运行中的重要作用，对人类活动对地球系统影响的变化程度有了更为清楚的认识。第二阶段于 2004 年开始，在研究内容上涵盖了地球系统的各组成部分，且更加突出了各组成部分间的界面相互作用。

1990 年，国际社会科学理事会（ISSC）实施全球环境变化的人文因素计划（IHDP），推动人类与自然环境相互作用的跨学科研究，研究应对全球环境变化、促进实现可持续发展的政策与立法。IHDP 于 2014 年结束，其目标是在规划、发展、集成社会科学对全球变化的研究中发挥国际引领作用，并促进关键研究成果的应用以帮助应对全球环境变化的挑战。

1991 年，国际生物科学联合会（International Union of Biological Sciences，IUBS）与国际环境问题科学委员会（Scientific Committee on Problems of the Environment，SCOPE）联合发起国际生物多样性计划（DIVERSITAS），推动全球范围内的生物多样性研究，并与全球变化相联系。2014 年将其并入未来地球计划。DIVERSITAS 的目标是联合生物学、生态学和社会科学，开展与人类社会相关的研究，推动生物多样性学科的集成化发展，为更好地认识生物多样性减少问题提供科学基础，并为制定生物多样性保护和可持续利用的政策提供建议。

为了促进地球系统的综合集成研究，2001 年 WCRP、IGBP、IHDP 和 DIVERSITAS 联合组建 ESSP，以推动全球环境变化研究计划的交叉与合作，增进人们对复杂地球系统的认识和理解（葛全胜等，2007）。ESSP 的主要科学活动包括，发展并组织联合研究项目，推动区域活动，开展地球系统的分析与建模，组织召开全球变化开放科学大会以及成果宣传与通信。针对全球可持续发展中的重大全球变化问题，ESSP 组织实施了 4 个联合研究项目：①全球碳项目，开展碳循环主要来源于碳流的时空分布、碳循环动力学的调控与反馈机制和碳管理研究；②全球环境变化与食物系统项目，开展全球环境变化对食物系统的影响研究，评估适应性响应的环境与社会经济后果，提高食物安全保障水平；③全球水系统项目，开展人类活动对全球水循环及生物地球化学循环、全球水系统的生物组成部分的影响机制研究，并预测相应的社会反馈结果；④全球环境变化与人类健康项目，开展气候变化、陆地与海洋利用变化、生物多样性减少、全球社会经济变化等与人类健康之间的关系研究。

2010 年，在分析全球环境变化研究进展的基础上，ICSU 提出了地球系统科学面临的五大挑战：①如何提高对未来环境条件及其影响预测的实用性；②如何发展、增强和集成必要的观测系统，用以管理全球和区域环境变化；③如何预见、识别、避免与管理破坏性全球环境变化；④采取什么样的制度、经济和行为变化，以迈入全球可持续发展路径；⑤如何在技术研发、政策制定与社会响应中鼓励创新来实现全球可持续性发展（ICSU，2010）。应对这五大挑战，地球系统科学应从自然科学主导的研究转变为有广泛的科学和人文领域参与的研究，从单学科主导的研究转为更加平衡的多学科集成研究。基于这些认识，2012 年联合国可持续发展大会决定，整合现有全球环境变化计划，实施未来地球计划。未来 10 年，未来地球计划将集中在以下三方面展开研究：①动态行星地球观测、解释、了解和预测地球、环境和社会系统趋势、驱动力和过程及其相互作用；②全球发展——获得管理食物、水、能源、材料、生物多样性和其他生态系统功能和服务所需要的知识；③可持续性转型了解转型过程与选择，评估跨部门和跨尺度的全球环境治理与管理战略（ICSU，2013）。

2）以观测、机理、建模与解决方案为重点的地球系统科学研究取得重大进展

20 世纪 80 年代以来，地球系统科学以全球气候变化研究为出发点，技术方法不断革新，研究内容不断丰富，研究体系日趋完善与成熟。地球系统观测网不断扩展与升级，地球系统监测能力不断增强。美国国家航空航天局（National Aeronautics and Space Administration，NASA）于 1991 年建立地球观测系统（Earth Observing System，EOS），利用卫星与其他手

段对全球陆地表面、生物圈、地球空间、大气以及海洋进行长期观测；EOS 之后，启动了地球系统模式（Earth System Model，ESM），加深对气候系统与气候变化的认识；2017 年，启动了下一代“联合极轨卫星系统”（JPSS），将其用于天气预报和环境监测。美国地质调查局自 1972 年起陆续发射 Landsat 系列卫星，将其用于探测地球资源与环境，包括调查地下矿藏、海洋资源和地下水资源，监视农、林畜牧业和水利资源利用，监测自然灾害和环境污染等（张兵等，2016）。法国国家空间研究中心自 1986 年开始研发 SPOT 系列卫星，进行土地利用/覆盖变化、植被监测、自然灾害评估等。欧盟与欧洲航天局自 2005 年起，共同资助地球观测计划——全球环境与安全监测计划（GMES），其由遥感卫星与陆地、海洋、大气等监测传感器组成，2013 年更名为“哥白尼计划”，以扩大地球观测计划在公众中的影响力（Schulte-Braucks，2013）。

地球系统变化与过程机理研究不断深化，揭示了地球系统要素不同时空尺度下的变化规律与影响。地球系统变化包括大气过程、海洋过程、陆地过程、冰冻圈过程等，这些过程相互影响、相互作用（Simmons et al.，2016）。由于碳循环是地球系统物质和能量循环的核心，全球碳循环及其对全球变化的响应研究一直是学者广泛关注的前沿问题。人们对岩石圈、陆地生态系统、海洋、大气及人类社会等碳库的储量、在全球碳循环中的地位及其作用机制有了深入的认识。人们认识到，土地利用、覆盖变化是造成全球变化的重要原因，很多学者对土地利用变化引起的区域气候、土壤、水文、地质等因子变化及其对生态系统影响进行了大量研究（张新荣等，2014）。针对全球变化的生态系统影响，学者们从植物群落植物生理生态、地下生态、水生态系统、生物入侵、生物多样性等方面开展了深入研究，先后建立了多个地球系统模拟模型，预测地球系统变化能力大幅度提升。

近 40 年来，很多研究机构陆续开展了大气模式、海洋模式、陆面模式、海冰模式等地球系统模拟模型的研发和应用。2000 年美国国家航空航天局提出构建地球系统建模框架（ESMF），其包括核心地球系统科学与地质工作转型发展战略研究框架、天气及气候建模、数据同化应用等，为地球系统建模提供了一个标准的开放资源软件平台。ESMF 发展至今，已经拥有 40 多个模型（李姗姗等，2007）。欧洲提出了欧洲地球系统模拟网络（ENES）计划，包括地球系统模拟集成和气候资料存储与分发两个计划，目标是建立一个高效的欧洲地球系统模拟和气候预测系统进行集成模拟研究。日本在 20 世纪 90 年代启动了“地球模拟器”计划，于 2002 年研制成功，并在国际上率先开展了超高分辨率的全球气候系统模式的发展和模拟研究。中国科学院开发了地球系统模式（CAS-ESM），集成了大气、陆面、陆冰、海洋、海冰等分量模式（He et al.，2013）。

为了应对全球变化，人类社会提出了一系列减缓、适应方案，服务制定政策、编制规划和措施决策。基于地球系统观测、机理研究与模型模拟预测，开展全球变化的适应与可持续发展研究是地球系统科学研究的重点之一（邬建国等，2014）。2015 年，《联合国气候变化框架公约》近 200 个缔约方在巴黎气候变化大会上达成《巴黎协定》，目标是把全球平均气温较工业化前水平升高控制在 2℃之内，并为把升温控制在 1.5℃之内努力。越来越多的研究强调通过人类自身行为的改变，主动有序地适应地球系统变化；通过土地系统和景观的重新设计，协调生态系统服务和人类福祉之间的相互关系；通过社会-经济-环境可持续性的综合协同，降低地球系统变化的风险。

15.2　地球系统科学的理论框架

15.2.1　地球系统科学的研究对象

地球系统科学是研究地球系统整体行为的科学，其研究对象是地球系统。对于地球系统的界定，目前还存在分歧。有些学者认为，地球系统是由地核、地幔、岩石圈、水圈、大气圈、生物圈、近地空间等组成部分构成的统一系统（毕思文，2004；黄鼎成等，2005），地球系统不仅包括整个地球，还包括与地球相联系的行星。有的学者从全球变化的角度提出，地球系统主要包括大气圈、生物圈、冰冻圈、水圈、人类圈等近地表圈层（Lövbrand et al.，2009；Lohmann et al.，2013），也就是与人类活动联系密切的圈层。考虑到地球系统科学的应用方向主要是解决人类社会所面临的资源、环境、生态、灾害等问题，而这些问题主要发生在人类活动目前涉及的近地表圈层，徐勇等（2019）提出将地球系统界定为上至大气层、下至地幔顶层有助于研究内容聚焦和研究成果应用，即地球系统由大气圈、水圈、冰冻圈、生物圈、人类圈和岩石圈组成，上边界至大气圈的外大气层，下边界至地幔顶层（图 15.2）。

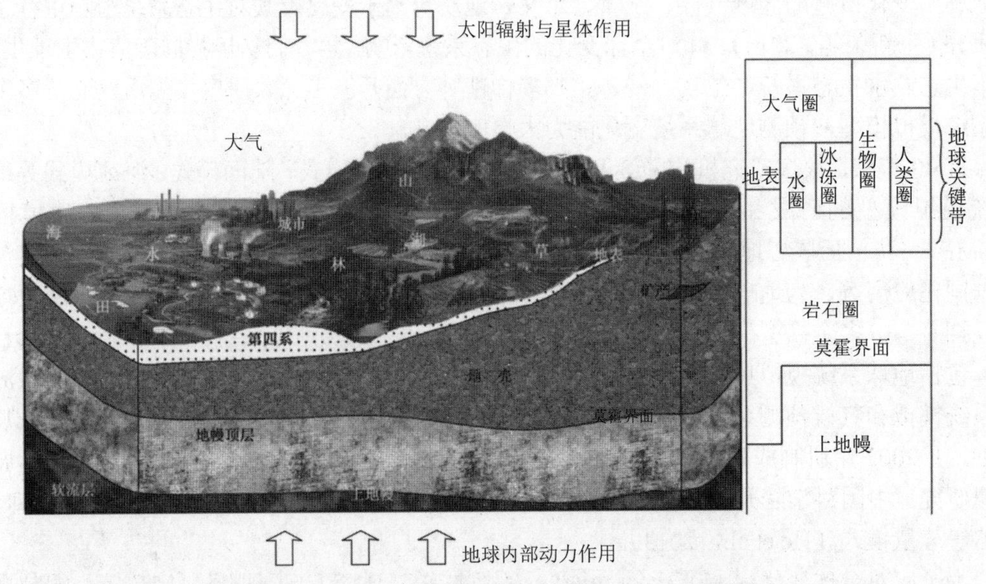

图 15.2　地球系统概念模型示意图（徐勇等，2019）

地球系统通过上边界外大气层和下边界地幔顶层与外界发生作用与联系（图 15.2）。来自太阳辐射和行星的外部动力，通过上边界对地球系统施加影响，主要表现为塑造地表形态与过程。风化、侵蚀、搬运和堆积是太阳辐射和行星作用下发生的基本的地表过程，随着地表过程持续进行，地表突出的山体、高原被剥蚀、夷平，山间、山前断陷盆地被各种松散沉积物充填，裂谷盆地被厚层松散沉积物掩埋，总的趋势是削高填洼，使起伏不平的地表趋平。来自地球下地幔和地核的内部动力，通过下边界对地球系统施加作用，主要表现为塑造地球系统总体框架与宏观布局。地球内部动力由地球自转、重力和放射性元素蜕变等地球内部能量而产生，它使岩石圈变形、变位、变质，以致物质重熔而产生岩浆侵入和火山喷发。内部动力作用包括构造运动、岩浆作用和变质作用，而以构造运动为主体，岩浆作用和变质作用伴随构造运动而产生（张倬元等，1997）。现代全球构造学说认为，地球内部放射性热能积累引起地幔热对流，促使地球表层、地壳或岩石圈产生大规模的水平运动，大陆可因张裂而出现裂谷，裂谷扩展可形成洋盆，海底扩张又可使洋盆与陆壳汇聚，在大陆边缘产生俯冲消减，大陆边缘沉积经受强烈挤压而褶皱形成褶皱造山带。全球的洋底张裂体系和古地中海-环太平洋挤压造山体系，共同构成了现今的地球表面主要构造格局。构造运动形成了地球表层的最大构造地貌形态，包括褶皱山系、隆起高原、陷落裂谷和海洋盆地。内部动力作用总的趋势是使地壳内部构造复杂化，增大地表的起伏度。

在地球外部动力和内部动力的共同作用下，地表形成了“山水林田湖草”生态系统。地表之下的岩石圈构成了“山水林田湖草”生态系统的基础，为自然资源提供了物质来源和赋存空间，对自然资源分布与开发格局具有框架性的制约作用。耕地、矿产、水等自然资源在空间上呈不连续片状、块状、条带状等形式分布在岩石圈实体中，森林、草原等自然资源在空间上呈不连续片状分布在岩石圈的上界面地表。“山水林田湖草”生态系统的保护与开发利用需要顺应地质规律人地和谐共生是人与自然和谐共生的基础与重要内容。

与人类联系最为密切的近地表部分，称为地球关键带（图 15.2）。2001 年，美国国家科学研究委员会（United States National Research Council，NRC）明确提出，地球关键带是指异质的近地表环境，岩石、土壤、水、空气和生物在其中发生着复杂的相互作用，在调控自然环境的同时，决定着维持经济社会发展所需的资源供应。在横向上，关键带既包括已经风化的松散层，又包括植被、河流、湖泊、海岸带与浅海环境。在纵向上，关键带自上边界植物冠层向下穿越了地表面、土壤层、非饱和的包气带、饱和的含水层，下边界通常为含水层的基岩底板。关键带的风化层厚度在不同的地点变化很大，基岩裸露区一般厚度很薄，平原区厚度可达数百至上千米（Brantley et al.，2006）。作为与人类联系最密切的地球圈层，地球关键带对维持和支撑经济社会发展具有不可替代的重要作用。关键带作为经济社会发展的空间依托，在一定程度上决定着人类生活生产的空间布局和发展规模。关键带提供了植物生长的物质基础，为经济社会供应了粮食、植物纤维和生物能，作为碳、氮存储、运移和转化的载体，参与调节着大气中温室气体的浓度变化，承载着社会经济发展所排放的工农业废弃物，通过储存、过滤、吸附和化学作用，减轻污染物的负面效应，储存、输送土壤水和地下水，控制和影响着经济发展所需的水资源数量和质量等（European Commission，2006）。

目前，人类所能开发利用的大部分自然资源，主要取自地表至地下 10 km 深度的岩石圈部分。水资源主要赋存在地表和地下 5 km 深度范围内的含水层，随着深度减小，越靠近地表，岩石的空隙往往越大越多，富水性越好。浅层地热能主要赋存在恒温层至 20 m 的深度，水热型地热能资源主要赋存深度在 3 km 以内，干热岩型地热能赋存深度通常在 3～10 km。夕卡岩金属矿床的形成深度通常为 1.5～12 km，斑岩型矿床的深度往往在 1～6 km。

15.2.2　地球系统科学的内涵

地球系统科学将大气圈、水圈、生物圈、人类圈、岩石圈等视为一个系统，通过大跨度的学科交叉，构建地球系统的演变框架，理解当前正在发生的过程和机制，预测未来几十到几百年的变化，认识地球系统是如何运行的，全球环境变化的自然和人为触发机制是什么，未来变化的趋势是怎么样的，从而规范、控制和调整人类自身的行为。

与传统学科比较，地球系统科学包含以下理念。

（1）全球系统观：从全球尺度上认识地球系统的结构、过程与变化，把区域性和全球性统一起来，把区域系统置于全球框架中进行考察。

（2）整体与相互作用观：地球系统是各圈层相互作用和相互关联组成的不断演化的整体动力系统，地球系统的各种过程和演化是有关因素相互作用的综合结果。

（3）动态变化观：地球系统的结构、状态、特性、行为、功能等随着时间的推移在发生变化。

（4）多学科交叉集成观：地球系统科学是地球科学各学科在系统学的高度结合与集成。板块构造假说、地质力学理论、水循环理论、自然资本理论、气候变化科学等由不同学科发展起来的理论构成了地球系统科学理论发展的基础。

由此可见，地球系统科学具有三个明显的特点：①在研究对象上，强调地球系统的整体性，重点研究大气圈、冰冻圈、水圈、生物圈、人类圈和岩石圈六大圈层及其演化过程的驱动机理和运行规律；②在理论研究上，强调学科交叉与集成，推进地球科学的各个分支学科相互之间及地球科学与其他自然科学、人文社会科学之间的交叉融合；③在研究方法上，强调观测、机理与模拟，利用观测数据和过程机理建立地球系统模型，预测未来变化。

15.2.3　地球系统科学的研究内容和研究方法

经过几十年的发展，地球系统科学从全球气候变化领域不断拓展，发展成为涵盖资源、环境、生态、灾害等领域的综合性科学。从研究内容和方向来说，地球系统科学包括两个层面：应用研究与基础研究。近年来，基础研究与应用研究越来越融为一体，基础研究往往瞄向实际问题的解决，应用研究往往依赖于对基础机理认识的提升，科学与政策越来越密切。

应用研究方面，主要围绕全球性、区域性重大问题开展。主要方向包括：①全球变化应对，研究气候和环境变化对人类的影响，提出适应与缓解全球变化负面效应的对策措施；②国土空间管理，研究土地利用与覆被变化，提出国土空间开发利用的方案与对策；③自然资源开发，调查评价自然资源数量与质量，为社会经济发展提供所需的水、能源、矿产等自然资源；④生态环境保护，调查评价生态环境质量和经济发展对生态环境的影响，推进环境治理与生态改善；⑤地质灾害防治，调查评价地质灾害分布与风险，提出地质灾害防治对策。

基础研究方面，主要围绕地球系统物质运移与各种过程发生的机理开展。主要方向包括：①人地交互过程，理解人类活动与地球系统其他圈层之间的相互作用机制；②圈层动力过程，理解地质-人类尺度地球各个系统变化的过程与机制；③圈层相互作用，研究海-陆-气相互作用、水-土-气相互作用、人-地耦合与相互作用，理解地球时空演变；④内部物质循环，理解地球物质的运动规律；⑤地球深部过程，理解地球运行的驱动机制。

在研究范式方面，循环上升的调查评价-观测探测-建模预测体系为研究复杂、非均质、动态的地球系统提供了一条整合研究的技术框架。通过调查评价、观测探测和建模预测的循环进行，不断深化对地球系统及其过程随时间和空间变化规律的认识，积累越来越多的图件、数据和成果。在此基础上，通过对图件、数据和成果的集成与分析，针对管理者、科学家、社会公众等不同的服务对象生产各种产品，将地球系统研究成果最大限度地传递给社会。调查评价、观测探测、建模预测三者相辅相成、循环上升、互为促进。

调查评价是了解地球系统组成与结构的基础，也是观测探测和建模预测的基础。地球系统在空间展布上的高度非均质性和在垂向上的分层性，要求采用各种技术手段对不同尺度的地球系统进行调查，获取地球系统各种要素的物理和化学参数，为建立地球系统框架模型提供基础数据，包括地质框架、水文框架和生态框架等。

观测探测是了解地球系统随时间变化的基础，为建模预测提供所需的输入数据和校正数据。地球系统由大气圈、水圈、生物圈、人类圈、岩石圈组成，需要监测的内容应涵盖各圈层各种要素。针对建模需求，观测探测内容应包含模型运行需要输入的相关数据。在区域尺度上，可采用遥感技术进行观测探测；在微观尺度上，可采用传感器技术和测量技术进行观测探测。建模预测是开展地球系统过程机理研究的重要手段，也是开展地球系统定量评价、预判地球系统变化的重要工具。建模将调查评价所获得的空间数据与观测探测所获得的时间数据整合在一起，对地球系统中所发生的水文过程、生物地球化学过程、生态过程等各种过程进行数学模拟，以探求隐藏在表象之下的自然规律。

15.2.4 地球系统科学对新时代地质工作的影响

地球系统科学的形成与发展，为人类解决所面临的全球资源环境、生态和灾害问题提供了新途径。地球系统科学对地质工作产生了深远的影响，推动了地质工作的变革与转型发展。主要体现在以下几方面。

1）地球系统科学为地质工作树立了新型人地观

人与自然关系的认识论在一定程度上影响和指导着地球科学的发展。地球科学发展史上，形成了环境决定论、或然论、生态论、景观论、协调论等不同的人地关系理论（王爱民和缪磊磊，2000），并建立了马尔萨斯（Malthus）、博赛洛普（Boserup）、格尔茨（Geertz）等人地关系模型（National Research Council，2014）。环境决定论认为，人是环境的产物，人的活动与发展受到环境的严格限制。或然论认为，人与环境的关系并非自然环境单方面的作用，人类对自然环境也有选择的自由和活动的余地。基于人类发展与地球系统相互作用的深入理解，地球系统科学发展了一种新型人地观：人类是地球系统的重要组成部分，人类活动已成为地球系统变化的重要驱动力；人类活动对地球系统产生了越来越大的影响，反过来危及了人类的生存与发展；人类有能力采取措施控制自身的活动促进人与自然和谐，推动经济社会可持续发展。

2）地球系统科学为地质工作探索了新系统方法论

地球系统科学研究是对地球系统变化进行观测、理解、模拟和预测，将地球系统变化用一些基本变量来描述，通过全球和区域范围的长期、持续观测，建立全球变量数据库。地球系统科学尤其重视过程研究，在此基础上建立概念模型和数值模式，开展数值模拟，然后利用重建的过去环境记录检验模式，最后对地球系统状态变量的变化趋势、变化范围做出预测。地球系统科学将系统论的方法应用于地球系统研究，并研发出一系列新技术新方法，这些技术方法将对地质工作的开展具有重要的推动作用。

3）地球系统科学为地质工作提供了拓展方向与研究框架

服务于人类社会可持续发展，地球系统科学日益成为国际地球科学发展的基本框架。在这个框架下，地质、地理、资源、环境生态等地球科学的各个分支科学与管理、经济、社会等社会科学的各个分支科学相互交叉、相互融合，共同筑起地球系统科学的理论大厦。地质科学以岩石圈为主要研究对象，对解决人类面临的能源、矿产、水和地质灾害等资源环境问题具有不可替代的作用。立足于自身优势，地质工作不断向其他领域拓展，就能在未来的人类经济社会发展中做出更大的贡献。

15.3 “人类世”的到来

15.3.1 “人类世”概念的提出

在人类产生之前，地球系统的变化纯粹是自然力量发挥作用。由于人类诞生，地球的变化除了自然作用，还受到人类活动的影响。人类活动已经成为改造和塑造地球的重要“地质营力”。毋庸置疑，人类对自然的改造在满足和提高自身生存和发展需求的同时，也提高了利用改造自然的能力，特别是工业革命以来，人类利用现代科技加强了这种能力。这一方面给人类带来福祉，推动人类社会迅猛发展，改变了地球景观和面貌；另一方面，人类对自然资源掠夺式开发也导致了一系列全球性的资源与环境问题。

其实，科学界很早就注意到人类活动对自然过程的影响，20 世纪 30 年代，苏联地球化学家弗拉基米尔 •维尔纳茨基（Vladimir I. Vernadsky）、法国古生物学家德日进（Pierre Teilhard de Chardin）和哲学家爱德华 • 勒罗伊（Édouard LeRoy）共同提出了“智慧圈”（noosphere）的概念，用来标志地球进入了有人类作用介入的新时期。可惜这些先哲的预见，并没有引起当时社会的关注。重要的转折发生在 2000 年，诺贝尔奖得主、荷兰大气化学家保罗 • 克鲁岑（Paul J. Crutzen）和美国生物学家尤金 • 施特默（Eugene Stoermer）提出了“人类世”（Anthropocene）的概念，强调人类在地质学和生态学中的特殊作用。他们提议将第一次工业革命（18 世纪 60 年代）定为“人类世”的起点，以区别于冰期后的“全新世”（Crutzen and Stoermer，2000）。

“人类世”的概念一经提出就引起了科学界的热烈反响，我国最先响应的是刘东生先生（刘东生，2004）。此后的 15 年里，世界上至少发表了 300 篇国际论文、创刊了三种新学报专门讨论“人类世”，包括自然科学和社会科学在内。反响之热烈，说明这不只是一个新名词或地层单元的问题，还打开了一扇新的科学之窗——把现代的人类活动和社会变迁放到地质的时空尺度里探讨，又把古老的地质过程和演变历史延伸到今天。“人类世”的提出，把“现代”和地质历史上“古代”在地球系统的背景下统一起来，从而推倒了古今之间在学术上的隔墙（汪品先，2019）。用地质的眼光看今天，同时也促进了用现代过程的眼光去看地质历史。这与传统的“将今论古”完全不同。19 世纪进化论产生的“将今论古”忽略了不同时期地质过程的差异，20 世纪科学界早就指出“第四纪的通量不是地球的标准”。而“人类世”概念的提出进一步点明了现代过程的特殊性，揭示了各种通量的变化。正因为认识到这种差异，才能刻画出地球系统的动态性质，才为古今一体化奠定了基础（汪品先，2019）。

“人类世”的提出，改变了科学家们的视角，促使学术界用新的眼光去观测森林，发现生态变化在加快演化的速率，去观测海洋，发现海水的温度和酸度都在上升，而贯穿其中的一根红线就是人类活动的影响。这种影响遍及地球表面过程的各个学科，从地貌学看，人类改变了地球一半以上陆地的地形和物质通量，世界上大河的河道基本上都因为筑坝而发生变化，森林开发和农耕土地改变了剥蚀和沉积的速率，使得“人类活动地貌学”走红。从沉积学看，人类活动加速水土流失在 3000 年前已经开始，到 1000 年前尤为加剧，但是更大的变化发生在 20 世纪 50 年代，这不但是因为筑坝降低了沉积物入海流量，而且随着工业发展，沉积物里的塑料、工业黑炭、水泥屑等大量出现，成为辨识“人类世”地层的“技术化石”，尤其是塑料，由于其快速改进和广泛传播，有希望成为“人类世”地层划分的“标准化石”，至于直径小于 5 mm 的微塑料已经被当作沉积颗粒，通过粒度和成分分析，用于近海的“人类世”沉积学研究。

15.3.2　“人类世”的争议

学术界关于“人类世”的争论主要来自地层学研究。导火线是关于“人类世”开始的年代，有一部分科学家主张将其正式纳入国际年代地层表，成为完整意义上的地层单元。然而地质学意义上的地层单元，必须有明确的上下界面，作为国际地层单元，更需要有全球层型剖面和地点，也就是所谓的“金钉子”。

最近几年，一些学者正在寻找“人类世”下界的金钉子，也就是“人类世”开始的时间。克鲁岑在 2000 年的文章里只是笼统地讲了“人类世”始于工业化，也就是 200 年前。然而，究竟划在什么时候，不同学者的意见不统一。归纳起来无非有远、近两大类：近的放在几百年内，远的放在几千年前。主张近的意见是将“人类世”下界划在 1800 年前后，也就是工业化开始、大量使用矿物燃料的时间，在该时期大气 CO_2 浓度从工业化前的 270×10^{-6}～275×10^{-6} 上升到 1950 年的 310×10^{-6}，但是 CO_2 浓度上升是个渐变过程，没有明确的界线。于是，另一种主张是取 20 世纪 50 年代的核试验时间作为“人类世”的下界，因为当时大气受到核污染，放射性碳（^{14}C）的含量剧增，很容易通过 $\Delta^{14}C$ 值加以辨识，具体地说，可以划在 1945 年 7 月 16 日，也就是第一颗原子弹爆炸的日子；但是有人主张不如干脆以核试验造成 ^{14}C 值顶峰的 1964 年为界，因为那才是影响全球碳同位素记录、到处都易于测定的界限[图 15.3（d）]。也有人认为论影响之大，应当选在地理大发现之后，东西方文化开始交汇的 1610 年[图 15.3（c）]。

然而，将“人类世”列为正式地层单元的观点，遭到了另外一些科学家的反对，他们认为这是多此一举，其有两个原因：①地层表里已经有个全新世包括最近的一万年[图 15.3(a)]，人类活动对地球表层过程的影响，至少在全新世早中期就已经开始。因此，刘东生（2004）提出将“人类世”下限定为全新世下限。他强调，人类作为地质营力对地球产生全面影响，不仅仅是近 200 多年的事，从全新世开始就已发生，建议直接用“人类世”取代全新世，即“人类世”的下限应等同于全新世的下限。而孙建中教授则认为可用“人类世”替换之前的第四纪。第四纪是人类的时代，是人类生存和发展的主要时期，因此第四纪是人类的时代，废除第四纪一词而以“人类世”代之较妥。②除了全新世，地层表里的“世”都很长，短的百万年、长的上亿年，现在将百年尺度的“人类世”定为地层单元，只能产生社会效应，缺乏科学上的可行性和必要性。可见“人类世”争论的根还是人类对地球表层产生影响究竟从何时开始。

许多科学家拿出证据来论证：人类对地球系统的影响并非从工业化开始，早期的狩猎、农耕社会已经产生了不容低估的影响，而低估的原因之一是早期社会人少，影响也小。确实短短的一个 20 世纪，世界总人口从 10 亿出头飙升到 60 亿，但是人口爆炸的同时，土地利用的人均面积也在急剧下降；因此不能用今天的人均耕地面积，去衡量几千年前土地利用的环境效应，认为人少了作用就一定不大。正是这种原因，学术界长期以来低估了早期人类活动

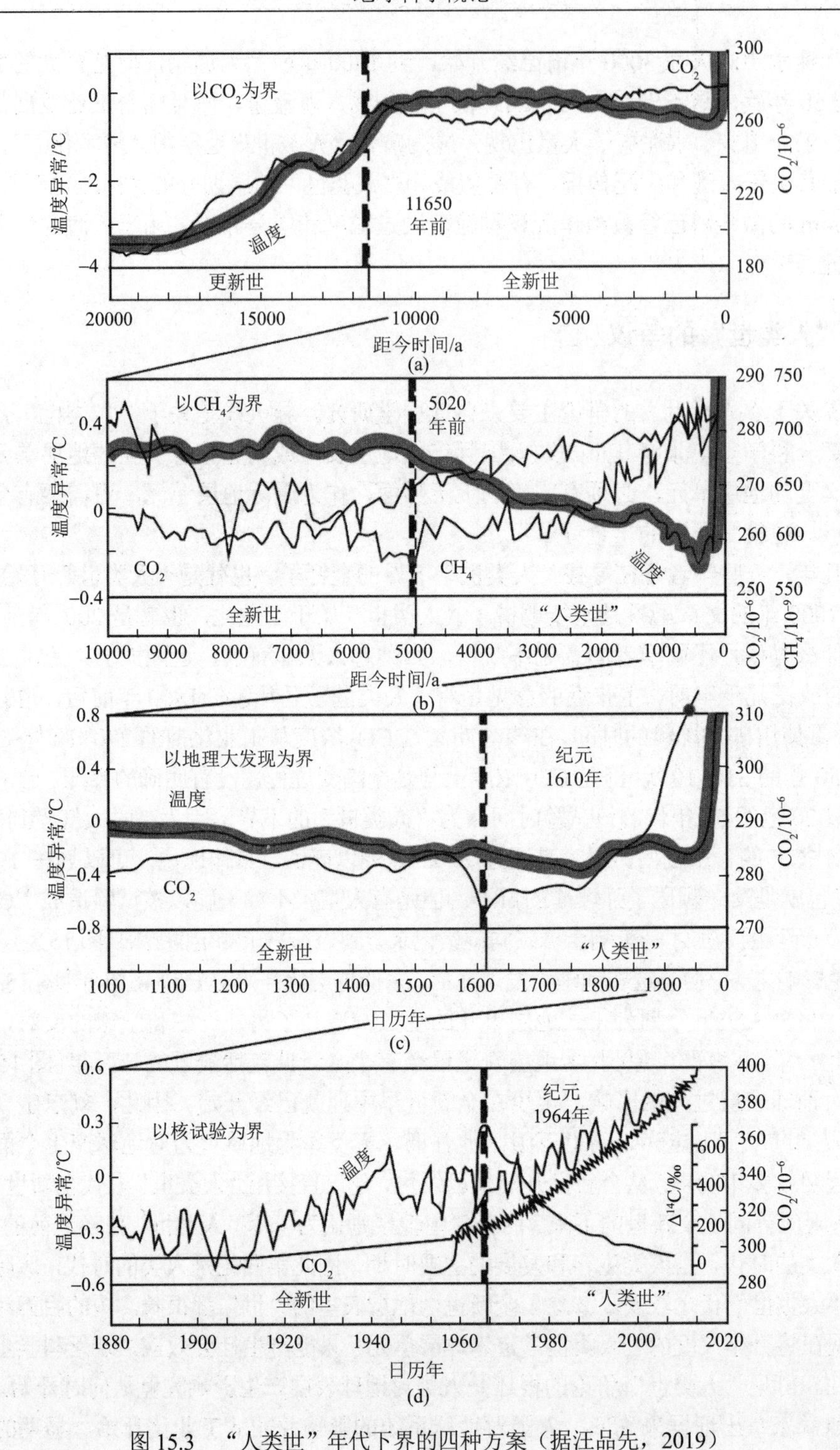

图 15.3　“人类世”年代下界的四种方案（据汪品先，2019）

（a）“人类世”就是全新世，因此不必专门分出；（b）按 CH_4 增多划在 5000 年前，划分的必要性也不大；（c）按地理大发现划在公元 1610 年；（d）按核试验划在公元 1964 年。只有按照（c）或（d）方案“人类世”才有必要划出

的影响，低估了几千年前人类破坏森林、排放温室气体的作用。根据考古资料，亚洲地区尤其是中国的稻田早在四五千年以前就已经开始出现，而水稻田是要排放甲烷的。有趣的是，

极地冰芯气泡里的古大气，其中的 CH_4 含量也在四五千年前开始急剧上升；如果按照以前历次间冰期的记录，这段时间里 CH_4 应当下降才对。

可见，人类几千年前的农耕活动已经在改变地球表层系统。不仅如此，在农耕开始之前，早期人类的狩猎也产生过严重后果。我们今天才谈论保护生物多样性，其实史前人类早就造成了生物灭绝事件，最明显的例子来自热带岛屿。太平洋岛屿上考古遗迹的骨骼表明，演化产生的许多鸟类在人类上岛以后即行灭绝，尤其是热带树林里不能飞的步行鸟类。澳大利亚的巨鸟，重量达 100～200 kg 的走禽，在 50000 年前灭绝，看来也是人类到达澳大利亚后带来的恶果。距今 50000～12500 年前，在澳大利亚和美洲有 65%的大型哺乳类动物灭绝，这类大灭绝事件并没有气候恶化的背景，最大的可能就是人类迁移到达这里之后，进行狩猎和焚林的结果。等到人类社会发展到新石器时代，随着农作物和家畜的饲养，焚林和农业释放的 CO_2 和 CH_4 进入大气，在 7000 年前和 5000 年前已经开始进入记录[图 15.3（b）]。

总之，回顾过去，展望将来，人类的作用在历史尺度上在逐渐增强，但绝不是从工业化开始。因此有些科学家提出，无视这种长期变化的背景，单独将最近时期划作一个地层，尽管社会目标值得赞扬，但是科学依据明显不足。

15.3.3　构建“山水林田湖草生命共同体”

随着人类成为地质营力推动地球系统进入“人类世”，人类也成为地球系统的破坏力。“环球同此凉热”，世界各地的人们感受到环境破坏带来的巨大影响——生态问题，已发展成为全球性的生态危机，并危及人类的利益。那么，如何克服呢？地球系统科学家们认为：“当今世界的发展取决于维护整个地球系统的稳定性……“人类世”需要全球共同体概念”。全球共同体即人类命运共同体。

2017 年 1 月 18 日，国家主席习近平在联合国日内瓦总部发表主旨演讲时指出：“绿水青山就是金山银山。我们应该遵循天人合一、道法自然的理念，寻求永续发展之路。”当今世界面临环境污染、气候变化、生物多样性减少等严峻挑战。“两山”理论的提出为新时代中国生态文明建设提供理论遵循和思想指引，为全球可持续发展贡献中国智慧和中国方案，其主要体现在如下几方面。

（1）“人与自然生命共同体”的理念，阐明了人与自然的有机联系，奠定了生态文明建设的本体论基础。

“人与自然生命共同体”的理念强调人与自然是不可分割的有机整体。在对待人与自然关系的问题上，“生命共同体”的理念强调人与自然的和谐共生关系和互惠关系，反对人与自然二元对立的主客体关系，认为“生命共同体”是由自然的生态系统和人类社会构建的生态系统共同构成的，是人与自然不可分割和相互联系的有机生命体。“人与自然共生共存，伤害自然最终将伤及人类”这一观点揭示了人类命运与自然命运共生共存，为中国特色社会主义生态文明建设提供了重要依据。“生命共同体”理念把自然的绝对客观性和先在性作为人类生存和发展的基本前提，强调自然是生命共同体的前提，自然是生命之母，人类必须敬畏自然、尊重自然、顺应自然，这是对马克思主义自然观的创新应用。在党的十九大报告中，习近平总书记指出：“人类只有遵循自然规律才能有效防止在开发利用自然上走弯路，人类对大自然的伤害最终会伤及人类自身，这是无法抗拒的规律。”生命共同体的理念，强调人与自然的内在联系和不可分割的整体性，从根本上反对近代的机械自然观和二元论，反对征服自然和支配自然的现代主义理念，为中国实现人与自然和谐共生的现代化发展提供了理论依据。

（2）“绿水青山就是金山银山”的理念，阐明了经济社会发展和生态环境保护的内在联系，确立了生态文明建设的发展论和实践论。

在党的十九大报告中，习近平将“两山”理论上升到中国现代化发展的战略层面，强调“必须树立和践行绿水青山就是金山银山的理念”，实现人与自然的和谐共生（滕菲，2020）。该理念阐述了经济发展和生态环境保护的关系，揭示了保护生态环境就是保护生产力、改善生态环境就是发展生产力的道理，指明了实现发展和保护协同共生的新路径。绿水青山既是自然财富、生态财富，又是社会财富、经济财富。保护生态环境就是保护自然价值和增值自然资本，就是保护经济社会发展潜力和后劲，使绿水青山持续发挥生态效益和经济社会效益。首先，“两山”理论树立了自然价值和自然资本的理念，这是推动绿色发展的重要出发点。关注自然的多重价值和推动自然资本的增值就是转变以消耗自然和破坏生态环境为代价的生产方式。习近平提出：“要坚定推进绿色发展，推动自然资本大量增值，让良好生态环境成为人民生活的增长点”①。因此，我们对生态环境的保护也是对自然多重价值和自然资本增值的实现。

其次，“两山”理论科学地阐述了保护生态环境与保护生产力的统一。“两山”理论强调通过绿色发展来实现人与自然和谐共生。习近平总书记在海南考察工作结束时的讲话提出：“要坚持在发展中保护、在保护中发展，实现经济社会发展与人口、资源、环境相协调”。对生命共同体的保护，既是对生态环境的保护，也是对生产力的保护。两者的统一意味着，一方面在生态文明的发展中，生态环境作为提高生产力水平的重要因素需要保护好、利用好，我们要通过充分发挥自然环境的多重价值来推动生产力的发展；另一方面，通过提高生产力水平来提高人们在生产和生活中对自然资源的利用率，让生态环境得到充分的休养生息，做到“取之有度，用之有节”，并在此基础上发挥环境生产力的作用，盘活自然风光和生态文化等资源的价值，进一步推动生产力的发展。

最后，“两山”理论坚持实现绿水青山的经济效益、社会效益、生态效益的同步提升。“两山”理论进一步回答了如何在生命共同体的理念下，实现这三个效益统一的问题。要发挥生态环境的多重价值，不仅让良好的自然环境成为人民生活的经济增长点，还让其成为健康生活、宜居环境、美丽中国的重要组成部分，让经济社会发展和生态环境保护协同共进。实现人类社会发展和生态系统的健康稳定不是对立的，实现两者的和谐共生“关键在人，关键在思路”。总之，“两山”理论是生态文明问题上科学发展观和科学实践观的统一。

（3）“山水林田湖草生命共同体”理念，阐明了系统工程的思路和生态学为基础的方法论，是生态文明建设的方法论和实践路径。

“山水林田湖草生命共同体”理念，将“山水林田湖草”生态系统理解为一个有机的生命躯体，要求我们统筹自然生态中的各个要素进行全方位的生态治理。对于生态问题的应对，不仅关注生态系统本身是一个内在联系的有机整体，还要把人类社会的发展和生态治理有机地结合起来；不把生态问题当作一个单一的问题，而是把生态文明理念深刻融入经济建设、政治建设、文化建设、社会建设各个方面和全过程。以系统思维推进生态文明建设，要求我们在经济建设方面，树立自然价值和自然资本的意识，大力促进自然资本的增值，推动绿色

① 习近平. 在省部级主要领导干部学习贯彻党的十八届五中全会精神专题研讨班上的讲话（2016年1月18日. 北京：人民出版社.

发展；在政治建设方面，健全生态文明的制度规范，树立绿色政绩观；在文化建设方面，培养和倡导生态文化，推进绿色科技创新；在社会建设方面，增强公众的环境保护意识，培养绿色低碳的生活方式与消费模式。为此，要通过调整空间结构、发展方式、产业结构、生产方式、生活方式等，全方位、全地域、全过程构建人与自然和谐的生命共同体。习近平总书记在全国生态环境保护大会上的讲话提出：“要从系统工程和全局角度寻求新的治理之道，不能再是头痛医头、脚痛医脚，各管一摊、相互掣肘，而必须统筹兼顾、整体施策、多措并举，全方位、全地域、全过程开展生态文明建设。”总之，习近平总书记的生态文明思想强调根据整体论和系统论的思维来应对当前的生态问题，为当前生态哲学发展和生态文明建设提供了科学的方法论支撑。

面对全球性资源环境问题，人类社会应该在人与自然和地球生命共同体的基础上，通过全球生态治理，实现建设清洁美丽世界的目标。人类为了避免继续成为自然破坏力，应该成为命运各国共掌、责任各国共担、事务各国共理、福祉各国共享的命运共同体，共同努力拯救地球家园和赖以生存的自然。

名 词 解 释

1. 全球变化；2. 研究范式；3.人与自然是生命共同体；4. 人地关系；5. “人类世”；6. 人为地质作用；7. 山水林田湖草；8. 生态文明；9. 关键带

思　考　题

1. 为什么要研究地球系统科学？
2. 关于“人类世”的划分方案主要有哪些？
3. “人类世”与地球系统科学之间具有怎样的联系？
4. 有没有其他研究方法确定“人类世”开始的时间？
5. 如何平衡经济发展与环境保护之间的关系？

参 考 文 献

敖浚轩, 徐晓, 李玉娜, 等. 2019. 海水提铀研究进展. 辐射研究与辐射工艺学报, 37(2): 3-28.

毕宝德, 柴强, 李铃. 1993. 土地经济学. 北京: 中国人民大学出版社.

毕思文. 2004. 地球系统科学发展方向与趋势. 地球科学进展, 19(S1): 35-40.

曹烨, 邱国玉, 邹振东. 2018. 中国盐矿资源概括及其产业形势分析. 无机盐工业, 50(3): 1-5.

陈安泽, 卢云亭. 1991. 旅游地学概论. 北京: 北京大学出版社.

陈安泽, 卢云亭, 张尔匡, 等. 2013. 旅游地学大辞典. 北京: 科学出版社.

陈百明, 《中国土地资源生产能力及人口承载量研究》编写组. 1992. 中国土地资源生产能力及人口承载量研究: 概要. 北京: 中国人民大学出版社.

陈国达. 1992. 地洼学说的新进展. 北京: 科学出版社.

陈静生. 1986. 环境地学. 北京: 中国环境科学出版社.

陈墨香, 汪集旸. 1994a. 中国地热资源——形成特点和潜力评估. 北京: 科学出版社.

陈墨香, 汪集旸. 1994b. 中国地热研究的回顾和展望. 地球物理学报, S1: 320-338.

陈泮勤. 1987. 国际地圈、生物圈计划: 全球变化的研究. 中国科学院院刊, (3): 206-211.

陈泮勤. 2003. 地球系统科学的发展与展望. 地球科学进展, 18(6): 974-979.

陈跃康. 2018. 新时代旅游地学文旅产业发展大有可为. 重庆: 中国地质学会旅游地学与地质公园研究分会第 33 届年会暨重庆万盛世界地质公园创建与旅游发展研讨会.

程会强, 王泓心, 黄俊勇,等. 2020. 新时代需推进森林资源可持续经营管理. 科技智囊,(1): 9-13.

崔武社. 2016. 我国森林资源可持续经营管理浅析. 国家林业局管理干部学院学报, 15(4): 8-11, 20.

邓启睿. 1998. 环境教育 ABC. 北京: 北京科学技术出版社.

窦贻俭, 李春华. 1998. 环境科学原理. 南京: 南京大学出版社.

方如康. 1985. 我国的自然资源及其合理利用. 北京: 科学出版社.

房佩贤, 卫中鑫, 廖资生. 1996. 专门水文地质学. 北京: 地质出版社.

冯丹丹, 刘超, 王嫱, 等. 2018. 主要矿产品供需形势分析报告(2018 年). 北京: 地质出版社.

甘明理, 杜汉文, 刘劲松, 等. 1992. 中国天然石材. 武汉: 中国地质大学出版社.

葛全胜, 王芳, 陈泮勤, 等. 2007. 全球变化研究进展和趋势. 地球科学进展, 22(4): 417-427.

龚静怡. 2005. 水安全的研究进展及中国水安全问题. 江苏水利, 1: 28-29, 32.

顾卫兵. 2007. 环境生态学. 北京: 中国环境科学出版社.

郭来喜, 李功. 2017. 地学, 现代高端旅游发展之根基. 贵州地质, 34(4): 225-230.

郭瑞涛. 1988. 地球概论. 北京: 北京师范大学出版社.

国家林业和草原局. 2019. 我国森林资源报告(2014—2018). 北京: 中国林业出版社.

国家统计局. 2019. 2019 中国统计年鉴. 北京: 中国统计出版社.

郝东恒, 白屯. 1998. 地球科学系统观和方法论. 武汉: 中国地质大学出版社.

何强, 井文涌, 王翊亭. 1994. 环境学导论. 2 版. 北京: 清华大学出版社.

何强, 井文涌, 王翊亭. 2004. 环境学导论. 3 版. 北京: 清华大学出版社.

胡荣桂, 刘康. 2018. 环境生态学. 2 版. 武汉: 华中科技大学出版社.

黄鼎成, 林海, 张志强. 2005. 地球系统科学发展战略研究. 北京: 气象出版社.

黄润华, 贾振邦. 1997. 环境学基础教程. 北京: 高等教育出版社.

蒋志刚, 刘少英, 吴毅, 等. 2017. 中国哺乳动物多样性. 2 版. 生物多样性, 25(8): 886-895.

金岚, 王振堂, 朱秀丽. 1992. 环境生态学. 北京: 高等教育出版社.

金瑞林. 1999. 环境法学. 北京: 北京大学出版社.
靳芳, 余新晓, 鲁绍伟, 等. 2007. 我国森林生态系统生态服务功能及其评价. 北京: 中国林业出版社.
孔海南, 吴德意. 2015. 环境生态工程. 上海: 上海交通大学出版社.
兰玉琦, 杨树锋, 竺国强. 1993. 地球科学概论. 杭州: 浙江大学出版社.
李建东, 方精云. 2017. 中国草原的生态功能研究. 北京: 科学出版社.
李萌, 刘正阳, 王建平, 等. 2016. 我国钾盐资源现状分析及可持续发展建议. 中国矿业, 25(9): 1-7.
李姗姗, 江雯倩, 王群. 2007. 大规模高性能地球系统建模及模拟集成框架的研究. 地学前缘, 14(6): 54-62.
李铁峰, 潘懋. 1996. 环境地学概论. 北京: 中国环境科学出版社.
李伟. 2020. 我国水生植物多样性保护的研究与实践. 人民长江, 51(1): 104-113.
寥志杰. 2012. 中国的火山、温泉和地热能. 北京: 中国国际广播出版社.
林崇德, 李春生. 1998. 中国少年儿童百科全书. 杭州: 浙江教育出版社.
林景星, 施倪承. 2012. 地球与环境. 北京: 地质出版社.
林培英, 杨国栋, 潘淑敏. 2002. 环境问题案例教程. 北京: 中国环境科学出版社.
刘东生. 2004. 开展"人类世"环境研究, 做新时代地学的开拓者——纪念黄汲清先生的地学创新精神. 第四纪研究, 24(4): 369-378.
刘怀仁. 1988. 峨眉山地学旅游. 重庆: 重庆出版社.
刘伉, 毛汉英, 王守春. 1981. 世界自然地理手册. 北京: 知识出版社.
刘黎明. 2010. 土地资源学. 北京: 中国农业大学出版社 .
刘培桐, 王华东, 薛纪渝. 1985. 环境学概论. 北京: 高等教育出版社.
刘芃岩, 郭玉凤, 宁国辉, 等. 2018. 环境保护概论. 北京: 化学工业出版社.
刘时银, 姚晓军, 郭万钦, 等. 2015. 基于第二次冰川编目的中国冰川现状. 地理学报, 70(1): 3-16.
刘锡清, 刘子力. 1998. 富饶的蓝色宝库——我国海洋资源概况. 地球, (6): 11-13.
刘源. 2017. 草原资源状况. 中国畜牧业, (8): 21.
鲁群岷, 邹小南, 薛秀园. 2019. 环境保护概论. 延吉: 延边大学出版社.
吕炳全, 孙志国. 1997. 海洋环境与地质. 上海: 同济大学出版社.
吕文超. 1979. 深海取宝. 上海: 上海科学技术文献出版社.
毛麒瑞. 1998. 大洋潜在的矿产资源与开发前景. 地球, (5): 17.
孟繁明, 李花兵, 高强健. 2018. 环境概论. 北京: 冶金工业出版社.
闵茂中, 倪培, 崔卫东. 1994. 环境地质学. 南京: 南京大学出版社.
内贝尔 B J. 1987. 环境科学: 世界存在与发展的途径. 范淑琴, 张国金, 梁淑文, 等, 译. 北京: 科学出版社.
牛翠祎, 刘烊, 张岱. 2018. 中国金矿成矿地质特征、预测模型及资源潜力. 地学前缘, 25(03): 1-12.
潘懋, 李铁锋, 孙竹友. 1997. 环境地质学. 北京: 地震出版社.
潘兴兵. 2019. 中国人饮水量现状及白开水饮用量与超重发生风险关系的研究. 石家庄: 河北医科大学.
庞桂珍, 屈茂稳, 张锡云. 2006. 旅游地学导论. 西安: 陕西科学技术出版社.
曲景慧, 杨昳, 刘晓光. 2016. 旅游地学基础. 北京: 地质出版社.
戎秋涛, 翁焕新. 1990. 环境地球化学. 北京: 地质出版社.
邵赤平, 李慧凤, 霍雅琴. 1998. 资源 • 环境与发展. 武汉: 中国地质大学出版社.
沈海花, 朱言坤, 赵霞, 等. 2016. 我国草地资源的现状分析. 科学通报, 61: 139-154.
盛连喜, 冯江, 王娓. 2009. 环境生态学导论. 2 版. 北京: 高等教育出版社.
盛清才. 2014. 我国水生生物资源生态保护现状刍议. 中国海洋社会学研究, 2: 205-215.
史永纯, 梁晶, 黄晨. 2010. 环境生态学基础. 北京: 中国劳动社会保障出版社.
舒良树. 2010. 普通地质学. 3 版. 北京: 地质出版社.
宋春青, 张振春. 1996. 地质学基础. 北京: 高等教育出版社.
宋健, 惠永正. 1994. 现代科学技术基础知识(干部选读). 北京: 科学出版社.
苏文才, 朱积安. 1986. 基础地质学. 北京: 高等教育出版社.

孙成权. 1997. 中国海洋21世纪议程及其行动计划简介. 地球科学进展, 12(2): 188-194.
孙立广, 杨晓勇, 黄新明. 1995. 地球与环境科学导论. 合肥: 中国科学技术大学出版社.
谭术魁. 2011.土地资源学. 上海: 复旦大学出版社.
滕菲. 2020. 习近平生态文明思想对人类世时代生态哲学的价值. 中国人民大学学报, 34(3): 43-50.
万天丰. 2004. 中国大地构造学纲要. 北京: 地质出版社.
汪丽. 2012. 中国海洋资源. 长春: 吉林出版集团有限责任公司.
汪品先. 2019. 人类世: 在古今之间拆墙. 世界科学, 9: 35-37.
汪新文. 2014. 地球科学概论. 2版. 北京: 地质出版社.
汪新文, 林建平, 程捷. 1999. 地球科学概论. 北京: 地质出版社.
王爱民, 缪磊磊. 2000. 地理学人地关系研究的理论评述. 地球科学进展, 15(4): 415-420.
王斌, 李景朝, 王成锡, 等. 2020. 中国金矿资源特征及勘查方向概述. 高校地质学报, 26(2): 121-131.
王炳坤. 1992. 现代环境学概论. 南京: 南京大学出版社.
王大纯, 张人权, 史毅虹. 1980. 水文地质学基础. 北京: 地质出版社.
王小兵, 孙久运. 2012. 地理信息系统综述. 地理空间信息, 10(1): 25-28.
王云. 1985. 地球和我. 北京: 地质出版社.
尾方升. 1980 . 海水提铀研究动向, 海水提铀译文集. 北京: 原子能出版社.
文冬光, 杨齐青, 孙晓明, 等. 2010. 中国地热资源管理系统. 北京: 地质出版社.
邬建国, 何春阳, 张庆云. 2014. 全球变化与区域可持续发展耦合模型及调控对策. 地球科学进展, 29(12): 1315-1324.
吴桂武. 2019. 地学旅游对促进铜仁全域旅游的作用研究. 知行铜仁, (3): 29-34.
吴季松. 1998. 21世纪社会的新趋势——知识经济. 北京: 北京科学技术出版社.
吴荣庆. 2009-8-21. 我国海洋矿产资源开发现状及其发展趋势. 中国国土资源报,第 008 版.
吴时国, 王秀娟, 陈瑞新, 等. 2015. 天然气水合物地质概论. 北京: 科学出版社.
夏邦栋. 1984. 普通地质学. 北京: 地质出版社.
辛建荣. 2006. 旅游地学原理. 武汉: 中国地质大学出版社.
辛建荣, 唐惠良. 2010. 旅游地学与资源环境可持续发展——以海南国际旅游岛建设为例.张家界: 中国地质学会旅游地学与地质公园研究分会第25届年会暨张家界世界地质公园建设与旅游发展战略研讨会.
徐宝莱, 应振华. 1983. 地球概论教程. 北京: 高等教育出版社.
徐茂泉, 陈友飞. 1999. 海洋地质学. 厦门: 厦门大学出版社.
徐琪. 1994. 我国海上的石油资源. 地球, (1): 10.
徐勇, 吴登定, 杨建锋, 等. 2019. 地球系统科学与地质工作转型发展战略研究. 北京: 地质出版社 .
严秀茹, 文彬. 1989. 深奥莫测的地球. 北京: 地质出版社.
杨刚, 沈飞, 宋春. 2018. 环境保护与可持续发展. 长春: 吉林大学出版社.
杨京平. 2006. 环境生态学. 北京: 化学工业出版社.
杨伦, 刘少峰, 王家生. 1998. 普通地质学简明教程. 北京: 中国地质大学出版社.
杨万钟. 1994. 经济地理学导论. 上海: 华东师范大学出版社.
杨筱寂, 张丽. 2018. 人类世与人类命运共同体. 山西高等学校社会科学学报, 30(12): 14-18, 31.
杨旭东, 杨春, 孟志兴. 2016. 我国草原生态保护现状、存在问题及建议. 草业科学, 33(9): 1901-1909.
杨忠耀. 1990. 环境水文地质学. 北京: 原子能出版社.
银剑钊. 1997. 拯救地球. 武汉: 中国地质大学出版社.
尹培基. 1992. 天地纵横. 北京: 地质出版社.
于格, 鲁春霞, 谢高地. 2005. 草地生态系统服务功能的研究进展. 资源科学, 27(6): 172-179.
余达淦. 1996. 处于重大历史转折阶段的地质科学. 华东地质学院学报, 19(4): 301-307,314.
詹森 ML, 贝曼特 AM. 1987. 经济矿床学. 余鸿彰, 杨珊珊, 译. 北京: 科学出版社.
张宝政, 陈琦. 1983. 地质学原理. 北京: 地质出版社.

张兵, 黄文江, 张浩, 等. 2016. 地球资源环境动态监测技术的现状与未来. 遥感学报, 20(6): 1470-1478.

张浩东. 2019. 浅谈中国潮汐能发电及其发展前景. 能源与节能, (5): 53-54.

张巍巍. 2017. 凝固的时空: 琥珀中的昆虫及其他无脊椎动物. 重庆: 重庆大学出版社.

张新荣, 刘林萍, 方石, 等. 2014. 土地利用、覆被变化(LUCC)与环境变化关系研究进展. 生态环境学报, 23(12): 2013-2021.

张倬元, 刘汉超, 黄润秋. 1997. 中国地质环境的基本特征及其对人类工程活动的制约. 地质灾害与环境保护, (1): 2-19.

翟世奎. 2018. 海洋地质学. 青岛: 中国海洋大学出版社.

赵珊茸, 边秋娟, 王勤燕. 2011. 结晶学及矿物学. 2 版. 北京: 高等教育出版社.

赵逊, 银剑钊, 杨岳清. 1997. 社会地质学. 地质论评, 43(1): 64-68.

赵烨. 2015. 环境地学. 2 版. 北京: 高等教育出版社.

赵懿英, 方一亭. 1990. 现代地质学讲座. 南京: 南京大学出版社.

郑度, 谭见安, 王五一, 等. 2007. 环境地学导论. 北京: 高等教育出版社.

郑光美. 2017. 中国鸟类分类与分布名录. 3 版. 北京: 科学出版社.

中共中央宣传部. 2021. 习近平新时代中国特色社会主义思想学习问答. 北京: 学习出版社.

中国地质调查局. 2016. 中国地质调查百项成果. 北京: 地质出版社.

中国科学院《中国自然地理》编委会. 1979. 中国自然地理: 海洋地理. 北京: 科学出版社.

中国科学院地球化学研究所. 1998. 高等地球化学. 北京: 科学出版社.

周明宝. 1993. 矿床学. 北京: 冶金工业出版社.

朱德举, 朱道林. 1995. 土地资源概论. 北京: 中国农业科技出版社.

《矿产资源工业要求手册》编委会. 2014. 矿产资源工业要求手册(2014 年修订版). 北京: 地质出版社.

《中国 1∶100 万土地资源图》编辑委员会. 1990. 土地资源研究文集. 北京: 科学出版社.

《中国地质大观》编写组. 1988. 中国地质大观. 北京: 地质出版社.

《中国自然地理》编写组. 1984. 中国自然地理. 北京: 高等教育出版社.

Abbott BW, Bishop K, Zarnetske J P. et al. 2019. Human domination of the global water cycle absent from depictions and perceptions. Nature Geoscience, 12(7): 533-540.

Brantley S L. White T S, White A F, et al. 2006. Frontiers in exploration of the Critical Zone. Newark: Report of a workshop sponsored by the National Science Foundation (NSF).

Carlson D H, Plummer C C, Hammersley L. 2011. Physical Geology: Earth Revealed. New York: McGraw-Hill.

Clarke F W, Washington H S. 1924. The Composition of the Earth's Crust. United States Geological Survey Professional Paper.

Crutzen P J, Stoermer E F. 2000. The "Anthropocene". Global Change Newsletter, 41: 17-18.

European Commission. 2006. Thematic Strategy for Soil Protection. Brussels: Commission of the European Communities.

Frakes L A. 1979. Climates Throughout Geologic Time. Amsterdam: Elsevier.

Frederick K L, Edward J T, Dennis G T. 2018. Essentials of Geology .13th Edition. New York: Pearson.

Fyfe W S. 1994. The role of Earth Sciences in Societies. Paris: UNESCO.

Hansteen V H, Leer E, Holzer T E. 1997. The role of helium in the outer solar atmosphere. The Astrophysical Journal, 482 (1): 498-509.

He J X, Zhang M H, Lin W Y, et al. 2013. The WRF nested within the CESM: simulations of a midlatitude cyclone over the Southern Great Plains. Journal of Advances in Modeling Earth Systems, 5(3): 611-622.

Heier K S. 1978. The distribution and redistribution of heat-producing elements in the continents. Philosophical Transactions of the Royal Society A: Mathematical, Physical and Engineering Sciences, 288(1355): 393-400.

ICSU. 2010. Earth System Science for Global Sustainability: the Grand Challenges. Paris: International Council for Science.

ICSU. 2013. Future Earth Initial Design: Report of the Transition Team. Paris: International Council for Science.

International Commission on Stratigraphy. 2020. International chronostratigraphic chart. https://stratigraphy.org/ICSchart/ChronostratChart2021-07.pdf[2021-11-2].

Kazansky V I. 1972. Ore-bearing Tectonic Structures of Activization Zones. Moscow: Nedra.

King-Hele D G, Scott D W. 1969. The effect of atmospheric rotation on a satellite orbit, when scale height varies with height. Planetary and Space Science, 17: 217-232.

Knaut L P, Epstein S. 1976. Hydrogen and oxygen isotope ratios in nodular and bedded cherts. Geochimica et Cosmochimica Acta, 40(9): 1095-1108.

Krausmann F, Lauk C, Haas W, et al. 2018. From resource extraction to outflows of wastes and emissions: the socioeconomic metabolism of the global economy, 1900－2015. Global Environmental Change, 52：131-140.

Krauskopf K B. 1979. Introduction to Geochemistry. New York: McGraw-Hill.

Lohmann G, Grosfeld K. Wolf-Gladrow D, et al. 2013. Earth System Science: Bridging the Gaps Between Disciplines. Berlin Heidelberg: Springer-Verlag Berlin Heidelberg.

Lövbrand E, Stripple J, Wiman B. 2009. Earth system governmentality: reflections on science in the Anthropocene. Global Environmental Change, 19(1): 7-13.

Miller S L. 1957. The mechanism of synthesis of amino acids by electric discharges. Biochimica et Biophysica Acta, 23: 480-489.

Milillo A , Wurz P, Orsini S, et al. 2005. Surface-exosphere-magnetosphere system of mercury. Space Science Reviews, 117(3-4): 397-443.

National Research Council. 1988. Earth System Science: a Closer View. Washington D C: The National Academies Press.

National Research Council. 2014. Can earth's and society's systems meet the needs of 10 billion people? Summary of a workshop. Washington D C: The National Academies Press.

Neruchev S G. 1977. An attempt for quantitative determination of parameters of the primeval atmosphere of the earth. Izv. Akad. Nauk USSR, Ser. Geol., 10: 9-12 .

Ricklefs R E. 2001. Ecology. New York: Harper Collins Publishers.

Rona P A. 2003. Resources of the sea floor. Science, 299: 673-674.

Schidlowski M, Hayes J M, Kaplan I R. 1983. Earth's Eearliest Biosphere: Its Origin and Evolution. New Jersey: Princeton University Press.

Schulte-Braucks R. 2013. Observing the Land Beyond. International Innovation.

Simmons A, Fellous J L, Ramaswamy V, et al. 2016. Observation and integrated Earth-system science: a roadmap for 2016-2025. Advances in Space Research, 57(10): 2037-2103.

Stanley C, Donna W. 2007. Geology: An Introduction to Physical Geology. Englewood: Prentice Hall.

UNESCO, UN-Water. 2020. United Nations World Water Development Report 2020: Water and Climate Change. Paris: UNESCO.

WCRP Joint Scientific Committee（JSC）. 2019. World Climate Research Program Strategic Plan 2019-2028. Geneva: WCRP Publication.

Wilde S A, Valley J W, Peck W H, et al. 2001. Evidence from detrital zircons for the existence of continental crust and oceans on the Earth 4.4 Gyr ago. Nature, 409: 175-178.

Zhao X, Yin J Z, Yang Y Q. 1996. Geosciences and Human Society. Beijing: Geological Publishing House.